Computer-intensive und nichtparametrische statistische Tests

von
Prof. Dr. Markus Neuhäuser

Oldenbourg Verlag München

Markus Neuhäuser ist seit 2006 Professor für Statistik am RheinAhrCampus Remagen. Nach dem Studium der Statistik an der Universität Dortmund folgten 1996 die Promotion zum Dr. rer.nat. und 2004 die Habilitation, jeweils an der Universität Dortmund. Berufliche Tätigkeiten als Biometriker in der Pharmaindustrie sowie an den Universitäten Hannover, Duisburg-Essen und Otago (Neuseeland).

Die Nennung von Marken oder Titeln oder geschützten Wörtern oder Wortfolgen erfolgt in diesem Werk ohne Erwähnung etwa bestehender Marken-, Geschmacksmuster-, Gebrauchsmuster-, Titelschutzrechte oder Patente. Das Fehlen eines solchen Hinweises begründet also nicht die Annahme, ein nicht gekennzeichnetes Wort oder eine nicht gekennzeichnete Wortfolge, Ware oder Dienstleistung bzw. entsprechende Titel seien frei.

Bibliografische Information der Deutschen Nationalbibliothek

Die Deutsche Nationalbibliothek verzeichnet diese Publikation in der Deutschen Nationalbibliografie; detaillierte bibliografische Daten sind im Internet über <http://dnb.d-nb.de> abrufbar.

© 2010 Oldenbourg Wissenschaftsverlag GmbH
Rosenheimer Straße 145, D-81671 München
Telefon: (089) 45051-0
oldenbourg.de

Lektorat: Kathrin Mönch
Herstellung: Anna Grosser
Coverentwurf: Kochan & Partner, München
Gedruckt auf säure- und chlorfreiem Papier
Gesamtherstellung: Grafik + Druck GmbH, München

ISBN 978-3-486-58885-9

Vorwort von Herbert Büning und Götz Trenkler

Seit ihren Anfängen in den 30er Jahren des vorigen Jahrhunderts haben die nichtparametrischen Methoden in vielen Anwendungsbereichen wie Medizin, Naturwissenschaften, Soziologie, Psychologie und Wirtschaftswissenschaften Eingang gefunden. Ihre theoretischen Grundlagen waren Ende der 60er weitgehend vollständig und wurden in einer Reihe von Monografien dargestellt. Die Verfasser dieses Vorwortes legten mit ihrem Lehrbuch „Nichtparametrische statistische Methoden", das 1979 im DeGruyter-Verlag erschien, einen der ersten deutschsprachigen Texte zu diesen „neuen" statistischen Verfahren vor. Schon damals war abzusehen, dass die stürmische Entwicklung bei der elektronischen Datenverarbeitung, insbesondere der Siegeszug der PCs Anfang der 80er Jahre, nicht spurlos an der Nichtparametrik vorbei gehen würde. Fast seherisch schrieb Thomas Hettmannsperger (1984, S. viii) in seiner Monografie „Statistical Inference Based on Ranks", Wiley-Verlag, über rechnergestützte nichtparametrische Methoden:

> Hopefully, in the 1980s we will see the computer implementation and more widespread use of these efficient and robust statistical methods.

Das vorliegende Werk von Markus Neuhäuser liegt voll im Trend dieser Entwicklung. Im Vordergrund stehen weiter die rangbasierten Methoden. Ränge, als einfaches diskretes Surrogat für die Stichprobenvariablen und mit ihnen insbesondere asymptotisch hoch korreliert, spielen eine große Rolle bei der Konstruktion effizienter, robuster Tests. Neben den klassischen Rangtests erhält der Test von Baumgartner, Weiß und Schindler wegen seiner bemerkenswerten Güte besondere Aufmerksamkeit.

Zu diesen – und anderen – Testverfahren hat der Autor eine Reihe von eigenen Forschungsarbeiten beigesteuert, die dem Buch eine besondere persönliche Note geben. Als seine große Stärke wird sich die konsequente Orientierung in Richtung Computerbasierte Verfahren erweisen. Breite Aufmerksamkeit erhalten die Permutationstests, zum Teil approximativ, mit einer gut verständlichen Umsetzung in SAS sowie Bootstrapverfahren. Unterstützt von einer gründlichen Literaturrecherche werden die verschiedenen Tests auf ihre Güte untersucht. Der Leser erfährt viel Wissenswertes über die Einhaltung des vorgegebenen Signifikanzniveaus, p-Werte, Robustheit gegenüber Verteilungsveränderungen und Power, großenteils illustriert anhand eigens durchgeführter Simulationsstudien.

Zahlreiche „real life data" samt Auswertung, gewählt aus den verschiedensten Anwendungsbereichen (einschließlich der Bibel!) tragen zur überaus abwechslungsreichen Lektüre bei. Originell ist die Diskussion auch weniger bekannter Verfahren wie z. B. des Cucconi-Tests, die Behandlung der Bindungsproblematik, die Kombination von p-Werten und Fallzahlplanung. Auch die Notwendigkeit adaptiver Tests bei unbekannter Verteilung der Daten wird angesprochen.

Durch die konsequente Nutzung der Möglichkeiten des Computers hat der Autor viel Neues über nichtparametrische Verfahren zu Tage gefördert sowie ein überzeugendes Plädoyer für ihre weitere umfassende Verbreitung verfasst.

Wir hoffen, dass mit dieser lesenswerten Monografie den nichtparametrischen Methoden zu einem neuen Siegeszug verholfen werden kann.

Herbert Büning
Götz Trenkler

Inhaltsverzeichnis

1 Einleitung und Übersicht

„Normality is the exception rather than the norm in applied research"
(Nanna & Sawilowsky, 1998, S. 64).

In der zweiten Hälfte des zwanzigsten Jahrhunderts wurden nichtparametrische Methoden zu einem bedeutenden Gebiet der modernen Statistik. Seit den 1930er Jahren vollzog sich eine schnelle Entwicklung im Gebiet der Nichtparametrik mit dem Ergebnis, dass diese Verfahren bereits Mitte der 1950er Jahre etabliert waren.

Nach Hollander & Wolfe (1999, S. 13) sind die Hauptgründe für den Erfolg nichtparametrischer Verfahren die breite Anwendbarkeit sowie die hohe Effizienz. Nichtparametrische Methoden erfordern weder eine spezifische Verteilungsannahme noch ein hohes Skalenniveau der Daten. Eine Reihe nichtparametrischer Verfahren kann auch bei nominalen oder ordinalen Daten angewandt werden. Diese „universelle Anwendbarkeit" ist der Hauptvorteil dieser Methoden (Büning & Trenkler, 1994, S. 2).

In den Anwendungen ist eine Normalverteilungsannahme nämlich häufig nicht vertretbar. Wie z. B. Büning (1997) und Nanna & Sawilowsky (1998) erwähnen, ist Normalität in der statistischen Praxis die Ausnahme und nicht die Regel. Micceri (1989) untersuchte 440 große Originaldatensätze aus der psychologischen Forschung. Weniger als 7% der Datensätze waren bezüglich Symmetrie und Stärke der Ränder einer Normalverteilung ähnlich. Jeder Datensatz war auf dem Signifikanzniveau $\alpha = 0.01$ nicht-normal. Insbesondere rechtsschiefe Verteilungen sind auch in anderen Bereichen sehr häufig, z. B. in Genetik (Tilquin et al., 2003) und Ökologie (Mayhew & Pen, 2002, S. 143). Rechtsschiefe Verteilungen sind oftmals zu erwarten, wenn es eine Untergrenze, wie z. B. die Null für viele Variablen, gibt (Gould, 1996, S. 54ff.). Die große Bedeutung rechtsschiefer Verteilungen für die statistische Praxis nannte auch Büning (2002).

In der Praxis wird vielfach versucht, die Daten mit Hilfe einer Transformation einer Normalverteilung anzunähern. Dies ist aber zum einen oft nicht nötig, da es trennscharfe nichtparametrische Methoden gibt. Zum anderen ist eine Transformation nicht unproblematisch. Piegorsch & Bailer (1997, S. 130) haben darauf hingewiesen, dass eine Transformation aufgrund von Vorinformationen ausgewählt werden muss; sie schreiben: „[A] transformation ... must be motivated from previous experimental or scientific evidence. Unless determined a priori, tranforms can be misused to inflate or mitigate observed significance in a spurious fashion." Hinzu kommt, dass die Hypothesen vor und nach einer Transformation unterschiedlich sein können (Games, 1984; McArdle & Anderson, 2004; Wilson, 2007).

Rice & Gaines (1989) weisen auf ein weiteres Problem bei der Anwendung von Transformationen bei kleinen Fallzahlen hin. Wenn keine Transformation vorab festgelegt werden kann, wird häufig mit „Trial and Error" eine geeignete Transformation gesucht. Inwiefern eine solche Transformation wirklich geeignet ist, kann aber bei kleinen Stichproben kaum abgeschätzt werden. Rice & Gaines (1989, S. 8183) schreiben, der resultierende Test sei „inappropriate when sample sizes are small ... because residual analysis cannot reliably determine the suitability of a transformation". Daher ist eine Transformation vor allem bei kleinen Fallzahlen oft problematisch.

Eine Normalverteilung kann nicht vorliegen, und auch nicht durch eine Transformation erreicht werden, wenn das Messniveau der Daten ordinal ist. Beispiele für ordinale Daten sind visuelle Analog-Skalen und Bonituren (Brunner & Munzel, 2002, S. 3). Ordinale Daten liegen häufig auch dann vor, wenn Daten per Fragebogen erhoben werden (Gregoire & Driver, 1987). Darüber hinaus spielen ordinale Daten in der Praxis auch deshalb eine wichtige Rolle, weil präzise Messungen oft nicht möglich sind. Dies gilt beipielsweise in der psychologischen (Sheu, 2002) und biomedizinischen Forschung (Rabbee et al., 2003).

In diesem Buch stehen statistische Tests im Vordergrund. Auf Schätzer und Konfidenzintervalle wird lediglich in Kapitel 13 eingegangen. Die Kapitel 2 bis 7 behandeln das Zweistichproben-Problem, eines der wichtigsten Testprobleme in der Statistik. Zunächst werden nichtparametrische Zweistichproben-Tests für sogenannte Lokationsoder Verschiebungsmodelle untersucht. Drei Tests, der Fisher-Pitman-Permutationstest, der Wilcoxon-Rangsummentest und der Baumgartner-Weiß-Schindler-Test, werden im Detail vorgestellt und verglichen. Die ersten beiden dieser Tests wurden kürzlich auch von Lehmann (2009) empfohlen.

Im Vordergrund stehen dabei vor allem in Kapitel 2 Permutationstests. Diese sind zwar bereits in den 1930er Jahren vorgeschlagen worden, haben sich aber erst in letzter Zeit durchsetzen können, seitdem schnelle Algorithmen und insbesondere leistungsfähige PCs zur Verfügung stehen. Asymptotische Tests sind häufig dadurch motiviert, dass es sich um gute Approximationen für exakte Verfahren wie Permutationstests handelt (Rodgers, 1999). In einer Zeit, in der exakte Tests in vielen Situationen problemlos möglich sind, ist es nach Berger et al. (2008) eine Ironie, asymptotische Analysen damit zu begründen, dass sie gute Approximationen sind – „with no mention of the fact that the gold standard analysis [i.e., the exact test] they are trying to approximate are themselves readily available" (Berger et al., 2008, S. 237).

Ab Kapitel 3 wird auf die Annahme der Homoskedastizität, d. h. gleich großer Variabilitäten in den beiden Gruppen, verzichtet. Es werden Lokations-Skalen-Test, Tests für das nichtparametrische Behrens-Fisher-Problem sowie Tests auf Variabilitätsunterschiede betrachtet. In Kapitel 3 werden auch Bootstrap-Tests eingeführt.

In Kapitel 4 werden Tests für die allgemeine Alternative besprochen, bevor in Kapitel 5 die Situation ordinal-skalierter bzw. metrisch-diskreter Zufallsvariablen untersucht wird. In Kapitel 6 wird die Konservativität von Permutationstests diskutiert. Beispiele für Anwendungen finden sich in allen Kapiteln, zudem werden im siebten Kapitel fünf weitere Beispiele für den Vergleich von zwei Gruppen ausführlich diskutiert.

In den Kapiteln 8 und 9 werden Einstichproben-Tests sowie Tests für mehr als zwei Gruppen vorgestellt. Das Kapitel 10 behandelt die Themen Unabhängigkeit und Korrelation. Stratifizierte Tests wie der van Elteren-Test sind neben Kombinationstests Thema in Kapitel 11. In Kapitel 12 werden Tests für Nicht-Standard-Situationen und einige komplexe Designs vorgestellt. Die Anwendbarkeit von Computer-intensiven Methoden wie Bootstrap- und Permutationstests gerade auch für Nicht-Standard-Situationen und komplexe Designs ist einer der wichtigsten Vorteile dieser Methoden.

In diesem Buch werden SAS-Programme (SAS Institute Inc., Cary, North Carolina) vorgestellt, mit denen die verschiedenen statistischen Tests durchgeführt werden können. Die Programme stehen auf der Homepage des Verlags (www.oldenbourg-wissenschaftsverlag.de) unter dem Buchtitel zum Download zur Verfügung. Im Anhang finden sich zudem einige Hinweise, wie nichtparametrische Tests mit R bearbeitet werden können. Darüber hinaus werden im Anhang Grundbegriffe zu Skalenniveaus und statistischen Tests aufgeführt. Dies soll jedoch lediglich der Auffrischung von bereits erworbenem Wissen dienen. Insofern sind grundlegenede Kenntnisse über das allgemeine Vorgehen bei einem statistischen Test eine Voraussetzung für das Verständnis dieses Buches. Ferner sind Grundkenntnisse in SAS erforderlich, um die vorgestellten SAS-Programme nachvollziehen zu können.

Die Begriffe nichtparametrisch und verteilungsfrei werden in der Literatur häufig synonym verwendet. Definiert werden können die beiden Begriffe wie folgt (Büning & Trenkler, 1994, S. 1): Ein verteilungsfreies Verfahren basiert auf einer Statistik, deren Verteilung nicht von der speziellen Gestalt der Grundgesamtheitsverteilung abhängt. Dagegen ist ein Verfahren nichtparametrisch, wenn es keine Aussagen über einzelne Parameter der den Daten zugrundeliegenden Verteilung macht. Wie bei Büning & Trenkler (1994) wird hier im folgenden keine strenge Trennung zwischen den beiden Begriffen vorgenommen und in erster Linie der Begriff „nichtparametrisch" verwendet.

Dank

An dieser Stelle möchte ich zum einen meinen Lehrern und Kollegen danken. Prof. Dr. Herbert Büning und Prof. Dr. Götz Trenkler danke ich nicht nur für das Vorwort zu diesem Buch, sondern auch für all das, was ich in den vergangenen Jahren insbesondere im Bereich Nichtparametrik bei ihnen gelernt habe. Bei Prof. Dr. Ludwig Hothorn habe ich ebenfalls viel gelernt, ihm gilt mein Dank zudem für seine vielfältige Unterstützung und Hilfsbereitschaft seit 1994, als ich als Doktorand zu seinem Institut kam. Prof. Dr. Edgar Brunner danke ich für viele anregende Diskussionen zu nichtparametrischen Themen und Prof. Dr. Bryan Manly für die Bereitstellung seines Programms zur Durchführung des D.O.-Tests. Für einen Teil dieses Buches konnte ich meine Habilitationsschrift als Basis verwenden. Diese habe ich verfasst, während ich an der University of Otago (Dunedin, Neuseeland) tätig war. Für die Unterstützung während dieser Zeit danke ich den Kolleginnen und Kollegen am dortigen Department of Mathematics and Statistics. Prof. Dr. Karl-Heinz Jöckel gilt mein Dank vor allem für die Unterstützung und Begleitung meiner Forschung im Gebiet der Computer-intensiven und nichtparametrischen Statistik während meiner Zeit an seinem Institut.

Zum anderen möchte ich Mitarbeitern und Studierenden aus Remagen danken. Dorothee Ball, David Endesfelder, Ann-Kristin Leuchs, Martina Lotter, Dr. Denise Rey und Andreas Schulz haben bei SAS-Programmen, Latex-Problemen, Graphiken sowie beim Korrekturlesen und Literaturverzeichnis mit zum Gelingen dieses Buches beigetragen. Einige Fehler im Manuskript wurden auch von anderen Studierenden aus dem

Master-Wahlmodul über nichtparametrische Verfahren gefunden, welches ich im Wintersemester 2009/2010 am RheinAhrCampus Remagen gehalten habe. Trotz dieser Unterstützung gilt wie immer: Alle noch vorhandenen Fehler sind dem Autor anzulasten. Hinweise auf diese sowie Anregungen oder konstruktive Kritik sind erwünscht und können an neuhaeuser@rheinahrcampus.de geschickt werden.

2 Nichtparametrische Tests für das Lokationsmodell

Wie in der Einleitung erwähnt, wird in diesem Kapitel das Zweistichprobenproblem behandelt. Zunächst wird das Lokations- oder Verschiebungsmodell angenommen, so dass sich die beiden zu vergleichenden Gruppen nur in der Lage unterscheiden können.

Die beiden voneinander unabhängigen Stichproben mit den Fallzahlen (Stichprobenumfängen) n_1 und n_2 seien mit $X_1, \ldots, X_{n_1}$ und $Y_1, \ldots, Y_{n_2}$ bezeichnet, $\bar{X}$ und $\bar{Y}$ seien die arithmetischen Mittelwerte und N die Gesamtfallzahl ($n_1 + n_2 = N$). Die X- bzw. Y-Werte seien unabhängig und identisch gemäß den Verteilungsfunktionen F und G verteilt. Zunächst werden F und G als stetig vorausgesetzt, zudem sind sie bis auf eine mögliche Lokationsverschiebung gleich: $F(t) = G(t - \theta)$ für alle t, $-\infty < \theta < \infty$.

Die zu testende Nullhypothese ist H_0: $\theta = 0$, d.h. die Verteilungen F und G unterscheiden sich nicht. Die Nullhypothese kann auch als $F = G$ oder mit $P(X_i < Y_j) = 1/2$ ($i \in \{1, \ldots, n_1\}$, $j \in \{1, \ldots, n_2\}$) beschrieben werden, da diese Ausdrücke im hier definierten Modell gleichbedeutend sind (siehe z.B. Horn, 1990). Unter der Alternative H_1 gilt $\theta \neq 0$, d.h. die Verteilungen F und G unterscheiden sich, wenn auch nur durch eine Lokationsverschiebung.

2.1 Der Fisher-Pitman-Permutationstest

Wenn man annehmen kann, dass F und G Normalverteilungen sind, ist der Zweistichproben-t-Test der gleichmäßig mächtigste unverfälschte Test für das Testproblem H_0 vs. H_1. Für andere Verteilungen gilt dies nicht. Dennoch wird der t-Test in der Praxis häufig angewandt, da er als robust bezüglich der zugrundeliegenden Verteilung gilt. Z.B. schreiben Keller-McNulty & Higgins (1987, S. 18): „Claims of robustness of the independent samples t-statistic have led practitioners to apply this statistic widely ... with little regard for assumptions of normality."

Die bereits in der Einleitung zitierte Arbeit von Micceri (1989) hat jedoch gezeigt, dass reale Verteilungen oft viel deutlicher nicht-normal sind als diejenigen, die in Robustheitsstudien verwendet wurden. Sawilowsky & Blair (1992) haben daraufhin die Robustheit des t-Tests für einige der von Micceri (1989) identifizierten Verteilungen untersucht und deutliche Unterschiede zwischen tatsächlichem und nominalem Niveau gefunden. Sie folgern: „The degree of nonrobustness seen in these instances was at times more severe than has been previously reported" (Sawilowsky & Blair, 1992, S. 359). Nicht-Robustheit bezüglich des Fehlers erster Art zeigte sich vor allem bei extremer Schiefe.

Daher sollte der t-Test, wenn F und G keine Normalverteilungen sind, nicht wie üblich durchgeführt werden, die Testentscheidung sollte nicht auf den Werten einer t-Verteilung basieren. Eine Alternative besteht darin, die Teststatistik beizubehalten, die Testentscheidung jedoch auf die Permutationsverteilung zu gründen. Um die Permutationsverteilung zu bestimmen, kann man wie folgt vorgehen (siehe z. B. Good, 2000, oder Manly, 2007): Zunächst werden alle Permutationen gebildet, d. h. es werden alle Kombinationen aufgelistet, wie die beobachteten N Werte auf zwei Gruppen der Größen n_1 und n_2 aufgeteilt werden können. Unter der Nullhypothese hätten alle diese Kombinationen genauso gut wie die beobachtete Kombination auftreten können. Denn wenn es keinen Unterschied zwischen den beiden Gruppen gibt, könnte jeder einzelne Wert auch in der anderen Gruppe auftreten.

Für jede Permutation wird die Teststatistik berechnet, und die Testentscheidung basiert darauf, wie extrem der mit den Originaldaten berechnete Wert der Teststatistik ist. Und zwar ist der p-Wert des Permutationstests die Wahrscheinlichkeit für die Permutationen, die einen Wert ergeben, der mindestens so stark wie der beobachtete Wert gegen die Nullhypothese spricht. Da im vorliegenden Fall alle Permutationen unter Annahme der Nullhypothese gleichwahrscheinlich sind, entspricht der p-Wert genau dem Anteil der Permutationen mit extremen Werten. Ist dieser p-Wert kleiner oder gleich dem nominalen Signifikanzniveau α, kann die Nullhypothese verworfen werden.

Primär kommt es also gar nicht auf die genauen Werte der Teststatistik für die einzelnen Permutationen an, sondern nur auf die Ordnung der Permutationen. Daher kann die Teststatistik erheblich vereinfacht werden (Manly, 2007, S. 16f.). Beispielsweise kann die Differenz der Mittelwerte $\bar{X} - \bar{Y}$ statt der t-Statistik

$$t = \frac{\bar{X} - \bar{Y}}{S \cdot \sqrt{1/n_1 + 1/n_2}}$$

verwendet werden, wobei S wie folgt mit den Werten beider Gruppen berechnet wird:

$$S = \sqrt{\frac{1}{N-2} \left(\sum_{i=1}^{n_1} (X_i - \bar{X})^2 + \sum_{j=1}^{n_2} (Y_j - \bar{Y})^2 \right)}.$$

Eine weitere äquivalente Teststatistik ist die Summe der Werte einer Stichprobe, also z. B. $\sum_{i=1}^{n_1} X_i$. Diese Teststatistik wurde von Pitman (1937) vorgeschlagen. Um trotz der zweiseitigen Alternative H_1 einen einseitigen Ablehnungsbereich zu erhalten, kann statt der Summe die Statistik

$$P = \left| \sum_{i=1}^{n_1} X_i - n_1 \cdot \frac{n_1 \bar{X} + n_2 \bar{Y}}{N} \right|$$

verwendet werden (Pitman, 1937).

Der Permutationstest mit einer der genannten äquivalenten Statistiken wird als Fisher-Pitman-Permutationstest oder auch *Randomization*-Test bezeichnet (Edgington & Onghena, 2007). Es handelt sich dabei um einen nichtparametrischen Test (siehe z. B. Romano, 1990). Da der Test jedoch mit den numerischen Werten der Beobachtungen arbeitet, ist mindestens eine Intervallskala erforderlich (Siegel, 1956, S. 152).

Der Fisher-Pitman-Permutationstest ist also ein Permutationstest basierend auf der t-Statistik. Es stellt sich die Frage, wie gut er im Vergleich zum t-Test abschneidet. Diese Frage kann mit Hilfe des Konzepts der relativen Effizienz beantwortet werden, das nun kurz vorgestellt wird.

Die finite relative Effizienz (Büning & Trenkler, 1994, S. 275ff.) von Test T_1 zum Test T_2 ist definiert als der Quotient m/n. Dabei habe der Test T_1 mit n Beobachtungen für die selbe Alternative und das selbe Niveau die selbe Güte wie der Test T_2 mit m Beobachtungen. Für die asymptotische relative Effizienz gibt es verschiedene Ansätze. Hier wird der Ansatz nach Pitman vorgestellt:

Definition der asymptotischen relativen Effizienz (A.R.E.) nach Pitman
(Büning & Trenkler, 1994, S. 279):
Es seien $[T_{1n}]$ und $[T_{2n}]$ Folgen von Teststatistiken für $H_0 : \theta \in \Omega_0$ versus $H_1 : \theta \notin \Omega_0$ für dasselbe Testniveau α mit den zugehörigen Folgen der Gütefunktionen $[\beta_{1n}]$ und $[\beta_{2n}]$; $[m_i]$ und $[n_i]$ seien monoton wachsende Folgen natürlicher Zahlen, für die mit $\lim_{i\to\infty} \theta_i = \theta_0 \in \Omega_0$ gilt:

$$\lim_{i\to\infty} \beta_{1n_i}(\theta_i) = \lim_{i\to\infty} \beta_{2m_i}(\theta_i) = \beta, \quad 0 < \beta < 1 \,.$$

Dann ist die A.R.E. des Tests T_1 zum Test T_2 definiert durch:

$$E_{T_1,T_2} = \lim_{i\to\infty} \frac{m_i}{n_i} \,,$$

vorausgesetzt, dass dieser Grenzwert existiert und für jede Wahl $[m_i]$ und $[n_i]$ derselbe ist. □

Die so definierte A.R.E. hängt im Gegensatz zur finiten relativen Effizienz nicht von α und der (asymptotischen) Güte β ab. Weitere Details und Beispiele für A.R.E.-Berechnungen finden sich unter anderem bei Büning & Trenkler (1994, S. 280ff.).

Die asymptotische relative Effizienz des Fisher-Pitman-Permutationstests zum t-Test beträgt 1 (Lehmann, 2009). Oft, vor allem bei großen Stichprobenumfängen, ist das Ergebnis des Fisher-Pitman-Tests dem des t-Tests auch sehr ähnlich. Einige in diesem Buch besprochene Beispiele zeigen jedoch, dass die Ergebnisse bei kleinen Fallzahlen auch unterschiedlich sein können.

Beispiel

Betrachten wir einen Beispieldatensatz von Good (2001, S. 56). Es handelt sich um die Größe (cell counts) von Zellkulturen. Vier unbehandelte Kulturen hatten die Größen 12, 22, 34 und 95, vier andere Kulturen wurden u. a. mit Vitamin E behandelt. Bei diesen Kulturen wurden die Größen 90, 110, 118 und 121 beobachtet. Im Mittel sind die behandelten Kulturen (hier als Gruppe 1 bezeichnet) größer, der Mittelwert beträgt $\bar{x} = 109.75$. Der Mittelwert der unbehandelten Kulturen (Gruppe 2) beträgt nur $\bar{y} = 40.75$. Die Differenz der Mittelwerte ist demnach $\bar{x} - \bar{y} = 69$.

Nun besagt die Nullhypothese, dass es keinen Unterschied zwischen den beiden Gruppen von Zellkulturen gibt, d. h. alle acht Werte entstammen der gleichen zugrundeliegenden Verteilung. Unter der Nullhypothese hätte demnach jeder der Werte auch genauso gut in der anderen Gruppe „landen" können. Daher werden im Permutationstest nun alle möglichen Aufteilungen der acht Werte auf zwei Gruppen mit je vier Werten gebildet. Diese Permutationen der Daten sind wie oben erwähnt unter der Nullhypothese alle gleichwahrscheinlich. Insgesamt gibt es $\binom{N}{n_1} = \binom{8}{4} = 70$ Permutationen. Jede Permutation hat also die Wahrscheinlichkeit $1/70 = 0.0143$.

Die Teststatistik, hier die Differenz der Mittelwerte, nimmt den größtmöglichen Wert an, wenn die vier größten Werte (95, 110, 118, 121) der Gruppe 1 und die vier kleinsten Werte (12, 22, 34, 90) der Gruppe 2 zugeordnet werden. In diesem Fall beträgt die Differenz 71.5. Den zweitgrößten möglichen Wert der Mittelwertsdifferenz erhält man für die tatsächlich beobachtete Permutation. Der drittgrößte mögliche Wert für die Differenz beträgt 61.5 (siehe Tabelle 2.1), dieser Wert wird erreicht, wenn die Werte 90, 95, 118 und 121 der Gruppe 1 zugeordnet werden. Für diese Permutation ist der Wert der Teststatistik, also der Wert der Mittelwertsdifferenz, kleiner als für die tatsächlich beobachteten Daten. Die gemäß der Permutationsverteilung ermittelte Wahrscheinlichkeit $P_0(\bar{X} - \bar{Y} \geq 69)$, d. h. die Wahrscheinlichkeit dafür, dass die Mittelwertsdifferenz $\bar{X} - \bar{Y}$ mindestens so groß ist wie die tatsächlich beobachtete Differenz 69, beträgt demnach $2/70 = 0.0286$, da ja genau zwei Permutationen zu einer Differenz von 69 oder größer führen. Bei der obigen Wahrscheinlichkeit P_0 gibt der Index 0 an, dass es sich um eine Wahrscheinlichkeit handelt, die unter der Nullhypothese gilt.

Tabelle 2.1: *Die exakte Permutationsverteilung von $\bar{X} - \bar{Y}$ für das Beispiel von Good (2001): Gruppe 1: 90, 110, 118, 121, Gruppe 2: 12, 22, 34, 95*

Mögliche Ausprägung von $\bar{X} - \bar{Y}$	Wahrscheinlichkeit (= relative Häufigkeit innerhalb der 70 Permutationen)
−71.5	1/70
−69	1/70
−61.5	1/70
−57.5	1/70
−56	1/70
. . .	. . .
56	1/70
57.5	1/70
61.5	1/70
69	1/70
71.5	1/70

Um den p-Wert des (zweiseitigen) Permutationstests zu bestimmen, sind nun aber alle Permutationen zu berücksichtigen, die mindestens so stark gegen die Nullhypothese sprechen wie die beobachtete Permutation. Daher sind auch die Permutationen mit großer negativer Differenz zwischen den Mittelwerten zu beachten, da eine betragsmäßig große negative Differenz ja genauso wie eine große positive Differenz für einen Unterschied zwischen den Gruppen spricht. D. h. der p-Wert in diesem Fall eines zweiseitigen Tests ist die Wahrscheinlichkeit $P_0(|\bar{X} - \bar{Y}| \geq 69)$. Diese Wahrscheinlichkeit beträgt $4/70 = 0.0571$, da bei genau vier Permutationen der Betrag der Differenz 69 oder größer ist (siehe Tabelle 2.1). Zum Niveau $\alpha = 5\%$ ist der Unterschied zwischen den Gruppen demnach nicht signifikant.

Der p-Wert von $4/70 = 0.0571$ ergibt sich ebenso, wenn die Teststatistik

$$P = \left| \sum_{i=1}^{n_1} X_i - n_1 \cdot \frac{n_1 \bar{X} + n_2 \bar{Y}}{N} \right|$$

betrachtet wird. Tabelle 2.2 zeigt die exakte Permutationsverteilung von P. Für die tatsächlich beobachteten Daten erhält man $P = 138$. Aus Tabelle 2.2 sieht man, dass die Wahrscheinlichkeit für $P \geq 138$ genau $4/70$ beträgt, da für zwei Permutationen $P = 138$ und für zwei weitere Permutationen $P = 143$ gilt. Alle übrigen 66 Permutationen haben kleinere Werte der Teststatistik P.

Es sei hier angemerkt, dass es für $N = 8$ Werte insgesamt $8! = 40\,320$ Permutationen gibt. Darunter sind jedoch Permutationen, die nur die Werte innerhalb der Gruppen umsortieren. Diese Permutationen sind irrelevant, da sie die Teststatistik nicht beeinflussen. Daher reicht es aus, die $\binom{N}{n_1}$ „Permutationen" zu betrachten, die die N Werte in unterschiedlichen Kombinationen auf die zwei Gruppen der Größen n_1 und n_2 aufteilen (Bradley, 1968, S. 78f.).

Die Permutationsverteilung hängt von den beobachteten Werten ab. Es handelt sich daher um einen bedingten Test, gegeben sind die beobachteten Werte der Stichproben. Wegen der Abhängigkeit von den beobachteten Werten kann die Permutationsverteilung nicht vertafelt werden. Daher erfordert der Test einen relativ hohen Rechenaufwand. Demzufolge hat er sich in der Praxis nicht durchsetzen können, obwohl er bereits in den 1930er Jahren vorgeschlagen wurde (Fisher, 1936; Pitman, 1937) und positive theoretische Eigenschaften ebenfalls seit langem bekannt sind (z. B. Lehmann & Stein, 1949; Hoeffding, 1952). So schrieb Bradley (1968, S. 84), dass dieser Test „almost never quick ... seldom practical, and often ... not even feasible" sei. Nach May & Hunter (1993, S. 402) verblieb der Fisher-Pitman-Test „in relative obscurity". Da mittlerweile aber schnelle Algorithmen und leistungsfähige PCs zur Verfügung stehen, wird der Test mehr und mehr empfohlen (siehe z. B. Crowley, 1992; Gebhard, 1995; Thomas & Poulin, 1997; Berry et al., 2002). Implementiert ist der Fisher-Pitman-Permutationstest z. B. in R (Hothorn & Hornig, 2002) und StatXact (Cytel Software Corporation, Cambridge, Massachusetts), wo dieser Test „permutation with general scores test" genannt wird.

Tabelle 2.2: Die exakte Permutationsverteilung von P für das Beispiel von Good (2001): Gruppe 1: 90, 110, 118, 121, Gruppe 2: 12, 22, 34, 95

Mögliche Aus- prägung von P	Wahrscheinlichkeit (= relative Häufigkeit innerhalb der 70 Permutationen)
6	2/70
14	2/70
16	2/70
17	2/70
24	2/70
27	2/70
28	2/70
29	2/70
32	2/70
34	2/70
36	2/70
37	2/70
39	4/70
40	2/70
42	2/70
44	2/70
45	2/70
47	2/70
50	2/70
51	2/70
54	2/70
55	2/70
56	2/70
59	2/70
60	2/70
62	2/70
67	2/70
70	2/70
82	2/70
112	2/70
115	2/70
123	2/70
138	2/70
143	2/70

Umsetzung in SAS

In SAS (SAS Institute Inc., Cary, North Carolina) kann der Fisher-Pitman-Permutationstest mit der Prozedur NPAR1WAY durchgeführt werden. Und zwar ist zum einen im PROC NPAR1WAY-Statement die Option SCORES=DATA anzugeben. Diese Option bewirkt, dass kein Rangtest durchgeführt wird, sondern der Fisher-Pitman-Permutationstest, der die Originaldaten zur Berechnung der Teststatistik verwendet. Zum anderen ist das EXACT-Statement anzugeben, um einen exakten Permutationstest durchzuführen. Für die Auswertung des oben genannten Beispiels von Good (2001) mit jeweils vier Beobachtungen pro Gruppe ergibt sich das folgende SAS-Programm:

```
DATA bsp1;
INPUT gruppe anzahl;
CARDS;
1 90
1 110
1 118
1 121
2 12
2 22
2 34
2 95
;

PROC NPAR1WAY SCORES=DATA;
   CLASS gruppe;
   VAR anzahl;
   EXACT;
RUN;
```

Im Output findet sich dann u. a. das Ergebnis des exakten Tests. Es werden ein einseitiger (siehe Kapitel 2.5) wie auch der zweiseitige p-Wert angegeben:

```
Exact Test
   One-Sided Pr >= S            0.0286
   Two-Sided Pr >= |S - Mean|   0.0571
```

Approximativer Permutationstest

Ein Permutationstest kann auch approximativ basierend auf einer einfachen Zufallsstichprobe aus allen Permutationen durchgeführt werden (Edgington & Onghena, 2007, Kapitel 3.6; Good, 2000, Kapitel 13.2). Dieses Verfahren ist vor allem bei großen Stichproben angezeigt, da die Anzahl der Permutationen schnell extrem groß wird. Bei einem approximativen Permutationstest ist zu beachten, dass die beobachtete Stichprobe in der Zufallsstichprobe aus allen Permutationen enthalten sein muss. Genaugenommen handelt es sich daher um eine Zufallsstichprobe vom Umfang $M - 1$ aus allen (nicht beobachteten) Permutationen, denen die beobachtete Stichprobe hinzugefügt wird. Dadurch wird erreicht, dass der p-Wert niemals kleiner als $1/M$ ist. Dies hat zur Folge, dass die Wahrscheinlichkeit, einen p-Wert kleiner oder gleich α zu erhalten, unter der Nullhypothese nicht größer als α ist (Edgington & Onghena, 2007, S. 41). Letzteres ist erforderlich, damit der Test das Niveau einhält. Bei heute üblichen Werten wie z. B. $M = 10\,000$ ist es jedoch im Grunde fast irrelevant, ob die beobachtete Stichprobe hinzugefügt wird oder nicht. Es kann sich lediglich die vierte Nachkommastelle des p-Werts um 1 ändern.

Ein approximativer Fisher-Pitman-Permutationstest kann mit der SAS-Prozedur NPAR1WAY durchgeführt werden, indem im EXACT-Statement die Option MC für „Monte Carlo estimation of exact p-values" hinzugefügt wird:

```
PROC NPAR1WAY SCORES=DATA;
   CLASS gruppe;
   VAR anzahl;
   EXACT / MC;
RUN;
```

Im Output findet sich dann u. a. der folgende Teil:

```
Monte Carlo Estimates for the Exact Test
 One-Sided Pr >= S
 Estimate                        0.0270
 99% Lower Conf Limit            0.0228
 99% Upper Conf Limit            0.0312

 Two-Sided Pr >= |S - Mean|
 Estimate                        0.0552
 99% Lower Conf Limit            0.0493
 99% Upper Conf Limit            0.0611

 Number of Samples               10000
 Initial Seed                    940250001
```

Neben der Schätzung für die p-Werte wird jeweils ein Konfidenzintervall zusätzlich angegeben. Bei 10 000 ausgewählten Permutationen kann der zentrale Grenzwertsatz genutzt werden, um ein Konfidenzintervall zu ermitteln. Mit der Bezeichnung $\hat{p}$ für den geschätzten p-Wert ist

$$\hat{p} \pm z_{1-\alpha/2} \cdot \sqrt{\frac{\hat{p}(1-\hat{p})}{10\,000}}$$

ein $(1 - \alpha)$-Konfidenzintervall für den p-Wert, wobei $z_{1-\alpha/2}$ das $(1 - \alpha/2)$-Quantil der Standard-Normalverteilung bezeichne.

Das Konfidenzlevel $1 - \alpha$ kann mit dem folgenden Statement geändert werden:
```
EXACT / MC ALPHA=0.05;
```

Auch die „Number of samples", d. h. die Anzahl der verwendeten Permutationen, kann geändert werden:
```
EXACT / MC N=1000;
```

Der Startwert („Initial Seed") für die Zufallsauswahl der Permutationen kann wie folgt vorgegeben werden:
`EXACT / MC SEED=3579;`

Die drei genannten Optionen ALPHA=, N= und SEED= ergeben nur in Verbindung mit einem approximativen Permutationstest Sinn. Daher wird bei Nennung von mindestens einer dieser Optionen automatisch die Monte Carlo-Schätzung der p-Werte durchgeführt, auch wenn MC nicht zusätzlich genannt wird. Das heißt, dass z. B. die beiden folgenden Aufrufe für SAS identisch sind:

`EXACT / MC SEED=3579;`
`EXACT / SEED=3579;`

Eine weitere Option für das EXACT-Statement sei hier noch erwähnt. Mit MAXTIME = `value` kann man die Zeit in Sekunden angeben, die SAS maximal verwenden darf, um p-Werte eines Permutationstests zu berechnen. Reicht die Zeit nicht aus, bricht die Berechnung ab. Diese Option ist sowohl für die exakte wie für die approximative Berechnung der p-Werte erlaubt. Wird die exakte Berechnung gewählt (d. h. keine MC-Option), so bricht die Berechnung bei Überschreitung der vorgegebenen Zeit ab, ohne dass aufgrund der benötigten Zeit automatisch auf die MC-Option umgestellt wird.

Man beachte, dass per Default-Einstellung von SAS 10 000 Permutationen für den approximativen Permutationstest gewählt wurden – obwohl es bei den Fallzahlen des Beispiels nur 70 verschiedene Permutationen gibt. Es werden also Permutationen mehrfach, d. h. „mit Zurücklegen" ausgewählt. In Situationen, in denen üblicherweise ein approximativer Permutationstest durchgeführt wird, gibt es natürlich deutlich mehr als 10 000 Permutationen. Dennoch ist es bei Anwendung des oben genannten Programms mit der SAS-Prozedur NPAR1WAY möglich, dass einzelne Permutationen mehrfach gezogen werden.

Ein derartiges Ziehen „mit Zurücklegen" der Permutationen verringert die Power des approximativen Permutationstests (Opdyke, 2003). Opdyke (2003) präsentiert ein SAS-Programm zur Durchführung eines Permutationstests, bei dem die Permutationen „ohne Zurücklegen" gezogen werden. Auf dieses Programm wird hier jedoch nur verwiesen, denn der Gütegewinn durch Vermeidung von Doppelt- oder Mehrfachberücksichtigungen einzelner Permutationen ist klein, Opdyke (2003, S. 40) spricht in diesem Zusammenhang von „practical equivalence". Für die Praxis ist der Unterschied aufgrund folgender Argumentation nicht entscheidend. Bei kleiner Fallzahl sollte dem exakten Permutationstest der Vorzug gegeben werden. Liegt die Fallzahl in einer Größenordnung, die einen approximativen Permutationstest erfordert, so ist die Anzahl möglicher Permutationen so groß, dass die Wahrscheinlichkeit, auch nur eine Permutation doppelt zu ziehen, extrem klein ist, selbst wenn einige Tausend Permutationen gezogen werden (Opdyke, 2003).

Es sei hier erwähnt, dass sich der Unterschied zwischen mit und ohne Zurücklegen hier nur auf das Ziehen der Permutationen bezieht. Die einzelnen Daten (d. h. die beobachteten Werte) werden für jede Permutation ohne Zurücklegen gezogen – sofern ein Permutationstest durchgeführt wird. Dies ändert sich jedoch bei den später in Kapitel 3.3 besprochenen Bootstrap-Tests.

Sofern die Fallzahlen „groß" und die Kurtosis „klein" ist und $1/5 \leq n_1/n_2 \leq 5$ gilt, besteht eine weitere Alternative darin, die Permutationsverteilung der t-Teststatistik mit der t-Verteilung mit $n_1 + n_2 - 2$ Freiheitsgraden zu approximieren (Siegel, 1956, S. 154f.). Die Möglichkeit dieser Approximation zeigt ebenfalls, dass die Ergebnisse des Fisher-Pitman-Permutationstests und des t-Tests sehr ähnlich sein können. Weitere Möglichkeiten bestehen darin, die Permutationsverteilung auf der Basis ihrer Momente zu approximieren (siehe z. B. Box & Andersen, 1955) oder die Ränder der Verteilung mit einer verallgemeinerten Pareto-Verteilung zu modellieren (Knijnenburg et al., 2009).

Im folgenden wird der Fisher-Pitman-Permutationstest als FPP-Test bezeichnet.

2.2   Der Wilcoxon-Rangsummentest

Der Wilcoxon-Rangsummentest bzw. der diesem Test äquivalente Mann-Whitney U-Test ist die in der Praxis populärste nichtparametrische Alternative zum t-Test (van den Brink & van den Brink, 1989). Statt der Summe $\sum_{i=1}^{n_1} X_i$ ist die Teststatistik des Wilcoxon-Tests die Summe der entsprechenden Ränge. Der Rang einer Beobachtung ist 1 plus die Anzahl der Stichprobenwerte aus beiden Gruppen, die kleiner als dieser Wert sind. Die Teststatistik kann in der Form einer linearen Rangstatistik dargestellt werden.

Definition einer linearen Rangstatistik (siehe z. B. Büning & Trenkler, 1994, S. 127):

Eine Statistik der Form $T = \sum_{i=1}^{N} g(i) V_i$, wobei $g(i)$, $i = 1, \ldots, N$, zu wählende Gewichte bezeichnen, heißt lineare Rangstatistik für das Zweistichproben-Problem. Es gilt $V_i = 1$, wenn die i-st kleinste der N Stichprobenwerte der Gruppe 1 enstammt, anderenfalls ist $V_i = 0$. □

Unter der Nullhypothese H_0 gilt für eine lineare Rangstatistik T

$$E_0(T) = \frac{n_1}{N} \sum_{i=1}^{N} g(i) \quad \text{und}$$

$$\operatorname{Var}_0(T) = \frac{n_1 n_2}{N^2(N-1)} \left[N \sum_{i=1}^{N} g^2(i) - \left(\sum_{i=1}^{N} g(i) \right)^2 \right].$$

Ferner ist die standardisierte lineare Rangstatistik $\frac{T - E_0(T)}{\sqrt{\operatorname{Var}_0(T)}}$ unter H_0 asymptotisch für große Fallzahlen (n_1, $n_2 \to \infty$ mit $n_1/n_2 \to \lambda \neq 0, \infty$) standard-normalverteilt (siehe z. B. Büning and Trenkler, 1994, S. 127ff.). Für die Gewichte des Wilcoxon-Tests gilt $g(i) = i$. Somit ist die Teststatistik die Rangsumme der ersten Gruppe: $W = \sum_{i=1}^{N} i \cdot V_i$. Unter H_0 gilt $E_0(W) = n_1(N+1)/2$ und $\operatorname{Var}_0(W) = n_1 n_2 (N+1)/12$.

Im Gegensatz zum FPP-Test kann ein auf einer linearen Rangstatistik basierender Test auch bei ordinalem Messniveau der Daten angewandt werden. Für diesen Fall wurde der Wilcoxon-Test wiederholt empfohlen (z. B. Rahlfs & Zimmermann, 1993; Nanna & Sawilowsky, 1998).

Der Wilcoxon-Test ist der lokal optimale Rangtest für den Fall einer logistischen Verteilung (siehe z. B. Janssen, 1998, S. 27). Ein lokal optimaler Rangtest maximiert die Güte „in der Nähe der Nullhypothese", formal ist er wie folgt definiert:

Definition eines lokal optimalen Rangtests (siehe z. B. Randles & Wolfe, 1979, S. 295):
Für eine spezifizierte Verteilung F und das Testproblem $H_0: \theta = 0$ vs. $H_1^>: \theta > 0$ heißt ein Rangtest lokal optimal (locally most powerful), falls ein $\varepsilon > 0$ existiert, so dass der Test für $0 < \theta < \varepsilon$ und jedes mögliche Signifikanzniveau der gleichmäßig mächtigste Rangtest ist. □

Die logistische Verteilung ist durch die Dichtefunktion

$$f(x) = \frac{g \exp(-gx)}{(1 + \exp(-gx))^2}, \quad -\infty < x < \infty,$$

charakterisiert, wobei g eine Konstante ist. Es handelt sich um eine symmetrische Verteilung. Mit der Wahl $g = \frac{\pi}{\sqrt{3}}$ erhält man die standardisierte logistische Verteilung, d. h. eine Verteilung mit Erwartungswert 0 und Varianz 1 (Malik, 1985). Diese Verteilung hat eine Gestalt, die der Standard-Normalverteilung sehr ähnlich ist. Demzufolge hat der Wilcoxon-Test eine relativ hohe Güte für normalverteilte Daten und gilt allgemein als erste Wahl für symmetrische Verteilungen mit mittleren bis starken Rändern (Büning & Trenkler, 1994, S. 304).

Die asymptotische relative Effizienz (A.R.E.) des Wilcoxon-Tests zum t-Test hat eine untere Grenze von 0.864, nach oben ist sie nicht beschränkt. Bei Annahme einer Exponentialverteilung beträgt sie 3.0, bei Annahme einer Normalverteilung $3/\pi = 0.955$ (Hodges & Lehmann, 1956; Lehmann, 2009). Die Effizienz des Wilcoxon-Tests ist demnach erstaunlich hoch, wenn man bedenkt, dass lediglich die Ränge und nicht die komplette Information für die Testentscheidung genutzt werden. Die Popularität des Wilcoxon-Tests liegt aber vermutlich auch darin begründet, dass die Gewichte mit $g(i) = i$ sehr einfach definiert sind.

Der Wilcoxon-Test kann mit Hilfe der asymptotischen Normalität der Teststatistik oder basierend auf der exakten Permutationsverteilung von W durchgeführt werden. Beim asymptotischen Test wird genutzt, dass die standardisierte Statistik

$$Z_W = \frac{W - \frac{n_1(N+1)}{2}}{\sqrt{\frac{n_1 n_2 (N+1)}{12}}}$$

asymptotisch standard-normalverteilt ist (siehe oben). Die Nullhypothese kann daher im (zweiseitigen) asymptotischen Test zum Niveau α verworfen werden, falls $|Z_W| \geq z_{1-\alpha/2}$ gilt; der p-Wert ist $2(1 - \Phi(|Z_W|))$. Hierbei bezeichnen $z_{1-\alpha/2}$ das $(1-\alpha/2)$-Quantil und Φ die Verteilungsfunktion der Standardnormalverteilung.

Wird ein Permutationstest durchgeführt, so ist im Gegensatz zum FPP-Test eine Vertafelung der Permutationsverteilung möglich, da alle Werte (das sind die Ränge von 1 bis N) vor der Datenerhebung bekannt sind. Das Experiment oder die Datenerhebung liefert lediglich die Aufteilung der Ränge auf die Gruppen. Es sei hier daran erinnert, dass zunächst die Stetigkeit der Verteilungen F und G vorausgesetzt wurde.

Welcher der beiden Wege, den Test durchzuführen, asymptotisch oder exakt, ist angemessen? Im *Populationsmodell* (Lehmann, 1975, S. 56) basiert die statistische Inferenz darauf, dass Zufallsstichproben aus definierten Populationen (Grundgesamtheiten) gezogen werden. In dieser Situation kann die asymptotische Verteilung genutzt werden, sofern die Fallzahlen nicht zu klein sind. Für die Quantifizierung, was „nicht zu klein" bedeutet, gibt es unterschiedliche Faustregeln. Brunner & Munzel (2002, S. 63) halten die Approximation mit der asymptotischen Normalverteilung für gut brauchbar im Falle von $\min(n_1, n_2) \geq 7$, sofern keine Bindungen vorhanden sind, d. h. wenn alle beobachteten Werte in den beiden Gruppen unterschiedlich sind. Nach Büning & Trenkler (1994, S. 134) kann die Normalverteilung für n_1 oder $n_2 > 25$ genutzt werden. Mundry & Fischer (1998) zeigten jedoch, dass asymptotische p-Werte in der Praxis auch bei deutlich kleineren Stichproben verwendet werden. Ein Beispiel ist ein asymptotischer Test für $n_1 = 12$ und $n_2 = 3$, 2002 in *Nature* publiziert (Blomqvist et al., 2002). Bei derart kleinen Fallzahlen sollte die exakte Permutationsverteilung der Testentscheidung zugrunde gelegt werden.

Das *Randomisierungsmodell* erfordert keine Zufallsstichproben aus definierten Populationen. Es ist lediglich erforderlich, dass die Versuchseinheiten den Gruppen oder Behandlungen per Randomisierung, d. h. zufällig, zugeordnet werden (Lehmann, 1975, S. 5; siehe auch Ludbrook & Dudley, 1994). In diesem Modell sollte der p-Wert mit Hilfe der Permutationsverteilung bestimmt werden.

Ludbrook & Dudley (1998) überprüften mehr als 250 prospektive vergleichende Studien aus fünf renommierten biomedizinischen Zeitschriften. Diese Untersuchung zeigte „randomization rather than random sampling is the norm in biomedical research" (Ludbrook & Dudley, 1998, S. 127). Lediglich in 4% der Studien wurden Zufallsstichproben aus definierten Populationen gezogen. Ferner waren die Fallzahlen oft sehr klein. Der Median der Gruppengröße (per Journal) schwankte von vier bis neun bei Zufallsstichproben und von sechs bis zwölf bei Randomisierungen. Insgesamt kann daher gefolgert werden, dass exakte Permutationstests für die große Mehrzahl biomedizinischer Studien angemessen sind. Die gleiche Schlußfolgerung gilt für andere Anwendungsgebiete der Statistik, z. B. für die Psychologie (Hunter & May, 1993).

Im Randomisierungsmodell kann bei einem signifikanten Resultat gefolgert werden, dass das Ergebnis des Experiments unter H_0 sehr unwahrscheinlich ist und daher Zufallseffekte als Erklärung nicht ausreichen. Es gibt aber keine Grundgesamtheit, auf die die Ergebnisse wie im Populationsmodell verallgemeinert werden können (siehe z. B. Ludbrook & Dudley, 1994). Dies kann man als Nachteil eines Permutationstests im Randomisierungsmodell auffassen. Berger (2000) argumentiert jedoch im Kontext randomisierter klinischer Studien, dass dies eine Schwäche des Studiendesigns – und nicht des Permutationstests – ist.

In randomisierten klinischen Studien liegt in aller Regel keine Zufallsstichprobe, sondern ein „convenience sample" vor. Zudem sind Patienten in einer klinischen Studie auch deshalb nicht repräsentativ für die Grundgesamtheit, da es Ein- und Ausschlusskriterien wie die Bereitschaft teilzunehmen und eine „Run-in selection" (Leber & Davis,

1998) gibt. Ferner kann die Tatsache, dass die Patienten wissen, in der Studie zu sein und beobachtet zu werden, einen großen Einfluss haben (Fisher & van Belle, 1993, S. 18). Demzufolge kann eine externe Validität und damit die Möglichkeit, die Ergebnisse zu verallgemeinern, nicht garantiert werden; diese kann jedoch ausgeschlossen werden, wenn es keine interne Validität gibt. Berger (2000, S. 1321) schreibt: „results *may* be generalizable, provided there is internal validity. ... PTs [permutation tests] are a prerequisite for internal validity ... By ensuring internal validity, the PT actually enhances the ability to extrapolate results."

Wie oben bereits erwähnt, ist der Wilcoxon-Rangsummentest dem Mann-Whitney U-Test äquivalent. Die Idee des Mann-Whitney U-Tests ist es, zu zählen, wie häufig X_i-Werte den Y_j-Werten in der kombinierten, geordneten Stichprobe folgen. Betrachten wir erneut das Datenbeispiel von Good (2001): $X_1 = 90$, $X_2 = 110$, $X_3 = 118$, $X_4 = 121$, $Y_1 = 12$, $Y_2 = 22$, $Y_3 = 34$, und $Y_4 = 95$. Die kombinierte und geordnete Stichprobe ist damit 12, 22, 34, 90, 95, 110, 118, 121, die Reihenfolge der X- und Y-Werte lautet demnach $yyyxyxxx$. Den ersten drei Y-Werten folgen 4 X-Werte, dem größten Y-Wert folgen drei X-Werte. Die Mann-Whitney U-Statistik beträgt also $U = 4 + 4 + 4 + 3 = 15$.

Formal kann die Mann-Whitney U-Statistik wie folgt definiert werden:

$$U = \sum_{i=1}^{n_1} \sum_{j=1}^{n_2} \phi(Y_j, X_i) \quad \text{mit} \quad \phi(a, b) = \begin{cases} 1 & \text{falls} \quad a < b \\ 0 & \text{falls} \quad a > b \end{cases}.$$

Bei Bindungen (siehe Kapitel 2.7) kann ϕ gleich $1/2$ gesetzt werden.

Aus dem Wert $U = 15$ der Mann-Whitney-Statistik kann die Rangsumme W gemäß der Formel

$$W = U + \frac{n_1}{2}(n_1 + 1)$$

berechnet werden. Im Beispiel erhalten wir somit die Rangsumme $15 + 10 = 25$. Diese Rangsumme der X-Werte kann natürlich auch direkt berechnet werden. Die Ränge der X-Werte sind 4, 6, 7 und 8, die Ränge der Y-Werte 1, 2, 3 und 5. Die Rangsumme der X-Werte beträgt also $4 + 6 + 7 + 8 = 25$.

Der Rangsummentest wurde 1945 von Frank Wilcoxon vorgeschlagen, Henry Mann und Donald Whitney publizierten ihren Vorschlag 1947. Der Test ist aber noch älter, neben Wilcoxon (1945) und Mann & Whitney (1947) wurde er mindestens sechs weitere Male unabhängig vorgeschlagen (siehe Kruskal, 1957). Erstmals wurde er 1914 von Gustav Deuchler entwickelt, der damals an der Universität Tübingen tätig war. Deuchler (1914) empfahl folgendes Vorgehen: Es sollen alle $n_1 \cdot n_2$ Paare (X_i, Y_j) gebildet werden. Jedes Paar bekommt einen Score, und zwar den Wert +1, -1, oder 0, je nachdem, ob der X-Wert größer, kleiner, oder gleich dem Y-Wert des Paares ist. Deuchlers Teststatistik ist dann

$$r = \frac{\text{Summe der Scores}}{\text{Anzahl der Scores mit den Werten } + 1 \text{ oder } - 1}.$$

Tabelle 2.3: *Die exakte Permutationsverteilung der Rangsumme der X-Werte für $n_1 = n_2 = 4$ (sofern keine Bindungen vorliegen)*

Mögliche Aus-prägung von W	Wahrscheinlichkeit (= relative Häufigkeit innerhalb der 70 Permutationen)
10	1/70
11	1/70
12	2/70
13	3/70
14	5/70
15	5/70
16	7/70
17	7/70
18	8/70
19	7/70
20	7/70
21	5/70
22	5/70
23	3/70
24	2/70
25	1/70
26	1/70

Wenn es keine Paare mit $X_i = Y_j$ gibt, gilt (Kruskal, 1957)

$$r = 1 - \frac{2}{n_1 n_2} U \, .$$

Hier betrachten wir die Rangsumme W als Teststatistik. Im Beispiel von Good (2001) gilt $W = 25$. Die Rangsumme W muss nun für alle 70 möglichen Permutationen berechnet werden. Es ergibt sich dann die folgende Permutationsverteilung der Rangsumme (siehe Tabelle 2.3).

Die Ausprägung der Teststatistik für die beobachteten Daten ist 25. Die größere mögliche Rangsumme 26 spricht noch stärker für die Alternative, d. h. für einen Unterschied zwischen den beiden Gruppen der X- und Y-Werte. Der unter der Nullhypothese, dass es keinen Unterschied gibt, erwartete Wert der Rangsumme beträgt $n_1(N + 1)/2 = 18$. Da 11 genauso weit vom erwarteten Wert 18 entfernt ist wie 25, spricht eine Rangsumme von 11 genauso stark für die (zweiseitige) Alternative wie die tatsächlich beobachtete Teststatistik 25. Und die ebenfalls mögliche Rangsumme 10 spricht genauso stark gegen die Nullhypothese wie die Rangsumme 26. Insgesamt sprechen also vier Permutationen (Rangsummen 10, 11, 25, 26) mindestens so stark gegen die Nullhypothese wie die beobachtete Rangsumme 25. Der p-Wert des exakten Wilcoxon-Tests beträgt demnach $4/70 = 0.0571$.

Umsetzung in SAS

Der Wilcoxon-Rangummentest kann ebenfalls mit der SAS-Prozedur NPAR1WAY durchgeführt werden. Statt SCORES=DATA ist im Prozeduraufruf WILCOXON anzugeben. Das EXACT-Statement sowie die Optionen zu diesem Statement lassen sich auch bei der Wahl des Wilcoxon-Tests verwenden:

```
PROC NPAR1WAY WILCOXON;
  CLASS gruppe;
  VAR anzahl;
  EXACT;
RUN;
```

Der Output dieses Programms ist wie folgt:

```
Wilcoxon Two-Sample Test

  Statistic (S)                  25.0000

  Normal Approximation
  Z                               1.8764
  One-Sided Pr > Z                0.0303
  Two-Sided Pr > |Z|              0.0606

  t Approximation
  One-Sided Pr > Z                0.0514
  Two-Sided Pr > |Z|              0.1027

  Exact Test
  One-Sided Pr >= S               0.0286
  Two-Sided Pr >= |S - Mean|      0.0571
Z includes a continuity correction of 0.5.


Kruskal-Wallis Test
  Chi-Square      4.0833
  DF              1
  Pr > Chi-Square 0.0433
```

Die Rangsumme W wird in diesem Output als Statistik S bezeichnet, Z ist die standardisierte Rangsumme. Im Beispiel gilt gemäß der oben genannten Formel $Z = (25 - 18)/\sqrt{12} = 2.0207$. Der Output gibt jedoch $Z = 1.8764$ an. Der Grund ist eine sogenannte Stetigkeitskorrektur, die von SAS angewandt wird.

Die Verteilung der Rangsumme W ist diskret, dennoch wird diese beim asymptotischen Test mit der stetigen Normalverteilung, bzw. im SAS-Output zusätzlich auch mit der stetigen t-Verteilung, approximiert. Bei kleinen Fallzahlen wird daher von manchen Autoren eine sogenannte Stetigkeitskorrektur empfohlen. Da aber gerade bei kleinen Fallzahlen der exakte Permutationstest angewandt werden sollte (Bergmann et al., 2000), entfällt die Notwendigkeit einer derartigen Stetigkeitskorrektur. Für große Fallzahlen ist eine Stetigkeitskorrektur nicht nötig, da die Verteilung von W dann viel weniger diskret ist und eine Stetigkeitskorrektur allenfalls zu kaum erkennbaren Unterschieden führen würde. Daher wird hier auf eine genaue Erklärung der Stetigkeitskorrektur verzichtet. Innerhalb der Prozedur NPAR1WAY kann mit der Option CORRECT=NO erreicht werden, dass die Stetigkeitskorrektur entfällt:

```
PROC NPAR1WAY WILCOXON CORRECT=NO;
```

Mit diesem Aufruf erscheint $Z = 2.0207$ im Output und nicht wie oben $Z = 1.8764$. Der exakte Test ist unverändert.

Es ist bei der Nutzung von Statistik-Software sehr wichtig, genau darauf zu achten, wie der WMW-Test durchgeführt wird. Es kann große Unterschiede geben, je nachdem, ob der Test exakt oder asymptotisch, bzw. mit oder ohne Stetigkeitskorrektur durchgeführt wird (Bergmann et al., 2000).

Der asymptotische Test ohne Stetigkeitskorrektur findet sich ganz unten im SAS-Output unter der Überschrift „Kruskal-Wallis Test". Dort ist unter „Chi-Square" der Wert von Z^2 angegeben. Der dazu gehörende p-Wert ist $P_0(Z^2 \geq 4.0833) = P_0(|Z| \geq 2.0207) = 0.0433$. Selbstverständlich sollte der asymptotische Test nicht bei diesem Datensatz mit $n_1 = n_2 = 4$ angewandt werden. Er wird jedoch im SAS-Output mit aufgeführt und daher hier zur Illustration erwähnt.

Obwohl es eine Vielzahl linearer Rangstatistiken gibt, wurde hier zunächst der Wilcoxon-Test betrachtet, da es sich dabei um den am häufigsten angewendeten nichtparametrischen Test für Lagealternativen handelt (Büning & Trenkler, 1994, S. 135). Infolgedessen ist er auch in den meisten Statistik-Softwarepaketen implementiert. Im folgenden wird dieser Test als WMW-Test (Wilcoxon-Mann-Whitney) bezeichnet. In Kapitel 2.6 werden dann auch andere lineare Rangstatistiken vorgestellt.

2.3 Der Test nach Baumgartner, Weiß & Schindler

Baumgartner, Weiß & Schindler (1998) haben eine neue nichtparametrische Teststatistik vorgeschlagen. Wie die WMW-Statistik basiert auch die neue Teststatistik auf Rängen, sie ist wie folgt definiert:

$$B = \frac{1}{2} \cdot (B_X + B_Y), \text{ mit}$$

$$B_X = \frac{1}{n_1} \sum_{i=1}^{n_1} \frac{\left(R_i - \frac{N}{n_1} \cdot i\right)^2}{\frac{i}{n_1+1} \cdot \left(1 - \frac{i}{n_1+1}\right) \cdot \frac{n_2 N}{n_1}} \text{ und}$$

$$B_Y = \frac{1}{n_2} \sum_{j=1}^{n_2} \frac{\left(H_j - \frac{N}{n_2} \cdot j\right)^2}{\frac{j}{n_2+1} \cdot \left(1 - \frac{j}{n_2+1}\right) \cdot \frac{n_1 N}{n_2}}.$$

Hierbei bezeichnen $R_1 < \cdots < R_{n_1}$ ($H_1 < \cdots < H_{n_2}$) die der Größe nach geordneten Ränge der Werte in Gruppe 1 (Gruppe 2). Wie beim WMW-Test werden die Werte beider Gruppen gepoolt, um diese Ränge zu bestimmen, d. h. die Ränge $R_1, \ldots, R_{n_1}, H_1, \ldots, H_{n_2}$ stellen eine Permutation der Zahlen $1, 2, \ldots, N$ dar. Große Werte von B deuten auf eine Verletzung der Nullhypothese hin.

Wie z. B. auch der (Kolomogorow-)Smirnow-Test (siehe Kapitel 4) nutzt der Test die Differenz zwischen den empirischen Verteilungsfunktionen $\hat{F}$ und $\hat{G}$. Und zwar wird der Ausdruck

$$\frac{n_1 n_2}{N} \cdot \int_0^1 \frac{1}{z(1-z)} \cdot \left(\hat{F}(z) - \hat{G}(z) \right)^2 dz$$

mit Hilfe der Ränge approximiert. Die Gewichtung mit $1/(z(1-z))$ betont die Ränder der Verteilungen (Baumgartner et al., 1998).

Baumgartner et al. (1998) haben die asymptotische Verteilung von B hergeleitet, es gilt:

$$\lim_{n_1, n_2 \to \infty} P_0(B < b)$$

$$= \sqrt{\frac{\pi}{2}} \frac{1}{b} \sum_{i=0}^{\infty} \binom{-1/2}{i} (4i+1) \int_0^1 \frac{1}{\sqrt{r^3(1-r)}} \cdot \exp\left(\frac{rb}{8} - \frac{\pi^2(4i+1)^2}{8rb} \right) dr$$

$$\text{mit } \binom{-1/2}{i} = \frac{(-1)^i \cdot \Gamma\left(i + \frac{1}{2}\right)}{\Gamma\left(\frac{1}{2}\right) \cdot i!}.$$

Die Konvergenz dieser Reihe ist recht schnell, eine Summierung bis $i = 3$ reicht aus (Baumgartner et al., 1998). Es sei angemerkt, dass Baumgartner et al. (1998) nur den asymptotischen Test betrachteten. Die folgende Tabelle 2.4 zeigt die asymptotische Verteilung von B. Baumgartner et al. (1998) gaben $P_0(B < b)$ nur für sechs verschiedene Werte von b an. Für Anwendungen ist dies jedoch häufig nicht ausreichend, z. B. wenn bei multiplen Testproblemen das Signifikanzniveau adjustiert wird.

Der Test mit der Statistik B wird im folgenden als BWS-Test bezeichnet. Mittels Simulation verglichen Baumgartner et al. (1998) den asymptotischen BWS-Test mit anderen nichtparametrischen Tests. Im Lokationsmodell beschränkten sie sich jedoch auf Normalverteilungen und zeigten, dass in diesem Fall die Güten des asymptotischen BWS-Tests und des WMW-Tests sehr ähnlich sind.

Die Simulationsergebnisse von Baumgartner et al. (1998) werden hier nicht wiedergegeben. Die Güte des asymptotischen BWS-Tests ist lediglich in einer Tabelle dargestellt. Und zwar zeigt Tabelle 2.5 die Power für verschiedene t-Verteilungen, um zu demonstrieren, dass die Power mit wachsenden Rändern zunimmt. Die t-Verteilungen sind standardisiert, d. h. die Varianz beträgt in beiden Gruppen 1. Der Erwartungswert ist in einer Gruppe 0 und in der anderen Gruppe 1. Die Trennschärfe steigt mit abnehmender Anzahl Freiheitsgrade (df), d. h. sie steigt mit wachsenden Rändern. Die Power des asymptotischen WMW-Tests steigt ebenfalls mit abnehmender Anzahl Freiheitsgrade. Dieser Anstieg ist jedoch weniger stark, so dass der BWS-Test bei geringeren Freiheitsgraden im Vorteil ist.

Die in Tabelle 2.5 wie auch weiter unten dargestellten Simulationsergebnisse basieren auf jeweils 10 000 simulierten Datensätzen per Konfiguration. Durchgeführt wurden diese

Tabelle 2.4: *Tafel der asymptotischen Verteilung der BWS-Statistik B*

b	$P_0(B \geq b)$	b	$P_0(B \geq b)$	b	$P_0(B \geq b)$
0.1	>0.9999	3.1	0.0244	6.1	0.00087
0.2	0.9904	3.2	0.0217	6.2	0.00078
0.3	0.9382	3.3	0.0193	6.3	0.00070
0.4	0.8487	3.4	0.0172	6.4	0.00063
0.5	0.7468	3.5	0.0154	6.5	0.00056
0.6	0.6480	3.6	0.0137	6.6	0.00051
0.7	0.5588	3.7	0.0122	6.7	0.00046
0.8	0.4810	3.8	0.0109	6.8	0.00041
0.9	0.4142	3.9	0.0098	6.9	0.00037
1.0	0.3573	4.0	0.0087	7.0	0.00033
1.1	0.3088	4.1	0.0078	7.1	0.00030
1.2	0.2675	4.2	0.0070	7.2	0.00027
1.3	0.2323	4.3	0.0062	7.3	0.00024
1.4	0.2023	4.4	0.0056	7.4	0.00022
1.5	0.1765	4.5	0.0050	7.5	0.00019
1.6	0.1543	4.6	0.0045	7.6	0.00017
1.7	0.1352	4.7	0.0040	7.7	0.00016
1.8	0.1186	4.8	0.0036	7.8	0.00014
1.9	0.1043	4.9	0.0032	7.9	0.00013
2.0	0.0918	5.0	0.0029	8.0	0.00011
2.1	0.0810	5.1	0.0026	8.1	0.00010
2.2	0.0715	5.2	0.0023	8.2	0.00009
2.3	0.0632	5.3	0.0021	8.3	0.00008
2.4	0.0559	5.4	0.0019	8.4	0.00007
2.493	0.0500	5.5	0.0017	8.5	0.00007
2.6	0.0439	5.6	0.0015	8.6	0.00006
2.7	0.0390	5.7	0.0013	8.7	0.00005
2.8	0.0346	5.8	0.0012	8.8	0.00005
2.9	0.0308	5.9	0.0011	8.9	0.00004
3.0	0.0274	6.0	0.0010	9.0	0.00004

Tabelle 2.5: *Die simulierte Power des asymptotischen BWS-Tests sowie die Differenz der Trennschärfen zwischen den asymptotischen Tests BWS und WMW für verschiedene standardisierte t-Verteilungen ($\theta = 1$, $n_1 = n_2 = 10$, $\alpha = 0.05$)*

df	Power des asy. BWS-Tests	Power-Differenz (asy. BWS-Test − asy. WMW-Test)
3	0.79	0.016
4	0.69	0.010
6	0.61	0.006
8	0.59	−0.003
16	0.56	−0.005
100	0.54	−0.007

Simulationen mit SAS, teilweise unter Hinzunahme von Proc-StatXact (Cytel Software Corporation). Bei 10 000 Simulationsläufen kann der zentrale Grenzwertsatz genutzt werden, um ein 95%-Konfidenzintervall zu ermitteln. Mit den Bezeichnungen G für die Güte und $\hat{G}$ für die Güteschätzung ist

$$\hat{G} \pm 1.96 \cdot \sqrt{\frac{G(1-G)}{10\,000}}$$

ein 95%-Konfidenzintervall für die Güte bzw. analog für das tatsächliche Niveau (siehe z. B. Berry, 1995a). Im für das Konfidenzintervall ungünstigsten Fall einer Trennschärfe von 0.5 gilt $1.96 \cdot \sqrt{(0.5(1-0.5))/10\,000} = 0.0098$. Solch geringe Unterschiede von weniger als einem Prozent sind für die Güteschätzung vernachlässigbar. Für den Wert $G = 0.05$, der bei $\alpha = 0.05$ für das tatsächliche Niveau angemessener ist als der ungünstigste Wert 0.5, erhält man ein deutlich kleineres Konfidenzintervall, es gilt $1.96 \cdot \sqrt{(0.05(1-0.05))/10\,000} = 0.0043$.

Baumgartner et al. (1998) empfehlen den von ihnen vorgeschlagenen (asymptotischen) Test auch für kleine Fallzahlen. Z. B. wenden sie diesen Test in einem Beispiel mit $n_1 = n_2 = 5$ an. Bei kleinen Fallzahlen kann der asymptotische Test jedoch antikonservativ sein (Neuhäuser, 2000). Für $n_1 = n_2 = 10$ beträgt das tatsächliche Testniveau 0.055 (bei $\alpha = 0.05$). Eine Überschreitung des Niveaus in dieser Größenordnung mag akzeptabel erscheinen. Das tatsächliche Niveau eines auf der Statistik B basierenden Permutationstests ist jedoch dem nominalen α sehr nahe (siehe Kapitel 2.4). Unter anderem daher wurde für kleine Fallzahlen ein exakter Permutationstest empfohlen (Neuhäuser, 2000).

Im Datenbeispiel von Good (2001) betragen die Ränge der X-Werte 4, 6, 7 und 8, und die Ränge der Y-Werte 1, 2, 3 und 5. Damit ergibt sich $B_X = 1.4323$, $B_Y = 3.6458$ und somit $B = 2.5391$. Der p-Wert ist somit die Wahrscheinlichkeit $P_0(B \geq 2.5391)$.

Tabelle 2.6: *Die exakte Permutationsverteilung der BWS-Teststatistik B für $n_1 = n_2 = 4$ (sofern keine Bindungen vorliegen)*

Mögliche Ausprägung von B	Wahrscheinlichkeit (= relative Häufigkeit innerhalb der 70 Permutationen)
≤ 0.75	40/70
0.8789	4/70
0.9440	4/70
0.9766	4/70
1.2370	2/70
1.4974	4/70
1.6276	4/70
1.8555	2/70
1.9206	2/70
2.5391	2/70
3.7109	2/70

Es ist nur der rechte Rand der Verteilung von B zu berücksichtigen, da B aufgrund der Quadrate in den Zählern von B_X und B_Y unabhängig von der Richtung der Abweichung von H_0 mit dem Unterschied zwischen den Gruppen wächst.

Wie man der Tabelle 2.4 entnehmen kann, ist die Wahrscheinlichkeit $P_0(B \geq 2.5391)$ bei Nutzung der asymptotischen Verteilung kleiner als 0.05. Bei den kleinen Fallzahlen von vier pro Gruppe sollte jedoch ein Permutationstest durchgeführt werden. Basierend auf der in Tabelle 2.6 aufgelisteten Permutationsverteilung von B gilt $P_0(B \geq 2.5391) = 4/70 = 0.0571$. In diesem Beispiel erhält man also für die drei Permutationstests FPP, WMW und BWS jeweils den gleichen p-Wert. Solch übereinstimmende Ergebnisse sind möglich, aber bei größeren Fallzahlen sehr unwahrscheinlich.

Umsetzung in SAS

Um diesen Permutationstest mit SAS durchzuführen, kann nicht auf eine fertige SAS-Prozedur zurückgegriffen werden. Das folgende SAS-Makro (nach Neuhäuser et al., 2009) führt den BWS-Test als Permutationstest basierend auf allen Permutationen durch:

```
%MACRO Permtest(indata);
proc iml;

/* Einlesen der Daten */
USE &indata;
READ ALL INTO currdata;

/* Bildung der Raenge */
ranks=RANKTIE(currdata[ ,2]);

/* Berechnung und Ausgabe der Gruppengroessen */
N_total=Nrow(currdata[ ,2]);
n2=currdata[+,1];
n1=N_total-n2;
print N_total n1 n2;

/* Erzeugung aller moeglichen Permutationen */
start perm(n,n_1);
  matrix = shape(0,(gamma(n+1)/(gamma(n_1+1)*gamma(n-n_1+1))),n);
  index = 1;
  vektor=shape(-1,1,n);
  pos = 1;
  ok = 1;
  do while(ok=1);
   if pos > n then do;

   if vektor[,+] = n_1 then do;
    matrix[index,]= vektor;
```

```
    index = index + 1;
   end;

  pos = pos-1;
 end;
else do;
  if vektor[,pos] < 1 then do;
   vektor[,pos] = vektor[,pos]+1;
   pos = pos+1;
  end;

  else do;
   vektor[,pos]=-1;
   pos = pos-1;
  end;
end;

if pos < 1 then ok = 0;
end;

return (matrix);
finish;

permutationen = perm(N_total,n1);
P=Nrow(permutationen);

/* Berechnung der BWS-Teststatistik */
start test_sta(R1, R2, N_total, n1, n2);

b=R1;
R1[,rank(R1)]=b;
b=R2;
R2[,rank(R2)]=b;

i=1:n1;
j=1:n2;
Bx=(1/n1)#sum( (R1-(N_total/n1)#i)##2/
   ( (i/(n1+1))#(1-(i/(n1+1)))#((n2#N_total)/n1) ) );
By=(1/n2)#sum( (R2-(N_total/n2)#j)##2/
   ( (j/(n2+1))#(1-(j/(n2+1)))#((n1#N_total)/n2) ) );
B=0.5 # (Bx+By);

return (B);
finish;

/* Durchfuehrung des Tests */
```

```
Tab=REPEAT(T(ranks),P,1);

R1=choose(permutationen=0,.,Tab);
R2=choose(permutationen=1,.,Tab);

R1g=R1[loc(R1^=.)];
R2g=R2[loc(R2^=.)];

R1z=shape(R1g,P, n1);
R2z=shape(R2g,P, n2);

test_st0=
   test_sta(T(ranks[1:n1]),T(ranks[(n1+1):N_total]), N_total, n1, n2);
Pval=0;

do i=1 to P by 1;
B = test_sta(R1z[ i , ], R2z[ i , ], N_total, n1, n2);
if B >= test_st0 then Pval=Pval+1;
end;

Pval=Pval/P;

/* Ausgabe der Ergebnisse */
x=(Pval || test_st0 || P);
cols={P_value test_statistic total_Perms};
print x[colname=cols];

/* optional: Erzeugung des Output-SAS-Datensatzes results */
CREATE results FROM x[colname=cols];
APPEND FROM x;
CLOSE results;
/***********************************************************/

quit;
%MEND Permtest;
```

Um dieses Makro anzuwenden, müssen die Daten wie folgt eingelesen werden: Die Reihenfolge der Variablen ist **gruppe** vor **anzahl**, und die Variable **gruppe** muss die beiden Ausprägungen 0 und 1 aufweisen.

```
DATA bsp1;
   INPUT gruppe anzahl @@;
CARDS;
0 90 0 110 0 118 0 121
1 12 1 22 1 34 1 95
;
```

Das Makro kann dann mit dem Befehl `%Permtest(bsp1);` aufgerufen werden. Es sei hier erwähnt, dass es weitere SAS/IML-Programme gibt, um einen Permutationstest durchzuführen (Gefeller & Bregenzer, 1994; Berry, 1995b). Unter anderem kann ein Shift-Algorithmus (Streitberg & Röhmel, 1987) für einen exakten Permutationstest zum Vergleich zweier unabhängiger Stichproben genutzt werden.

Will man nicht alle Permutationen berücksichtigen, d. h. den Permutationstest approximativ durchführen, kann z. B. das folgende SAS/IML-Programm von Good (2001, S. 207) angewandt werden. Das wiedergegebene Programm [ein Tippfehler im Programm von Good (2001, S. 207) ist hier korrigiert: ranuni statt randuni] erzeugt eine zufällige Permutation, Y bezeichnet hier den Datenvektor und Ystar die erzeugte Permutation:

```
proc iml;
 Y={11, 13, 10, 15, 12, 45, 67, 89};
 n=nrow(Y);
 U=ranuni(J(n,1, 3571));    *3571 ist der Startwert (seed);
 I=rank(U);
 Ystar=Y(|I,|);
 print Ystar;
quit;
```

Der Shuffle-Algorithmus von Chen & Dunlap (1993, S. 409) ist ein alternatives Verfahren, das ohne SAS/IML auskommt:

```
%let nop=9999; *Anzahl der auszuwaehlenden Permutationen;

DATA shuffle (KEEP=sample gruppe anzahl);
 ARRAY temp{*} S1-S800;
 *falls die Gesamtfallzahl N > 800 ist, ist 800 durch N zu ersetzen;
DO sample=1 TO &nop;
DO i=1 to obn;
temp(i)=i;
END;
DO j=1 TO obn;
k=int(ranuni(0)*(obn-j+1))+j;
index=temp(k);
temp(k)=temp(j);
temp(j)=index;
 set bsp1(keep=anzahl) point=index;
 set bsp1(keep=gruppe) point=j nobs=obn;
 OUTPUT;
 END; END; STOP;
RUN;
```

2.4   Vergleich der drei Tests

Die drei vorgestellten Tests werden nun hinsichtlich ihrer Niveauausschöpfung und ihrer Trennschärfe verglichen. Dabei werden die jeweiligen Permutationstests betrachtet. Der FPP-Test basiert auf 100 000 zufällig ausgewählten Permutationen, sofern – wie z. B. für $n_1 = n_2 = 10$ – mehr als 100 000 Permutationen möglich sind.

Die tatsächlichen Niveaus der Tests sind in Tabelle 2.7 dargestellt. Dieses tatsächliche Niveau, auch Size genannt, kann für die Rangtests exakt ermittelt werden, da die für den Test benötigten Werte, die Ränge von 1 bis N, stets gleich sind. Beim FPP-Test hängt die Permutationsverteilung von den beobachteten Werten ab. Daher wurde die Niveauausschöpfung für diesen Test simuliert. Dazu wurden die folgenden Verteilungen verwendet: Gleichverteilung auf $(0,1)$, Standard-Normalverteilung, Cauchy-Verteilung, χ^2-Verteilung mit 3 Freiheitsgraden, Exponentialverteilung mit Parameter $\lambda = 1$.

Permutationstests garantieren stets, dass das tatsächliche das nominale Niveau nicht übersteigt. Die Werte in Tabelle 2.7, die geringfügig größer als 0.05 sind, beruhen auf der Ungenauigkeit der Schätzung durch die Simulation. Der FPP-Test wie auch der BWS-Test schöpfen das Niveau gut aus, das tatsächliche Niveau ist dem nominalen sehr ähnlich. Der WMW-Test dagegen ist konservativ. Dies gilt für andere Signifikanzniveaus ganz analog. Der Grund für die Konservativität des Wilcoxon-Tests ist die Diskretheit der Verteilung der Teststatistik W. Die BWS-Statistik B ist deutlich „weniger diskret", d. h. der Träger enthält mehr Elemente. Für z. B. $n_1 = n_2 = 5$ gibt es $\binom{10}{5} = 252$ verschiedene Permutationen. Die Rangsumme W kann jedoch nur 26 verschiedene Werte annehmen, im Gegensatz zur Statistik B mit 42 verschiedenen Ausprägungen. Bei größeren Fallzahlen ist der Unterschied noch deutlicher: Im Falle von $n_1 = n_2 = 10$ gibt es bei 184 756 Permutationen 11 833 Ausprägungen von B, aber nur 101 von W.

Es sei erwähnt, dass die kritischen Werte wie üblich so bestimmt wurden, dass das Testniveau α nicht überschritten wird. Auf randomisierte Tests, die ein zusätzliches

Tabelle 2.7: *Die Niveauausschöpfung der drei Permutationstests für verschiedene Fallzahlen* $(\alpha = 0.05)$

n_1	n_2	WMW-Test	BWS-Test	Gleichv.	Normalv.	Cauchy	χ^2 (3 df)	Expon.
5	5	0.0317	0.0476	0.049	0.048	0.045	0.048	0.051
6	6	0.0411	0.0498	0.049	0.046	0.046	0.045	0.050
7	7	0.0379	0.0490	0.051	0.052	0.049	0.050	0.051
8	8	0.0499	0.0499	0.052	0.051	0.054	0.051	0.051
9	9	0.0400	0.0499	0.047	0.051	0.049	0.050	0.050
10	10	0.0433	0.0500	0.051	0.048	0.051	0.050	0.050
8	5	0.0451	0.0497	0.054	0.050	0.049	0.043	0.053
9	7	0.0418	0.0500	0.051	0.048	0.049	0.050	0.051
10	5	0.0400	0.0500	0.049	0.052	0.045	0.049	0.050

The Fisher-Pitman-Permutationstest columns (Gleichv., Normalv., Cauchy, χ^2 (3 df), Expon.) are grouped under the header "Fisher-Pitman-Permutationstest".

Zufallsexperiment erfordern, wird verzichtet, da diese für die Praxis nicht akzeptabel sind (Mehta & Hilton, 1993; Senn, 2007). Die Tatsache, dass der WMW-Test für $n_1 = n_2 = 8$ praktisch nicht konservativ ist, beruht darauf, dass die Verteilungsfunktion der Rangsumme bei einer Sprungstelle „zufällig" auf fast genau 0.975 springt.

Da die Tests das Signifikanzniveau garantieren, kann ein Test ausschließlich auf der Basis der Trennschärfe ausgewählt werden (Kennedy, 1995). Man könnte vermuten, dass der FPP-Test mächtiger ist als die Rangtests, da die komplette Information der Daten genutzt wird. Keller-McNulty & Higgins (1987), van den Brink & van den Brink (1989) sowie Tanizaki (1997) zeigten jedoch, dass der WMW-Test eine höhere Güte als der FPP-Test aufweisen kann, und zwar bei asymmetrischen Verteilungen sowie bei Verteilungen mit starken Rändern. Rasmussen (1986) zeigte, dass der WMW-Test bei kontaminierten Normalverteilungen mächtiger als der FPP-Test ist.

Da Rangtests unter anderem bei starken Rändern vorteilhaft sind und der BWS-Test durch die gewählte Gewichtung die Ränder betont, ist es interessant zu untersuchen, inwiefern die Güte durch die Anwendung des BWS-Tests weiter verbessert werden kann (Neuhäuser & Senske, 2004). Zudem ist das Ausmaß des Powervorteils des FPP-Tests bei symmetrischen Verteilungen mit weniger starken Ränder von Interesse, um einen Test für die Praxis empfehlen zu können.

Die Tabelle 2.8 zeigt die Power der Tests für die bereits in Tabelle 2.7 gewählten Verteilungen. In jeweils einer Gruppe wurden die Werte um $\theta = f \cdot \tilde{\theta}$ verschoben. Die empirisch ermittelten Werte von f wurden gewählt, um die Trennschärfen in eine vergleichbare Größenordnung zu bringen. Wegen der Ergebnisse von Rasmussen (1986) sind zudem zwei kontaminierte Normalverteilungen (CN) mit aufgenommen. Die Werte dieser Verteilungen wurden wie folgt simuliert: Mit einer Wahrscheinlichkeit von 0.7 entstammt ein Wert einer Standard-Normalverteilung, und mit einer Wahrscheinlichkeit von 0.3 einer Normalverteilung mit Erwartungswert 5 und Standardabweichung 0.5 (CN1) bzw. 4 (CN2). Kontaminierte Normalverteilungen sind nicht nur von theoretischem Interesse, sondern nicht selten auch geeignete Modelle für reale Daten (Bradley, 1977).

Es zeigt sich, dass – wie aus der Literatur bekannt –, der WMW-Test bei asymmetrischen Verteilungen sowie bei Verteilungen mit starken Rändern mächtiger als der FPP-Test ist. In dieser Situation hat der BWS-Test in allen dargestellten Fällen eine höhere Güte als der WMW-Test, teilweise ist die Güte deutlich verbessert. In den Fällen, in denen der FPP-Test die größte Power aufweist (Gleich- und Normalverteilung), ist der Güteunterschied zwischen dem WMW- und dem BWS-Test gering. Insgesamt kann daher empfohlen werden, den BWS-Test statt des WMW-Tests anzuwenden. Für die Situation, dass die zugrundeliegende Verteilung unbekannt ist, ist der BWS-Test auch dem FPP-Tests vorzuziehen. Denn in den Situationen, in denen der FPP-Test mächtiger ist, ist der Güteunterschied vergleichsweise klein. Der BWS-Test dagegen ist z. B. bei der Cauchy- und der CN2-Verteilung um bis zu ca. 30 Prozentpunkte mächtiger als der FPP-Test. Analoge Ergebnisse zeigen sich auch bei unbalancierten Fallzahlen, d. h. im Falle von $n_1 \neq n_2$.

Wegen dieser deutlichen Güteunterschiede bei starken Rändern und der nur relativ geringen Unterschiede bei schwächeren Rändern kann der BWS-Test auch dann empfohlen werden, wenn die Grundgesamtheitsverteilungen als symmetrisch angenommen werden können. In diesem Zusammenhang sei erwähnt, dass starke Ränder keine Ausnahme darstellen. In der Untersuchung von Micceri (1989) hatten 49% der Datensätze mindestens einen sehr starken Rand. Starke Ränder finden sich ferner z. B. auch bei Emissionsdaten (Freidlin et al., 2003) und im Finanzbereich (Hall & Yao, 2003).

Eine Symmetrie-Annahme kann z. B. dann gerechtfertigt sein, wenn die Differenz zwischen zwei Zufallsvariablen betrachtet wird. Denn die Differenz zweier austauschbarer Zufallsvariablen ist symmetrisch verteilt (Randles & Wolfe, 1979, S. 58). Die Zufallsvariablen $Z_1, \ldots, Z_n$ heißen austauschbar, wenn jede mögliche Permutation die gleiche gemeinsame Verteilungsfunktion besitzt (Brunner & Munzel, 2002, S. 199).

Im vorigen Absatz wurde erwähnt, dass der Güteunterschied zwischen dem WMW- und dem BWS-Test z. B. bei Gleich- und Normalverteilungen gering ist. Bei den für Tabelle 2.8 gewählten Fallzahlen $n_1 = n_2 = 10$ leidet der WMW-Test unter seiner Konservativität. Daher wurde der Powervergleich zwischen dem WMW- und dem BWS-Test auch für $n_1 = n_2 = 8$ durchgeführt. Bei dieser Fallzahl gibt es keinen Unterschied in der Konservativität der Tests. Trotzdem ist der Powerunterschied wie bei $n_1 = n_2 = 10$ gering (Neuhäuser, 2005a). Es sei jedoch angemerkt, dass im Gegensatz zu den in Tabelle 2.8 dargestellten Ergebnissen der WMW-Test nun geringfügig trenschärfer sein kann. Dies gilt z. B. im Falle normalverteilter Daten: Bei einer Lokationsverschiebung um $\theta = 1.5$ beträgt die geschätzte Power des WMW-Tests 0.775, während die des BWS-Tests mit 0.759 etwas niedriger ist ($n_1 = n_2 = 8$, $\alpha = 0.05$).

Für $n_1 = n_2 = 8$ ist der Powervergleich nicht durch Unterschiede in der Konservativität verfälscht, da der WMW-Test bei diesen Fallzahlen das Niveau ausschöpfen kann. Alternativ kann für $n_1 = n_2 = 10$ das nominale Niveau auf 0.0433, das tatsächliche Niveau des WMW-Tests, festgesetzt werden. Da der BWS-Test auch dieses Niveau komplett ausschöpfen kann, haben der WMW-Test und der BWS-Test somit eine identische Size.

Tabelle 2.8: *Die simulierte Power der drei Permutationstests für verschiedene Verteilungen ($n_1 = n_2 = 10$, $\alpha = 0.05$)*

$\tilde{\theta}^a$	Test	Gleichv.	Normalv.	Cauchy	χ^2 (3 df)	Expon.	CN1	CN2
0.5	FPP	0.15	0.19	0.13	0.17	0.15	0.13	0.13
	WMW	0.13	0.17	0.19	0.18	0.19	0.22	0.20
	BWS	0.13	0.18	0.22	0.20	0.21	0.24	0.22
1.0	FPP	0.47	0.56	0.29	0.47	0.41	0.38	0.32
	WMW	0.41	0.51	0.47	0.52	0.49	0.48	0.51
	BWS	0.42	0.52	0.55	0.58	0.56	0.59	0.61
1.5	FPP	0.83	0.89	0.43	0.76	0.67	0.73	0.53
	WMW	0.75	0.85	0.69	0.80	0.75	0.62	0.69
	BWS	0.76	0.86	0.77	0.85	0.82	0.77	0.82

[a] $\theta = f \cdot \tilde{\theta}$ mit $f = 4/15$ (Gleichverteilung), $f = 0.7$ (Exponentialverteilung), $f = 1$ (Normalverteilung) und $f = 2$ (Cauchy-, χ^2-, CN1- und CN2-Verteilung).

Tabelle 2.9: *Die simulierte Power der Permutationstests für verschiedene Verteilungen, zusätzlich zu den bereits in Tabelle 2.8 dargestellten Ergebnissen ist die Power des Tests $BWS_{0.0433}$, das ist ein BWS-Test mit dem nominalen Niveau 0.0433, dargestellt ($n_1 = n_2 = 10$, $\alpha = 0.05$ bzw. 0.0433 für $BWS_{0.0433}$)*

	Gleichv. $(\theta = \frac{6}{15})$	Normalv. $(\theta = 1.5)$	Cauchy $(\theta = 3)$	χ^2 (3 df) $(\theta = 3)$	Expon. $(\theta = 1.05)$	CN1 $(\theta = 3)$	CN2 $(\theta = 3)$
WMW-Test:	0.75	0.85	0.69	0.80	0.75	0.62	0.69
BWS-Test:	0.76	0.86	0.77	0.85	0.82	0.77	0.82
$BWS_{0.0433}$-Test:	0.74	0.84	0.75	0.83	0.80	0.72	0.80

Die Tabelle 2.9 zeigt zusätzlich zu den bereits in Tabelle 2.8 dargestellten Ergebnissen die Power des BWS-Tests mit dem nominalen Niveau 0.0433 ($BWS_{0.0433}$). Wie zu erwarten, ist die Güte des $BWS_{0.0433}$-Tests geringer als die des BWS-Tests mit $\alpha = 0.05$. Jedoch ist auch der $BWS_{0.0433}$-Test oft deutlich mächtiger als der WMW-Test. Lediglich im Falle einer Gleich- oder Normalverteilung ist der WMW-Test um einen Prozentpunkt trennschärfer als der $BWS_{0.0433}$-Test. Der BWS-Test hat demnach gegenüber dem WMW-Test nicht nur den Vorteil, das Niveau deutlicher ausschöpfen zu können. Er ist auch für viele Verteilungen mächtiger, und der Powerunterschied beruht nicht (nur) auf der kompletteren Niveauausschöpfung (Neuhäuser, 2005a).

Die Verteilung von W ist bei großen Fallzahlen weniger diskret, demzufolge kann der WMW-Test das Niveau dann besser ausschöpfen. Da der Güteunterschied zwischen den Tests BWS und WMW aber nicht nur auf der unterschiedlichen Niveauausschöpfung beruht, bleibt der Powervorteil des BWS-Tests bei größeren Fallzahlen erhalten. Die Tabelle 2.10 in Kapitel 2.6 zeigt dies für $n_1 = n_2 = 50$.

Für große Fallzahlen sind die Trennschärfen des FPP-Tests und des t-Tests approximativ gleich (Bickel & van Zwet, 1978; siehe auch Lehmann, 1986, S. 236). Aufgrund der Ergebnisse zur asymptotischen relativen Effizienz des WMW-Tests zum t-Test (siehe z.B. Lehmann, 1975; sowie Blair & Higgins, 1981, für kontaminierte Normalverteilungen) ist daher zu erwarten, dass der WMW-Test z.B. bei einer Exponentialverteilung oder manchen kontaminierten Normalverteilungen mächtiger ist als der FPP-Test. Die hier dargestellten Ergebnisse zeigen, dass diese aufgrund asymptotischer Resultate für große Fallzahlen zu erwartenden Ergebnisse bereits bei kleinen Stichproben gelten.

2.5   Einseitige Alternativhypothesen

Wie oben erwähnt, wurden die Tests für die zweiseitige Alternative H_1: $\theta \neq 0$ verglichen. Für die einseitigen Alternativhypothesen $H_1^>$: $\theta > 0$ bzw. $H_1^<$: $\theta < 0$ können die genannten Tests ebenfalls eingesetzt werden. Mit der Teststatistik P des FPP-Tests kann die Richtung eines möglichen Unterschieds jedoch nicht erkannt werden. Daher sollte beim einseitigen FPP-Tests als Teststatistik z. B. die Differenz der Mittelwerte $\bar{X} - \bar{Y}$ verwendet werden. Beim einseitigen WMW-Test kann die Rangsumme W als Teststatistik verwendet werden. Für den einseitigen asymptotischen WMW-Test ist W zu standardisieren.

Ein einseitiger Test sollte nur dann zur Anwendung kommen, wenn die einseitige Alternative angemessen ist, z. B. weil aufgrund theoretischer Kenntnisse oder Vorinformationen aus früheren Studien Unterschiede nur in eine Richtung möglich sind. Ein Beispiel dafür wird in Kapitel 7.5 vorgestellt. Wenn die Wahl zwischen ein- oder zweiseitigen Tests nicht klar ist, sollte im Zweifelsfall ein zweiseitiger Test durchgeführt werden. Somit ist der zweiseitige Test als „Default" anzusehen, von dem nur in begründeten Fällen abgewichen wird: „we recommend using two-sided tests except in very special circumstances" (Whitlock & Schluter, 2009, S. 143).

Wird ein Permutationstest durchgeführt, ist aufgrund der einseitigen Alternativhypothese bei der Berechnung eines p-Wertes nur eine Seite der Permutationsverteilung der Teststatistik zu berücksichtigen. Diese Seite wird durch die Angabe der Alternativhypothese vorgegeben.

Werden die Daten von Good (2001) zum Beispiel mit dem WMW-Test ausgewertet, so gilt $W = 25$. Unter der einseitigen Alternativhypothese $H_1^>$ sind die Werte der Gruppe 1 stochastisch größer als die in Gruppe 2. Für den einseitigen Test mit dieser Alternative ist der p-Wert daher $P_0(W \geq 25) = 2/70$ (vgl. Tabelle 2.3). Für den einseitigen Test mit der Alternativhypothese $H_1^<$ ergibt sich der p-Wert $P_0(W \leq 25) = 69/70$ (vgl. Tabelle 2.3).

Obwohl im SAS-Programm nicht spezifiziert wurde, welcher einseitige Test durchzuführen ist, wurde im oben angegebenen SAS-Output nur ein einseitiger exakter p-Wert aufgeführt:

```
One-Sided Pr >= S    0.0286
```

Die SAS-Prozedur NPAR1WAY gibt hier den kleineren der beiden möglichen einseitigen p-Werte an. Daher ist bei einem einseitigen Test in jedem Einzelfall nachzuprüfen, ob tatsächlich die vorab ausgewählte einseitige Alternative betrachtet wurde. Dies ist möglich, indem überprüft wird, ob ein beobachteter Unterschied in die gleiche Richtung zeigt, wie es die Alternative postuliert. Ist dies nicht der Fall, findet sich im Output der p-Wert für den falschen, also den nicht ausgewählten einseitigen Test.

Die Statistik B ist wegen der Quadrate in den Zählern von B_X and B_Y für einen einseitigen Test nicht geeignet. Daher wurden die folgenden Modifikationen vorgeschlagen (Neuhäuser, 2001a):

$$B_X^* = \frac{1}{n_1} \sum_{i=1}^{n_1} \frac{\left(R_i - \frac{N}{n_1} \cdot i \right) \cdot \left| R_i - \frac{N}{n_1} \cdot i \right|}{\frac{i}{n_1+1} \cdot \left(1 - \frac{i}{n_1+1} \right) \cdot \frac{n_2 N}{n_1}} \quad \text{und}$$

$$B_Y^* = \frac{1}{n_2} \sum_{j=1}^{n_2} \frac{\left(H_j - \frac{N}{n_2} \cdot j \right) \cdot \left| H_j - \frac{N}{n_2} \cdot j \right|}{\frac{j}{n_2+1} \cdot \left(1 - \frac{j}{n_2+1} \right) \cdot \frac{n_1 N}{n_2}} .$$

Bei einem negativen Wert von θ, d.h. unter der Alternative $H_1^<$, sind die Werte der Gruppe 2 stochastisch größer als die in Gruppe 1. In diesem Fall steigt mit der Differenz zwischen den Gruppen auch B_Y^*, aber B_X^* fällt. Daher ist

$$B^* = \frac{1}{2} \cdot (B_Y^* - B_X^*)$$

geeignet zum Test H_0 versus $H_1^<$. Auch ohne die in Absolutbeträgen stehenden Faktoren in den Zählern von B_X^* und B_Y^* wäre diese Statistik verwendbar. Die dann resultierende Statistik ist jedoch diskreter als B^*, d.h. der Träger enthält weniger Elemente (Neuhäuser, 2002a). Daher sollte nicht auf die Absolutbeträge verzichtet werden.

Vergleicht man den auf der exakten Permutationsverteilung von B^* basierenden Test mit den einseitigen WMW- und FPP-Tests, so sind die Ergebnisse den oben für die zweiseitige Alternative dargestellten analog. Daher wird hier darauf verzichtet, diese Ergebnisse aufzulisten.

Zusammenfassend können daher die exakten BWS-Tests, je nach Alternative mit B oder B^*, für das Testen auf Lokationsunterschiede im Zweistichproben-Verschiebungsmodell empfohlen werden. Dies gilt auch im Falle von multiplen Testproblemen (Neuhäuser & Bretz, 2001; Neuhäuser, 2002a).

2.6   Adaptive Tests und Maximum-Tests

Wie bereits erwähnt, gibt es eine Vielzahl von verschiedenen linearen Rangstatistiken. Bisher wurde mit dem WMW-Test lediglich ein linearer Rangtest betrachtet, der für symmetrische Verteilungen mit mittleren bis starken Rändern eine relativ hohe Güte besitzt. Im nichtparametrischen Modell ist jedoch die Form der Verteilungen F und G unbekannt, diese Verteilungen können daher auch asymmetrisch sein oder z.B. kurze Ränder aufweisen. In diesen Fällen sind andere Gewichte als $g(i) = i$ empfehlenswert. Eine zumindest auf den ersten Blick ideale Möglichkeit ist, die Gewichte des lokal optimalen Rangtests aus den Daten zu schätzen. Diese lokal optimale Gewichtsfunktion lautet

$$g_{\text{opt}}(i, f) = \frac{-f'\left(F^{-1}\left(\frac{i}{N+1}\right)\right)}{f\left(F^{-1}\left(\frac{i}{N+1}\right)\right)},$$

wobei F die unter H_0 für beide Gruppen geltende Verteilungsfunktion und f deren Dichte bezeichnet. Dieses z.B. von Behnen & Neuhaus (1989) im Detail vorgestellte fein-adaptierende Verfahren erfordert jedoch sehr große Stichprobenumfänge (Büning & Trenkler, 1994, S. 308; Brunner & Munzel, 2002, S. 239) und ist daher für die Praxis kaum zu verwenden.

Eine Alternative besteht darin, in einem grob-adaptierenden Verfahren zwischen einigen vorab ausgewählten Gewichtsfunktionen zu wählen. Die Auswahl wird dabei von einer Selektorstatistik getroffen, die unter H_0 unabhängig von allen in Frage kommenden Teststatistiken sein muss. Diesem von Hogg (1974) eingeführten und von Büning (1991) weiterentwickelten Ansatz liegt der folgende Satz zugrunde:

Satz 1:

(i) Bezüglich einer Klasse $\mathcal{F}$ von Verteilungsfunktionen gebe es k unter H_0 verteilungsfreie Tests basierend auf den Statistiken $T_1, \ldots, T_k$ mit den kritischen Bereichen $C_1, \ldots, C_k$, d. h.:

$$P_0(T_i \in C_i \mid F) \leq \alpha \text{ für alle } F \in \mathcal{F} \text{ und } i = 1, \ldots, k.$$

(ii) Sei S eine Statistik (die sogenannte Selektorstatistik), die unter H_0 unabhängig von $T_1, \ldots, T_k$ ist für alle $F \in \mathcal{F}$, und sei M_S die Menge aller S-Werte mit folgender Zerlegung:

$$M_S = D_1 \cup D_2 \cup \cdots \cup D_k \, , \; D_i \cap D_j = \emptyset \text{ für } i \neq j,$$

so dass $S \in D_i$ bedeutet, den Test basierend auf T_i anzuwenden, $i = 1, \ldots, k$.

Die Gesamttestprozedur ist somit wie folgt definiert:
Ist $S \in D_i$, so wende T_i an und lehne H_0 ab, falls $T_i \in C_i$.

Dann gilt:
Dieser zweistufig adaptive Test ist verteilungsfrei über $\mathcal{F}$, d. h. er hält das Niveau α ein für alle $F \in \mathcal{F}$. □

Der Beweis dieses Satzes findet sich z. B. bei Büning (1991, S. 219).

Hier wird ein aus vier linearen Rangstatistiken aufgebauter adaptiver Test betrachtet. Neben dem Wilcoxon-Test werden die folgenden drei Tests betrachtet (Büning, 1996, 1997):

• Gastwirth-Test (kurze Ränder):

$$g(i) = \begin{cases} i - \frac{N+1}{4} & \text{für } i \leq \frac{N+1}{4} \\ 0 & \text{für } \frac{N+1}{4} < i < \frac{3(N+1)}{4} \\ i - \frac{3(N+1)}{4} & \text{für } i \geq \frac{3(N+1)}{4} , \end{cases}$$

• Hogg-Fisher-Randles (HFR)-Test (rechtsschiefe Verteilungen, Hogg et al., 1975):

$$g(i) = \begin{cases} i - \frac{N+1}{2} & \text{für } i \leq \frac{N+1}{2} \\ 0 & \text{für } i > \frac{N+1}{2} , \end{cases}$$

• LT-Test (starke Ränder):

$$g(i) = \begin{cases} -\left(\left[\frac{N}{4}\right] + 1\right) & \text{für } i < \left[\frac{N}{4}\right] + 1 \\ i - \frac{N+1}{2} & \text{für } \left[\frac{N}{4}\right] + 1 \leq i \leq \left[\frac{3(N+1)}{4}\right] \\ \left[\frac{N}{4}\right] + 1 & \text{für } i > \left[\frac{3(N+1)}{4}\right] . \end{cases}$$

In Klammern ist jeweils der Verteilungstyp angegeben, für den die Tests eine relativ hohe Güte besitzen; $[x]$ bezeichne die Gaußklammer, d. h. die größte ganze Zahl, die kleiner oder gleich x ist.

Als Selektorstatistiken werden nun Maße für die Schiefe und die Stärke der Ränder benötigt. Es bietet sich an, diese Maße aus der geordneten Statistik aller N Werte zu schätzen, da für stetige und unabhängig identisch verteilte Zufallsvariablen die geordnete Statistik unabhängig vom Rangvektor ist (siehe z. B. Büning & Trenkler, 1994, S. 56). Hier werden von Hogg (1974) eingeführte Maße verwendet, und zwar

$$\hat{Q}_1 = \frac{\hat{U}_{0.05} - \hat{M}_{0.5}}{\hat{M}_{0.5} - \hat{L}_{0.05}}$$

als Maß für die Schiefe und

$$\hat{Q}_2 = \frac{\hat{U}_{0.05} - \hat{L}_{0.05}}{\hat{U}_{0.5} - \hat{L}_{0.5}}$$

als Maß für die Stärke der Ränder; $\hat{L}_\gamma$, $\hat{M}_\gamma$ und $\hat{U}_\gamma$ bezeichnen die arithmetischen Mittel der kleinsten, mittleren bzw. größten γN Ordnungsstatistiken der aus beiden Gruppen kombinierten Stichprobe; entsprechende Anteile werden verwendet, wenn γN keine ganze Zahl ist. Betrachten wir wie Büning & Trenkler (1994, S. 306) ein Beispiel mit $N = 50$, $x_{(1)}, x_{(2)}, \ldots, x_{(N)}$ bezeichne die geordnete Gesamtstichprobe mit den Werten beider Gruppen. Nun gilt

$$\hat{L}_{0.05} = \frac{x_{(1)} + x_{(2)} + 0.5x_{(3)}}{2.5}$$

$$\hat{L}_{0.5} = \frac{x_{(1)} + \cdots + x_{(25)}}{25}$$

$$\hat{M}_{0.5} = \frac{0.5x_{(13)} + x_{(14)} + \cdots + x_{(37)} + 0.5x_{(38)}}{25}$$

$$\hat{U}_{0.05} = \frac{0.5x_{(48)} + x_{(49)} + x_{(50)}}{2.5}$$

$$\hat{U}_{0.5} = \frac{x_{(26)} + \cdots + x_{(50)}}{25} \ .$$

Der Selektor ist also eine bivariate Statistik, $S = (\hat{Q}_1, \hat{Q}_2)$. Für eine symmetrische Verteilung gilt $\hat{Q}_1 = 1$, bei rechtsschiefen [linksschiefen] Verteilungen ist $\hat{Q}_1 > 1$ $[< 1]$. Der Wert $\hat{Q}_2$ ist umso größer, je stärker die Ränder sind. Wie z. B. bei Büning (1996) kann ein hier ADA genannter adaptiver Test dann wie folgt definiert werden (siehe auch Abbildung 2.1):

ADA:

Falls $\hat{Q}_1 \leq 2$, $\hat{Q}_2 \leq 2$	wende den Gastwirth-Test an,
falls $\hat{Q}_1 \leq 2$, $2 < \hat{Q}_2 \leq 3$	wende den WMW-Test an,
falls $\hat{Q}_1 > 2$, $\hat{Q}_2 \leq 3$	wende den HFR-Test an und
falls $\hat{Q}_2 > 3$	wende den LT-Test an.

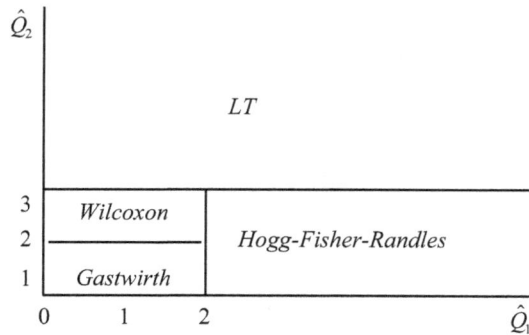

Abbildung 2.1: *Das adaptive Schema für den ADA genannten adaptiven Test*

Grob-adaptierende Tests benötigen nicht wie fein-adaptierende sehr große Fallzahlen. Damit die Selektorstatistik aber relativ präzise arbeiten kann, dürfen die Fallzahlen nicht zu klein sein. Aufgrund der Simulationsergebnisse von Hill et al. (1988) sollte die Fallzahl mindestens 20 pro Gruppe betragen (siehe auch Büning, 1991, S. 238). Daher wird der adaptive Test ADA hier zunächst für eine größere Fallzahl ($n_1 = n_2 = 50$) untersucht.

Die Tablle 2.10 zeigt die Size sowie die Power des adaptiven Tests ADA, der zugrunde-liegenden Einzeltests sowie des BWS-Tests. Die Einzeltests wurden als approximative Permutationstests basierend auf jeweils 40 000 Permutationen durchgeführt. Die Ergebnisse bei Nutzung der asymptotischen Verteilungen sind sehr ähnlich. Es zeigt sich, dass der adaptive Test die Güte stabilisiert. Das heißt, die Güte des adaptiven Tests ist für die verschiedenen Verteilungen immer deutlich größer als die der jeweils schlechten Tests. Der adaptive Test ist jedoch nie der beste Test.

Für kleine Fallzahlen bietet sich ein Maximum-Test als Alternative an (Neuhäuser et al., 2004). Ein Maximum-Test nutzt das Maximum der Beträge der standardisierten Test-statistiken als neue Teststatistik und ist demzufolge nicht von einem Selektor abhängig. Der hier MAX genannte Maximum-Test verwendet die vier auch für den adaptiven Test ADA genutzten Teststatistiken.

Der Test MAX ist bei kleinen Fallzahlen dem Test ADA vorzuziehen (Neuhäuser et al., 2004). Die Tabelle 2.11 zeigt die Size und Power für verschiedene Verteilungen. Alle adaptiven und Maximum-Tests halten das Niveau ein. Neben einigen Einzeltests (WMW, Gastwirth und HFR) ist vor allem der Test ADA konservativ.

Ein Maximum-Test ist auch bei größeren Fallzahlen empfehlenswert. Im Falle von $n_1 = n_2 = 50$ gab es in den Simulationen von Neuhäuser et al. (2004) beim Vergleich adaptiver Test vs. Maximum-Test keinen klaren Gewinner. Ein adaptiver Test ist bei großen Fallzahlen relativ gut, da Fehlklassifikationen durch die Selektorstatistik dann selten sind. Für einen Maximum-Test spricht dennoch, dass weder ein Selektor noch die mehr oder weniger willkürliche Aufteilung, welcher Test wann anzuwenden ist, nötig sind.

Tabelle 2.10: *Die simulierte Niveauausschöpfung und Power des adaptiven Tests und der zugrundeliegenden Einzeltests sowie des BWS-Tests (approximative Permutationstests basierend auf 40 000 Permutationen) für verschiedene Verteilungen ($n_1 = n_2 = 50$, $\alpha = 0.05$)*

Test	Gleichv.	Normalv.	Cauchy	t (2 df)	t (3 df)	χ^2 (3 df)	Expon.
Niveauausschöpfung ($\tilde{\theta}^a = 0$)							
WMW	0.048	0.051	0.050	0.050	0.049	0.053	0.047
Gastw.	0.050	0.050	0.048	0.051	0.049	0.054	0.050
HFR	0.046	0.050	0.047	0.048	0.046	0.053	0.046
LT	0.047	0.052	0.051	0.049	0.050	0.051	0.047
BWS	0.046	0.050	0.050	0.048	0.047	0.052	0.047
ADA	0.049	0.051	0.051	0.049	0.049	0.052	0.048
Power für $\tilde{\theta} = 0.2$							
WMW	0.14	0.17	0.19	0.18	0.22	0.20	0.21
Gastw.	0.24	0.16	0.09	0.12	0.16	0.25	0.32
HFR	0.12	0.14	0.17	0.15	0.18	0.27	0.32
LT	0.10	0.16	0.23	0.19	0.22	0.15	0.14
BWS	0.15	0.16	0.20	0.18	0.21	0.22	0.31
ADA	0.22	0.17	0.23	0.19	0.22	0.25	0.27
Power für $\tilde{\theta} = 0.4$							
WMW	0.43	0.50	0.56	0.56	0.65	0.56	0.57
Gastw.	0.67	0.46	0.21	0.33	0.45	0.68	0.76
HFR	0.34	0.41	0.47	0.46	0.54	0.72	0.79
LT	0.27	0.45	0.67	0.60	0.66	0.44	0.42
BWS	0.51	0.48	0.59	0.55	0.63	0.70	0.83
ADA	0.56	0.50	0.67	0.60	0.66	0.68	0.67
Power für $\tilde{\theta} = 0.6$							
WMW	0.74	0.83	0.86	0.88	0.94	0.87	0.87
Gastw.	0.94	0.79	0.37	0.60	0.77	0.93	0.96
HFR	0.64	0.73	0.76	0.79	0.87	0.96	0.97
LT	0.52	0.78	0.94	0.91	0.95	0.76	0.73
BWS	0.86	0.81	0.89	0.88	0.93	0.96	0.99
ADA	0.79	0.82	0.94	0.91	0.94	0.92	0.90

[a] $\theta = f \cdot \tilde{\theta}$ mit f wie in Tabelle 2.8, zudem $f = 1.5$ für die t-Verteilungen mit df = 2 bzw. 3.

Tabelle 2.11: *Die simulierte Niveauausschöpfung und Power des adaptiven und des Maximum-Tests, der zugrundeliegenden Einzeltests sowie des BWS-Tests (exakte Permutationstests) für verschiedene Verteilungen ($n_1 = n_2 = 10$, $\alpha = 0.05$)*

Test	Gleichv.	Normalv.	Cauchy	χ^2 (3 df)	Expon.	CN1	CN2
Niveauausschöpfung ($\tilde{\theta}^a = 0$)							
WMW				0.043^b			
Gastwirth				0.042^b			
HFR				0.043^b			
LT				0.048^b			
BWS				0.050^b			
ADA	0.043	0.045	0.046	0.043	0.042	0.040	0.045
MAX				0.050^b			
Power für $\tilde{\theta} = 1.0$							
WMW	0.41	0.51	0.47	0.52	0.49	0.48	0.51
Gastwirth	0.57	0.43	0.18	0.42	0.37	0.58	0.27
HFR	0.33	0.41	0.42	0.67	0.67	0.66	0.70
LT	0.35	0.49	0.56	0.52	0.49	0.44	0.56
BWS	0.42	0.52	0.55	0.58	0.56	0.59	0.61
ADA	0.46	0.48	0.55	0.56	0.56	0.63	0.63
MAX	0.50	0.50	0.48	0.65	0.64	0.69	0.65
Power für $\tilde{\theta} = 1.5$							
WMW	0.75	0.85	0.69	0.80	0.75	0.62	0.69
Gastwirth	0.88	0.75	0.26	0.60	0.51	0.69	0.38
HFR	0.64	0.75	0.62	0.91	0.89	0.83	0.90
LT	0.68	0.84	0.78	0.81	0.75	0.58	0.74
BWS	0.76	0.86	0.77	0.85	0.82	0.77	0.82
ADA	0.76	0.83	0.76	0.80	0.76	0.66	0.78
MAX	0.84	0.84	0.70	0.90	0.87	0.88	0.88

[a] $\theta = f \cdot \tilde{\theta}$ mit f wie in Tabelle 2.8.

[b] Werte basieren auf der kompletten Permutationsverteilung (nicht simuliert).

Noch Mitte der 1990er Jahre schrieb Weerahandi (1995, S. 78): „Until recently, most of the applications involving nonparametric tests were performed using asymptotic approximations." In der Literatur sind demzufolge auch überwiegend adaptive Tests zu finden, die nach der Selektion einen asymptotischen Test durchführen. Permutationstest können jedoch ebenfalls verwendet werden. Wird ein Permutationstest angewandt, gibt es zwei Möglichkeiten. Zum einen kann wie bei den oben diskutierten Tests der vom Selektor ausgewählte Test basierend auf der Permutationsverteilung durchgeführt werden. Zum anderen ist es aber auch möglich, für jede Permutation die Selektion auszuführen. Im folgenden wird dargestellt, dass der letztere Ansatz eine größere Flexibilität ermöglicht.

Gemäß Satz 1 benötigt ein adaptiver Test eine Selektorstatistik, die unter H_0 unabhängig von allen in Frage kommenden Teststatistiken ist. Wie bereits erwähnt, ist für *stetige* und unabhängig identisch verteilte Zufallsvariablen die geordnete Statistik unabhängig vom Rangvektor. Daher können Rangtests zusammen mit Selektoren, die auf der geordneten Statistik basieren, verwendet werden. Es ist jedoch nicht möglich, die Selektoren $\hat{Q}_1$ und $\hat{Q}_2$ zunächst separat für beide Gruppen zu berechnen und die gemittelten Werte zur Selektion zu verwenden. Bei diesem Vorgehen verliert man die benötigte Unabhängigkeit (Büning, 1991, S. 253ff.). Zudem werden, wie oben kursiv hervorgehoben, stetig verteilte Zufallsvariablen vorausgesetzt (siehe auch Brunner & Munzel, 2002, S. 239).

Wird der vom Selektor ausgewählte Test als Permutationstest durchgeführt, benötigt man Satz 1 wie auch die Stetigkeit der Verteilungen. Führt man dagegen für jede Permutation die Selektion durch, kann man sich in einem derartigen Permutationstest von Satz 1 lösen. Die Teststatistik ist dann wie folgt definiert:

$$T_{APT} = \sum_{i=1}^{k} I(S \in D_i) \cdot T_i \, ,$$

wobei $I(.)$ die Indikatorfunktion bezeichne. Für diese Teststatistik T_{APT} kann, wie für andere Teststatistiken auch, die Permutationsverteilung bestimmt werden, um den Test durchzuführen. Hierzu sind weder die Unabhängigkeit zwischen S und den T_i noch eine stetige Verteilungsfunktion vorauszusetzen. Zudem können auch Teststatistiken verwendet werden, die wie P nicht über die Ränge definiert sind.

Wie bereits erwähnt, können bei den Selektoren $\hat{Q}_1$ und $\hat{Q}_2$ Fehlklassifikationen nicht ausgeschlossen werden. Mit der Flexibilität, die T_{APT} bietet, können jedoch die standardisierten Teststatistiken T_i selbst als Selektor verwendet werden:

$$T_{APT2} = \sum_{i=1}^{k} I\left(T_i = \max(T_1, \ldots, T_k)\right) \cdot I\left(T_i > T_j \ \forall \ j < i\right) \cdot T_i \, .$$

Die zweite Indikatorfunktion ist lediglich deshalb erforderlich, weil zwei oder mehr Statistiken gleichzeitig den maximalen Wert $\max(T_1, \ldots, T_k)$ annehmen können. Die Statistik T_{APT2} ist das Maximum der Teststatistiken. Daher kann ein Maximum-Test als adaptiver Permutationstest aufgefasst werden (Neuhäuser & Hothorn, 2006). Das Konzept adaptiver Tests ist demnach viel allgemeiner, Maximum-Tests fallen unter dieses Konzept. Und Maximum-Tests erfordern weder stetig verteilte Daten noch benötigen sie eine von den einzelnen Teststatistiken unabhängige Selektorstatistik.

Wie oben erwähnt, sind für das zweiseitige Testproblem die Beträge der standardisierten Teststatistiken für den Maximum-Test zu verwenden. Die Statistiken T_{APT} und T_{APT2} können selbstverständlich auch mit den Beträgen gebildet werden.

Wenn ein Maximum-Test durchgeführt wird, sollte die Permutationsverteilung verwendet werden. Freidlin & Korn (2002) haben demonstriert, dass die asymptotische Approximation der Verteilung eines Maximums deutlich schlechter sein kann, selbst wenn alle Teststatistiken asymptotisch normalverteilt sind. Eine Bonferroni-Adjustierung ist aufgrund der Korrelation zwischen den Teststatistiken weniger trennscharf und daher ebenfalls nicht zu empfehlen (Neuhäuser et al., 2004).

Wenn für ein Testproblem mehrere Tests zur Verfügung stehen, sind neben dem Maximum-Test auch andere Kombinationen denkbar, z. B. kann die Summe der Teststatistiken gebildet werden. Der Summe vorzuziehen ist ein *Maximim Efficiency Robust Test* (MERT), der unter schwachen Bedingungen existiert und eine Linearkombination der verschiedenen Teststatistiken ist (Gastwirth, 1966, 1970). Der Vergleich zwischen einem MERT und dem entsprechenden Maximum-Test hängt von der minimalen Korrelation ρ^* zwischen den Tests ab. In verschiedenen Situationen erwies sich ein Maximum-Test als besser, falls $\rho^* \leq 0.5$ gilt (Freidlin et al., 1999; Gastwirth & Freidlin, 2000; Freidlin et al., 2002; Freidlin & Korn 2002; Zheng et al., 2002). Im Falle von $\rho^* \geq 0.7$ gab es keinen nennenswerten Powerunterschied zwischen Maximum-Test und MERT.

Im hier vorliegenden Fall ist demnach ein Maximum-Test vorzuziehen. Selbst wenn man die Menge der möglichen Verteilungen stark einschränkt und sich auf die Klasse aller t-Verteilungen beschränkt (einschließlich der (Normal-)Verteilung mit df $= \infty$), gilt $\rho^* = 0.656$. Diese minimale Korrelation wird von dem extremen Paar der Cauchy- und Normal-Scores angenommen. Ein Maximum-Test mit den aus diesen beiden Gewichtsfunktionen gebildeten linearen Rangstatistiken ist mächtiger als der entsprechende MERT (Neuhäuser et al., 2004).

2.7 Bindungen

Treten zwei oder mehr gleich große Messwerte auf, spricht man von Bindungen. Da die Verteilungsfunktionen F und G bisher als stetig vorausgesetzt wurden, können Bindungen fast sicher nicht auftreten. In der Praxis kommen Bindungen jedoch häufig vor (siehe z. B. Coakley & Heise, 1996). Selbst wenn F und G stetig sind, können die Werte oft nicht beliebig genau gemessen werden. Z. B. werden Zeiten in der Regel nicht genauer als in Hundertstel- oder Tausendstelsekunden gemessen. Genauere Messungen sind oft auch für die Fragestellung irrelevant, so dass stetige Skalen dann künstlich diskretisiert werden (Brunner & Munzel, 2002, S. 2).

Daher wird nun die Forderung, dass F und G stetig sind, fallengelassen. Ansonsten gelten aber nach wie vor die zu Beginn von Kapitel 2 getroffenen Voraussetzungen. Daher unterscheiden sich die beiden Verteilungen F und G allenfalls durch eine Lokationsverschiebung.

Wie bereits erwähnt, setzen die in Kapitel 2.6 diskutierten „klassischen" adaptiven Tests wegen der Unabhängigkeitsforderung zwischen Selektor und Teststatistiken stetige Verteilungsfunktionen voraus (Brunner & Munzel, 2002, S. 239). Daher werden diese adaptiven Verfahren in diesem Abschnitt nicht berücksichtigt. Für einen Permutationstest basierend auf einer Maximum-Statistik stellen Bindungen jedoch kein Problem dar.

Wenn Bindungen auftreten, sind die Ränge nicht mehr eindeutig zu bilden. Häufig werden Mittel- oder Durchschnitts-Ränge verwendet, d. h. es wird das arithmetische Mittel aus den Rangzahlen gebildet, die für die an einen Wert gebundenen Beobachtungen insgesamt zu vergeben sind (Büning & Trenkler, 1994, S. 45). Mittel-Ränge werden nicht nur häufig angewandt, sie haben auch eine natürliche, zentrale Bedeutung aus theoretischer Sicht. Zum einen hängt die Summe und damit der Mittelwert der Ränge nicht von der Anzahl oder dem Ausmaß der Bindungen ab, sondern nur von n_1 und n_2 (Brunner & Munzel, 2002, S. 37). Zum anderen ergeben sich im Falle von Bindungen automatisch die Mittel-Ränge, wenn die sogenannte normalisierte Version der empirischen Verteilungsfunktion zugrunde gelegt wird (Brunner & Munzel, 2002, S. 41).

Im Vergleich zu dem Ansatz, die Ränge innerhalb von Bindungsgruppen nach dem Zufallsprinzip zu vergeben, kann die Verwendung von Mittel-Rängen zudem einen effizienteren Test ergeben. Für den WMW-Test zeigten Putter (1955) und Lehmacher (1976) dies asymptotisch. Tilquin et al. (2003) sowie Neuhäuser & Ruxton (2009a) bestätigten dieses Resultat in Simulationsstudien auch für kleinere Fallzahlen.

Im Falle von Bindungen können die Statistiken W und B mit Mittel-Rängen berechnet werden. Die Varianz von W ist dann jedoch verkleinert und kann nicht mehr nach der in Kapitel 2.2 genannten Formel ermittelt werden. Unter der Nullhypothese gilt (Hollander & Wolfe, 1999, S. 109)

$$\text{Var}_0(W) = \frac{n_1 n_2}{12} \left(N + 1 - \frac{\sum\limits_{i=1}^{g} (t_i - 1)t_i(t_i + 1)}{N(N - 1)} \right),$$

wobei g die Anzahl der Bindungsgruppen und t_i die Anzahl der Beobachtungen in der Bindungsgruppe i bezeichnen. Ein nicht an andere Beobachtungen gebundener Wert wird als „Bindungsgruppe" mit $t_i = 1$ aufgefasst.

Die mittels dieser Varianz standardisierte WMW-Teststatistik ist weiterhin approximativ standard-normalverteilt. Die Faustregel, diese Approximation z. B. ab $\min(n_1, n_2) \geq 7$ verwenden zu können, gilt nun aber nicht mehr. Im Falle von Bindungen hängt die Güte der Approximation von der Anzahl und dem Ausmaß der Bindungen ab (Brunner & Munzel, 2002, S. 63). Bei Bindungen ist ein asymptotischer Test daher nicht zu empfehlen. Dies gilt auch für den asymptotischen BWS-Test, da dieser bei Verwendung von Mittel-Rängen extrem antikonservativ werden kann (Neuhäuser, 2002b).

Permutationstests können jedoch auch bei Bindungen durchgeführt werden und garantieren weiterhin das Niveau. Permutationstests erfordern lediglich die Austauschbarkeit der Beobachtungen (Good, 2000, S. 24). Da unabhängig identisch verteilte Zufallsvariablen austauschbar sind (Brunner & Munzel, 2002, S. 199), ist die Voraussetzung der Austauschbarkeit im hier untersuchten Fall gegeben. Es soll hier auch deshalb deutlich darauf hingewiesen werden, dass ein exakter Permutationstest auch bei Bindungen möglich ist, da dieser Punkt in manchen Lehrbüchern zumindest missverständlich beschrieben ist (siehe z. B. Sokal & Rohlfs, 1995, S. 430).

Bei einer oder mehreren Bindungen kann ein Permutationstest unverändert durchgeführt werden. Nun sind jedoch nicht mehr alle $\binom{N}{n_1}$ Permutationen unterschiedlich.

Dennoch können formal alle $\binom{N}{n_1}$ Permutationen erzeugt werden, so dass sich die Durchführung des Tests nicht ändert. Dies gilt unabhängig davon, ob Bindungen nur innerhalb der Gruppen auftreten oder ob es einen oder mehrere Werte gibt, die in beiden Gruppen vorkommen.

Als Beispiel sei der folgende Datensatz betrachtet (Onghena & May, 1995): $n_1 = 3$ Beobachtungen mit den Werten 7, 5 und 5 in Gruppe 1 und die folgenden $n_2 = 5$ Beobachtungen in Gruppe 2: 4, 4, 3, 3, 2.

Betrachten wir zunächst den Fisher-Pitman-Permutationstest. Da die drei größten Werte alle in Gruppe 1 beobachtet wurden, nimmt die Summe $\sum X_i$ bei den Originaldaten den maximal möglichen Wert an. Die Summe ist bei allen anderen Permutationen kleiner, da dann mindestens ein Wert aus Gruppe 2 in der Summe enthalten ist. Da insgesamt $\binom{N}{n_1} = \frac{N!}{n_1! n_2!} = 56$ Permutationen möglich sind, ist der einseitige p-Wert (für die Alternative $H_1^>: \theta > 0$) $1/56 = 0.0179$.

Die Verteilung der Statistik P ist in Tabelle 2.12 dargestellt. Diese Verteilung ist nicht symmetrisch, P nimmt nur für die beobachteten Daten das Maximum 4.625 an. Daher beträgt der zweiseitige p-Wert ebenfalls $1/56$. Mit dem t-Test ergeben sich folgende Werte: $t = 3.54$, df $= 6$, $p_{einseitig} = 0.0061$, $p_{zweiseitig} = 0.0122$. Aufgrund der Symmetrie der t-Verteilung ist der zweiseitige p-Wert des t-Tests stets doppelt so groß wie der kleinere der beiden möglichen einseitigen p-Werte (George & Mudholkar, 1990).

Tabelle 2.12: *Die exakte Permutationsverteilung von P für das Beispiel von Onghena & May (1995): Gruppe 1: 7, 5, 5, Gruppe 2: 4, 4, 3, 3, 2*

Mögliche Ausprägung von P	Wahrscheinlichkeit (= relative Häufigkeit innerhalb der 56 Permutationen)
0.375	11/56
0.625	7/56
1.375	8/56
1.625	8/56
2.375	7/56
2.625	5/56
3.375	4/56
3.625	4/56
4.375	1/56
4.625	1/56

Für den WMW- sowie den BWS-Test sind Ränge zu vergeben. Der kleinste Wert 2 bekommt den Rang 1. Der zweitkleinste Wert ist 3. Da dieser Wert zweimal vorkommt, bekommen beide Werte den Rang $(2+3)/2 = 2.5$. Der Wert 4 kommt ebenfalls zweimal vor und erhält den Rang $(4+5)/2 = 4.5$. Den Werten in Gruppe 1 werden schließlich die Ränge 8 und zweimal $(6+7)/2 = 6.5$ zugeordnet. Als Rangsumme in Gruppe 1 ergibt sich somit $W = 21$. Die zugehörige Permutationsverteilung ist in Tabelle 2.13 dargestellt. Unter der Nullhypothese gilt für den Erwartungswert $E_0(W) = n_1(N+1)/2 = 13.5$. Der beobachtete Wert 21 ist daher genauso weit von dem unter

H_0 erwarteten Wert entfernt wie der Wert 6. Für den p-Wert des zweiseitigen WMW-Permutationstest sind also die Permutationen mit $W \geq 21$ und die mit $W \leq 6$ zu berücksichtigen. Das sind insgesamt 2 Permutationen, so dass wir $P_0(|W - 13.5| \geq 7.5) = 2/56 = 0.0357$ als zweiseitigen p-Wert erhalten.

Tabelle 2.13: *Die exakte Permutationsverteilung von W für das Beispiel von Onghena & May (1995): Gruppe 1: 7, 5, 5, Gruppe 2: 4, 4, 3, 3, 2*

Mögliche Aus-prägung von W	Wahrscheinlichkeit (= relative Häufigkeit innerhalb der 56 Permutationen)
6	1/56
8	4/56
9.5	2/56
10	5/56
...	...
17	5/56
17.5	2/56
19	4/56
21	1/56

Wendet man den BWS-Test auf die Daten von Onghena & May (1995) an, so erhält man $B_X = 2.0954$, $B_Y = 5.4334$ und somit $B = 3.7644$. Der p-Wert des Permutationstests beträgt somit gemäß Tabelle 2.14 $P_0(B \geq 3.7644) = 2/56$.

Tabelle 2.14: *Die exakte Permutationsverteilung von B für das Beispiel von Onghena & May (1995): Gruppe 1: 7, 5, 5, Gruppe 2: 4, 4, 3, 3, 2*

Mögliche Aus-prägung von B	Wahrscheinlichkeit (= relative Häufigkeit innerhalb der 56 Permutationen)
≤ 1.5	44/56
1.5088	4/56
1.6741	2/56
1.9249	4/56
3.7644	1/56
4.2649	1/56

Die Size der verschiedenen Permutationstests ist in Tabelle 2.15 dargestellt, wie in Tabelle 2.7 ist diese für die Rangtests analytisch bestimmt und für den FPP-Test simuliert. Dazu wurden Datensätze mit Bindungen wie folgt gebildet: Simuliert wurden die Daten entsprechend den stetigen Verteilungsfunktionen. Für den Fall einer Bindung wurden die den Rängen 5 und 6 zugehörigen Stichprobenwerte durch das arithmetische Mittel dieser beiden Werte ersetzt. Bei zwei Bindungen wurden zusätzlich die den Rängen 10 und 11 zugehörigen Werte gemittelt, und bei drei Bindungen zusätzlich die den Rängen 15 und 16 zugehörigen Werte.

Tabelle 2.15: *Die Niveauausschöpfung der Permutationstests im Falle von 1, 2 oder 3 Bindungen ($n_1 = n_2 = 10$, $\alpha = 0.05$)*

# Bin- dungen	WMW- Test	BWS- Test	———— Fisher-Pitman-Permutationstest ————				
			Gleichv.	Normalv.	Cauchy	χ^2 (3 df)	Expon.
1	0.0452	0.0500	0.050	0.048	0.050	0.050	0.050
2	0.0499	0.0500	0.051	0.047	0.050	0.050	0.050
3	0.0499	0.0499	0.050	0.048	0.050	0.050	0.052

Wie Tabelle 2.15 zeigt, ist die Size der Tests BWS und FPP wie im Falle stetiger Verteilungsfunktionen dem Niveau α sehr ähnlich. Die Niveauausschöpfung des WMW-Tests hängt stark von der Lage der Sprungstellen der Verteilungsfunktion ab. Daher ist der Test bei einer Bindung konservativ, bei zwei oder drei Bindungen ist die Niveauausschöpfung dagegen wie bei den beiden anderen Tests nahezu komplett.

Tabelle 2.16 zeigt die Power der Tests. Demnach ändert das Auftreten von Bindungen die Trennschärfe der Permutationstests nur marginal. Lediglich die Güte des WMW-Tests ist für zwei und drei Bindungen leicht erhöht, was durch die deutlichere Niveauausschöpfung erklärt werden kann.

Tabelle 2.16: *Die simulierte Power der Permutationstests für verschiedene Verteilungen im Falle von 1, 2 oder 3 Bindungen ($n_1 = n_2 = 10$, $\alpha = 0.05$)*

# Bin- dungen	Test	Gleichv. ($\theta = \frac{6}{15}$)	Normalv. ($\theta = 1.5$)	Cauchy ($\theta = 3$)	χ^2 (3 df) ($\theta = 3$)	Expon. ($\theta = 1.05$)
1	FPP	0.83	0.89	0.43	0.75	0.67
	WMW	0.75	0.86	0.69	0.80	0.75
	BWS	0.76	0.85	0.77	0.84	0.82
2	FPP	0.83	0.89	0.43	0.75	0.67
	WMW	0.77	0.87	0.71	0.81	0.77
	BWS	0.76	0.85	0.77	0.84	0.82
3	FPP	0.83	0.88	0.43	0.75	0.67
	WMW	0.76	0.87	0.71	0.81	0.77
	BWS	0.75	0.85	0.77	0.84	0.82

In den Tabellen 2.15 und 2.16 sind nur Situationen mit bis zu drei Bindungen dargestellt. Drei Bindungsgruppen sind für $N = 20$ jedoch schon erheblich. Mehr Bindungen treten vor allem bei ordinalen Daten sowie bei metrisch-diskreten Daten mit nur wenigen

möglichen Ausprägungen auf. Wie bereits oben erwähnt wurde, kann ein Rangtest auch
bei ordinalem Messniveau der Daten angewandt werden. Dies soll nun an einem Beispiel
gezeigt werden. Weitere Erläuterungen zu ordinalen Daten finden sich in Kapitel 5.

Beispiel

Das alte Testament berichtet im ersten Kapitel des Buches Daniel von einem Experiment. Nachdem Nebukadnezzar, der König von Babel, Jerusalem erobert hatte, wurden
Daniel und drei andere Israeliten an den Hof von Nebukadnezzar gebracht. Sie sollten
sich von Speisen und Wein der königlichen Tafel ernähren und nach einiger Zeit in den
Dienst des Königs treten. Daniel aber wollte sich nicht mit den Speisen und dem Wein
des Königs „unrein" machen. Der Aufseher hatte offenbar Verständnis, fürchtete jedoch,
dass Daniel und die anderen Israeliten ohne die besonderen Speisen schlechter aussehen
könnten als andere junge Leute des gleichen Alters. Daher schlug Daniel dem Aufseher
ein Experiment vor: Die Israeliten sollten zehn Tage lang nur pflanzliche Nahrung und
Wasser bekommen. Stattdessen sollten Knechte sich von der königlichen Tafel ernähren.
„Am Ende der zehn Tage sahen sie [die Israeliten] besser und wohlgenährter aus als all
die jungen Leute, die von den Speisen des Königs aßen" (Daniel 1, 15). Der Aufseher war
daraufhin überzeugt. Sprent & Smeeton (2001, S. 7) schreiben: „Although the biblical
analysis is informal it contains the germ of a nonparametric ... test.".

Für die formale Analyse und Interpretation fehlen zwei wichtige Angaben. Zum einen
wird nicht berichtet, wie viele Knechte an dem Versuch teilnahmen. Hier wird für die
weitere Analyse angenommen, dass vier Knechte teilnahmen, da der Aufseher ja vier
Personen von der königlichen Tafel zu versorgen hatte. Zudem stellt sich die Frage, ob
es vielleicht auch schon vorab einen Unterschied zwischen den beiden Gruppen gab.
Die Israeliten waren von königlicher Abkunft oder aus vornehmen Familien und daher vielleicht auch bereits vor dem Experiment wohlgenährter als die Knechte. Um die
Vergleichbarkeit der Gruppen zu gewährleisten, hätte der Aufseher randomisieren müs-
sen. Das heißt, der Zufall hätte entscheiden sollen, welche Personen welcher Ernährung
(Gruppe) zugeordnet werden.

Die vier Israeliten waren am Ende des Experiments wohlgenährter als die vermuteten
vier Knechte. Wir kennen nur diese Ordnung der Ausprägung der „Wohlgenährtheit". Die
Knechte haben einen niedrigen Wert, die Israeliten einen höheren. Daher bekommen die
Knechte die Ränge $(1+2+3+4)/4 = 2.5$ und die Israeliten die Ränge $(5+6+7+8)/4 = 6.5$. Die Rangsumme in Gruppe 1 (Knechte) beträgt also 10. Bei den beobachteten Daten
handelt es sich um eine extreme Permutation: Die Rangsumme kann keinen kleineren
Wert als 10 annehmen. Wird ein zweiseitiger Test durchgeführt, ist für die Berechnung
des p-Werts die Permutation, die bei den Israeliten zur Rangsumme 10 führt, ebenfalls
zu berücksichtigen. Bei insgesamt $\binom{8}{4} = 70$ Permutationen beträgt der p-Wert des
zweiseitigen exakten WMW-Tests daher $2/70 = 0.0286$. Der Unterschied ist daher zum
Niveau 5% signifikant. In Kapitel 5 kommen wir noch einmal auf dieses Beispiel zurück.

Pseudo-Genauigkeit

Wie oben bereits erwähnt, ergibt es einen effizienteren Test, wenn Mittel-Ränge verwendet werden anstatt die Ränge innerhalb von Bindungsgruppen nach dem Zufallsprinzip

zu vergeben. In diesem Zusammenhang soll hier auf einen Punkt hingewiesen werden, der immer dann relevant ist, wenn ein Rangtest durchgeführt wird, die zugrundeliegende Variable jedoch zunächst berechnet werden muss. Für manche Software-Pakete, z. B. SAS oder R, unterscheidet sich das Ergebnis von z. B. $\ln(3) - \ln(1)$ in vielleicht der 10. oder 11. Nachkommastelle von z. B. $\ln(6) - \ln(2)$. Für die Berechnung von Mittelwerten und Varianzen ist solch ein Unterschied irrelevant. Bei der Rangvergabe wird aber eine Bindung übersehen.

Ähnliches ist möglich, wenn eine Variable automatisiert gemessen wird. Dann werden oft deutlich mehr Nachkommastellen gespeichert als es die Genauigkeit der Messung erlaubt. Durch eine derartige Psudo-Genauigkeit werden Bindungen nach dem Zufallsprinzip aufgelöst (siehe auch Neuhäuser et al., 2007).

Betrachten wir folgendes Beispiel mit $n_1 = n_2 = 6$ (Neuhäuser & Ruxton, 2009a). In Gruppe 1 wurden die Werte 1 und 3 jeweils dreimal beobachtet. In Gruppe 2 haben wir zweimal den Wert 2, dreimal den Wert 4 und einmal die 5. Die Ränge in Gruppe 1 betragen daher 2, 2, 2, 7, 7 und 7, so dass sich 27 als Rangsumme ergibt. Der exakte WMW-Permutationstest liefert den p-Wert 0.0498.

Nehmen wir nun an, dass die Bindungen durch Pseudo-Genauigkeit aufgebrochen werden. Da es hier nur Bindungen innerhalb der Gruppen gibt, ändert sich der Wert der Rangsumme (27) nicht. Die Signifikanz des exakten WMW-Permutationstests geht aber verloren, der p-Wert lautet nun 0.0649.

Auch in einem asymptotischen WMW-Test basierend auf der Normalverteilung geht die Signifikanz zum Niveau 5% durch die Pseudo-Genauigkeit verloren. Der Grund dafür ist, dass trotz konstanter Rangsumme die Varianz dieser Rangsumme durch das Aufbrechen der Bindungen von 6.101 auf 6.245 steigt.

Die Abbildung 2.2 zeigt anhand von Simulationsergebnissen, dass ein exakter WMW-Test mit Mittel-Rängen mächtiger ist als ein Test, bei dem Bindungen nach dem Zufallsprinzip aufgebrochen werden. Für diese Abbildung wurden normalverteilte Daten simuliert und dann auf eine Nachkommastelle gerundet. Bei dieser Simulation sind natürlich auch die Originalwerte bekannt. Ein exakter WMW-Test mit diesen Originalwerten ergibt eine Powerkurve, die man optisch nicht von der Kurve für die zufällig aufgebrochenen Ränge unterscheiden kann (Neuhäuser & Ruxton, 2009a).

Aufgrund der möglichen Pseudo-Genauigkeit sollten die Werte auf eine der Datenerhebung angemessene Genauigkeit gerundet werden, bevor Ränge vergeben werden. In diesem Zusammenhang sei auf die folgende Empfehlung von SAS (SAS Institute Inc., 2004, S. 3163) hingewiesen: „[the SAS procedure] PROC NPAR1WAY bases its computations on the internal numeric values of the analysis variables; the procedure does not format or round these values before analysis. When values differ in their internal representation, even slightly, PROC NPAR1WAY does not treat them as tied values. If this is a concern for your data, then round the analysis variables by an appropriate amount before invoking PROC NPAR1WAY."

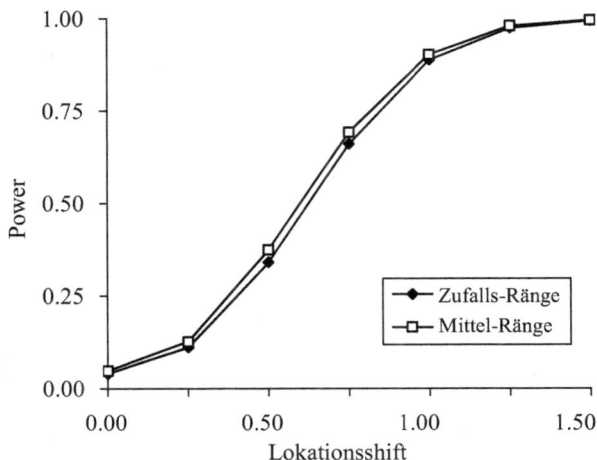

Abbildung 2.2: *Die simulierte Niveauausschöpfung und Power für zwei WMW-Permutationstests, basierend auf normalverteilten Daten, die auf eine Nachkommastelle gerundet wurden ($\sigma = 0.5$, $n_1 = n_2 = 7$, $\alpha = 0.05$, nach Neuhäuser & Ruxton, 2009a)*

2.8 Weitere Tests

Permutationstests können mit vielen weiteren Teststatistiken durchgeführt werden, zum Beispiel kann statt der Differenz der Mittelwerte die Differenz getrimmter Mittelwerte oder die Differenz der Mediane verwendet werden (Efron & Tibshirani, 1993, S. 211). Bei der Berechnung getrimmter Mittelwerte wird ein zuvor definierter Prozentsatz der kleinsten und der größten Einzelwerte nicht berücksichtigt. Ein enormer Vorteil des Permutationstests ist, dass die Verteilung der Teststatistik nicht analytisch bestimmt werden muss. Die Permutationsverteilung kann für jede Statistik ermittelt werden. Z. B. kann für ein Maximum die Permutationsverteilung bestimmt werden, ohne die Korrelationen zwischen den Einzelstatistiken zu kennen.

An dieser Stelle sollen noch zwei weitere Rangstatistiken erwähnt werden. Murakami (2006) schlug eine Modifikation der BWS-Statistik vor. Es sei daran erinnert, dass $R_1 < \cdots < R_{n_1}$ (bzw. $H_1 < \cdots < H_{n_2}$) die der Größe nach geordneten Ränge der Werte in Gruppe 1 (bzw. Gruppe 2) sind. Unter der Nullhypothese gilt

$$\mathrm{E}_0(R_i) = \frac{N+1}{n_1+1} \cdot i$$

und

$$\mathrm{Var}_0(R_i) = \frac{i}{n_1+1} \left(1 - \frac{i}{n_1+1} \right) \frac{n_2(N+1)}{n_1+2},$$

sowie

$$\mathrm{E}_0(H_j) = \frac{N+1}{n_2+1} \cdot j$$

und

$$\text{Var}_0(H_j) = \frac{j}{n_2+1}\left(1 - \frac{j}{n_2+1}\right)\frac{n_1(N+1)}{n_2+2}.$$

Diese Erwartungswerte und Varianzen werden in der modifizierten BWS-Statistik verwendet. Nach Murakami (2006) gilt

$$\tilde{B}^* = \frac{1}{2}\cdot\left(\tilde{B}_X^* + \tilde{B}_Y^*\right),\quad \text{mit}$$

$$\tilde{B}_X^* = \frac{1}{n_1}\sum_{i=1}^{n_1}\frac{(R_i - \text{E}_0(R_i))^2}{\text{Var}_0(R_i)} = \frac{1}{n_1}\sum_{i=1}^{n_1}\frac{\left(R_i - \frac{N+1}{n_1+1}\cdot i\right)^2}{\frac{i}{n_1+1}\cdot\left(1 - \frac{i}{n_1+1}\right)\cdot\frac{n_2(N+1)}{n_1+2}}\quad \text{und}$$

$$\tilde{B}_Y^* = \frac{1}{n_2}\sum_{j=1}^{n_2}\frac{(H_j - \text{E}_0(H_j))^2}{\text{Var}_0(H_j)} = \frac{1}{n_2}\sum_{j=1}^{n_2}\frac{\left(H_j - \frac{N+1}{n_2+1}\cdot j\right)^2}{\frac{j}{n_2+1}\cdot\left(1 - \frac{j}{n_2+1}\right)\cdot\frac{n_1(N+1)}{n_2+2}}.$$

Wenn die exakten Tests mit $\tilde{B}^*$ und B verglichen werden, so ist die Modifikation bei unbalancierten Fallzahlen (d. h. $n_1 \neq n_2$) häufig trennschärfer, einen eindeutigen Gewinner gibt es aber weder bei balancierten noch bei unbalancierten Stichprobenumfängen. Offensichtlich ist die asymptotische Verteilung von $\tilde{B}^*$ gleich der von B (Murakami, 2006).

Zhang (2006) schlug unter anderem die folgende Teststatistik vor:

$$Z_C = \frac{1}{N}\sum_{i=1}^{n_1}\ln\left(\frac{n_1}{i-0.5}-1\right)\ln\left(\frac{N}{R_i-0.5}-1\right)$$

$$+ \frac{1}{N}\sum_{j=1}^{n_2}\ln\left(\frac{n_2}{j-0.5}-1\right)\ln\left(\frac{N}{H_j-0.5}-1\right).$$

Mit dieser Teststatistik Z_C kann ein Permutationstest durchgeführt werden. Eine asymptotische Verteilung wird von Zhang (2006) nicht angegeben. Man beachte, dass kleine Werte von Z_C gegen die Nullhypothese sprechen.

Es sei hier erwähnt, dass der BWS-Test, seine Modifikation wie auch der Z_C-Test nicht für das Lokationsproblem vorgeschlagen wurden. Es sind Tests, die auch andere Unterschiede zwischen zwei Gruppen erkennen können, zum Beispiel Variabilitätsunterschiede. In diesem Kapitel wurde jedoch vorausgesetzt, dass es lediglich einen Lokationsunterschied zwischen den beiden Gruppen gibt. Unter dieser Einschränkung können die Tests angewandt werden, um die Nullhypothese $H_0: \theta = 0$ zu testen. In dieser Situation können die drei Tests, d. h. der BWS-Test, seine Modifikation und der Z_C-Test, mächtiger sein als der WMW-Test und der FPP-Test. Simulationsergebnisse ergaben jedoch keinen eindeutigen Gewinner.

In der Praxis stellt sich bei einer konkreten Auswertung aber nicht nur die Frage, welcher der bisher genannten Tests angewandt werden soll, sondern vor allem auch, ob das Lokationsmodell angemessen ist. Wenn es auch andere Unterschiede – wie zum Beispiel heterogene Varianzen – zwischen den Gruppen geben kann, ist die Annahme $F(t) = G(t - \theta)$ nicht gerechtfertigt. Das folgende Kapitel 3 diskutiert Tests, die dann angemessen sind. Zuvor wird noch die Fallzahlplanung im Lokationsmodell am Beispiel des WMW-Tests besprochen.

2.9 Fallzahlplanung

Bevor ein Experiment oder eine Studie durchgeführt wird, sollte der dafür nötige Stichprobenumfang ermittelt werden. Bei einem statistischen Test ist die Wahrscheinlichkeit für einen Fehler 1. Art beschränkt. Diese Wahrscheinlichkeit ist nicht größer als das Signifikanzniveau α (sofern der Test das Niveau einhält, also nicht antikonservativ ist). Die Wahrscheinlichkeit für einen Fehler 2. Art ist jedoch nicht eingeschränkt.

Man fordert nun, dass an einer spezifizierten Stelle $\theta \neq 0$ die Wahrscheinlichkeit für einen Fehler 2. Art nicht größer als β ist. Es sind also zwei Werte θ und β vorzugeben: θ ist der Unterschied, der mit hoher Wahrscheinlichkeit aufgedeckt werden soll. Diese hohe Wahrscheinlichkeit ist $1 - \beta$, die Trennschärfe (auch Güte oder Power genannt). Gemäß der internationalen ICH E9-Guideline (ICH, 1999) muss diese Trennschärfe bei klinischen Studien mindestens 0.8 betragen. Dann wäre die Wahrscheinlichkeit für einen Fehler 2. Art (an der Stelle θ) nicht größer als 0.2.

Bei der Fallzahlplanung bestimmt man nun den Stichprobenumfang, der nötig ist, um an der Stelle θ eine Power von $1 - \beta$ zu erreichen. Dies soll hier am Beispiel des einseitigen WMW-Tests mit der Alternative $H_1^>$ illustriert werden. Für diesen Test gilt approximativ, dass die in der folgenden Formel angegebene Gesamtfallzahl N nötig ist, um bei einem Signifikanzniveau α die Güte $1 - \beta$ zu erreichen (Noether, 1987; Hollander & Wolfe, 1999, S. 120):

$$N \approx \frac{(z_{1-\alpha} + z_{1-\beta})^2}{12c(1-c)(\delta - 0.5)^2}$$

wobei $z_{1-\alpha}$ wie oben das $(1 - \alpha)$-Quantil der Standard-Normalverteilung bezeichne. Zudem gelte $\delta = P(X_i > Y_j)$ und $n_2 = cN$. Für ein balanciertes Design gilt daher $c = 0.5$.

Als Beispiel soll die für eine Power von $1 - \beta = 0.9$ benötigte Fallzahl ermittelt werden, wobei $\alpha = 0.025$, $c = 0.5$ und $\delta = 0.65$ gesetzt werden. Es gilt $z_{0.975} = 1.960$ und $z_{0.9} = 1.282$ und somit

$$N \approx \frac{(1.960 + 1.282)^2}{3 \cdot 0.15^2} = 155.7.$$

Um die geforderte Güte von 90% zu garantieren, wird das Ergebnis aufgerundet, wodurch sich eine Gesamtfallzahl von $N = 156$ ergibt, so dass $n_1 = n_2 = 78$ folgt.

Was bedeutet der hier gewählte Wert von $\delta = 0.65$ für die Lokationsverschiebung θ? Dies soll anhand der Normalverteilung illustriert werden: Nehmen wir an, die Werte in beiden Gruppen seien normalverteilt mit der Varianz 4. Dann ist die Differenz $X_i - Y_j$ normalverteilt mit dem Erwartungswert θ und der Varianz 8. Die Wahrscheinlichkeit

$P(X_i - Y_j > 0)$ ist gleich $\delta = P(X_i > Y_j)$, diese ist genau dann 0.65, wenn $\theta = 1.09$
gilt.

Neuere Ansätze, die Power bzw. die nötige Fallzahl für den WMW-Test zu bestimmen,
finden sich bei Shieh et al. (2006) sowie Rosner & Glynn (2009).

2.10   Zusammenfassung

Unabhängig davon, welche konkrete Teststatistik verwendet wird, sind bei einem Permutationstest generell fünf Schritte auszuführen. Zunächst ist – vor der Datenerhebung –
eine geeignete Teststatistik auszuwählen. Diese Teststatistik ist für die Originalwerte
(d. h. für die beobachteten Werte) zu berechnen. Dann sind alle möglichen Permutationen aufzulisten, und die Teststatistik ist für jede Permutation zu berechnen. Schließlich
ist der p-Wert zu ermitteln als der Anteil der Permutationen, die mindestens so stark
wie die Originaldaten für die Alternativhypothese sprechen.

Wie erwähnt, kann ein Permutationstest mit einer Vielzahl von möglichen Teststatistiken durchgeführt werden, zum Beispiel kann ein Maximum oder die Differenz getrimmter Mittelwerte verwendet werden. Ein Anwender sieht sich dann häufig mit der Situation konfrontiert, dass der gewünschte Test nicht in Standardsoftware implementiert ist.
In einem solchen Fall sind dann zunächst die nötigen Permutationen aufzulisten. Dazu
können die oben im Kapitel 2.3 genannten SAS-Programme verwendet werden.

In Kapitel 2 wurde das Lokationsmodell betrachtet. Wie bereits erwähnt ist die Annahme $F(t) = G(t - \theta)$ jedoch nicht immer gerechtfertigt. Im folgenden Kapitel 3 werden
weniger restriktive Annahmen getroffen.

3 Tests bei potentiell ungleichen Variabilitäten

„the assumption of homoscedasticity ... is usually made for simplicity and mathematical ease rather than anything else" (Ogenstad, 1998, S. 497).

Mit einer Verschiebung der Lage verändert sich in der Praxis häufig auch die Variabilität (siehe z. B. Singer, 2001). Nach Blair & Sawilowsky (1993) ist dieses Phänomen in toxikologischen, medizinischen und epidemiologischen Studien üblich. Bender et al. (2007) weisen darauf hin, dass die Annahme identischer Varianzen bei klinischen Therapiestudien häufig verletzt ist. Bei einem Vergleich mit einer Placebogruppe (ein Placebopräparat enthält keinen Wirkstoff) ist oft eine größere Variabilität in der behandelten Gruppe zu finden, was sich z. B. durch ein unterschiedliches Ansprechverhalten auf die Therapie erklären lassen kann.

Auch in der Genetik beobachtet man oft, dass Varianzen mit dem Mittelwert ansteigen (Jansen, 2001, S. 571). Bei Genexpressionsdaten aus Microarray-Experimenten beobachtet man häufig ungleiche Varianzen zwischen verschiedenen Gruppen zumindest bei einem Teil der untersuchten Gene (Demissie et al., 2008). Die Abbildung 3.1 zeigt hypothetische Verteilungen der Genexpression für normales und kanzeröses Gewebe (nach Pepe et al., 2003, S. 134). Bei allen drei gezeigten hypothetischen Verteilungen gibt es einen Unterschied in der Lage und in der Variabilität. Dies gilt analog auch für die von Pepe et al. (2003) beobachteten empirischen Verteilungen (siehe Figure 3 in Pepe et al., 2003). In den Sozial- und Verhaltenswissenschaften kommt es ebenfalls oft vor, dass sich nicht nur die Lage, sondern auch die Variabilität zwischen zwei Gruppen unterscheidet (siehe z. B. Neuhäuser, 2001a). Die für Kapitel 2 getroffene Annahme einer reinen Verschiebung der Lage zwischen den beiden Verteilungen ist demnach nicht immer angemessen.

Die in Kapitel 2 besprochenen Einzeltests können mit einer weitaus größeren Wahrscheinlichkeit als α ein signifikantes Resultat ergeben, wenn sich die den beiden Stichproben zugrundeliegenden Verteilungen lediglich in der Variabilität unterscheiden. Boik (1987) zeigte dies für den FPP-Test, Neuhäuser (2000) für den BWS-Test und, um eine aktuelle Untersuchung zu nennen, z. B. Kasuya (2001) für den WMW-Test.

Unter der Einschränkung, dass die Verteilungen F und G symmetrisch sind, nimmt die Wahrscheinlichkeit, in einem einseitigen asymptotischen WMW-Test ein signifikantes Ergebnis zu erhalten, obwohl es keinen Lageunterschied gibt, folgenden Grenzwert an

$$1 - \Phi \left[\frac{z_{1-\alpha}}{\sqrt{12}} \left(\lambda_1 \text{Var}(F(X)) + \lambda_2 \text{Var}(G(Y)) \right)^{-1/2} \right] ,$$

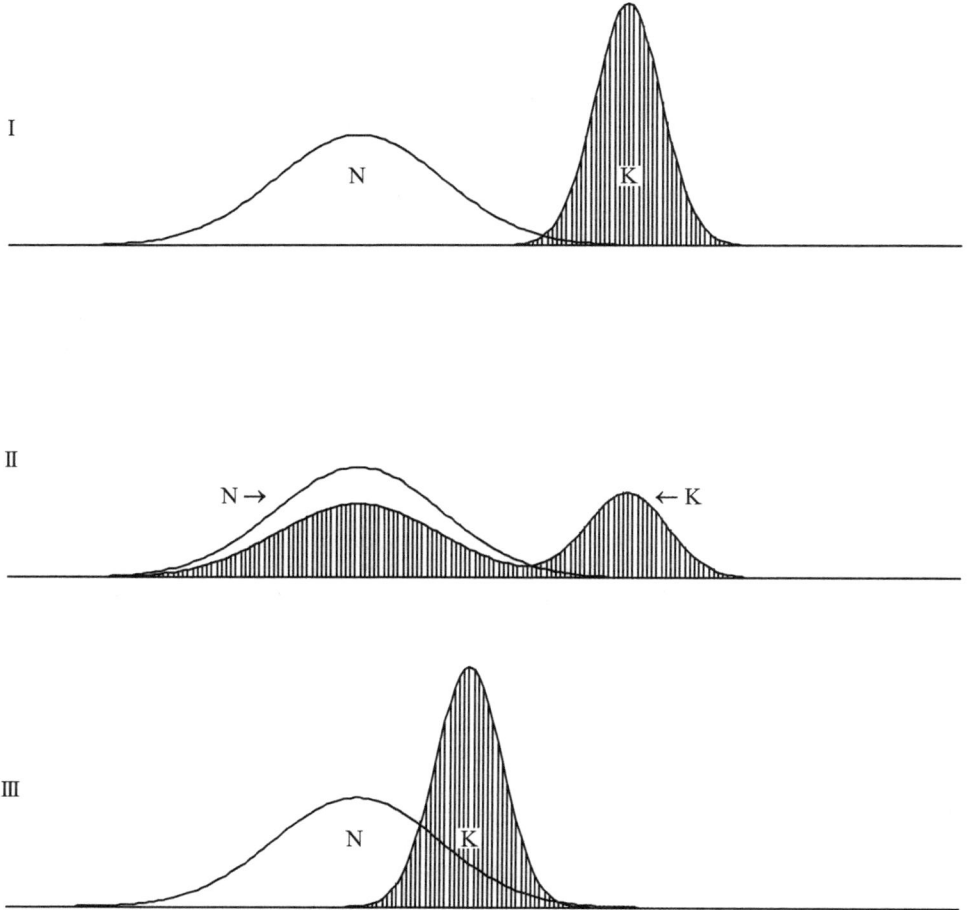

Abbildung 3.1: *Hypothetische Verteilungen von Genexpressionsdaten für normales [N] und kanzeröses [K] Gewebe (nach Pepe et al., 2003, S. 134)*

wobei Φ die Verteilungsfunktion und $z_{1-\alpha}$ das $(1-\alpha)$-Quantil der Standard-Normalverteilung $N(0, 1)$ bezeichnen und λ_1 und λ_2 die Grenzwerte für n_1/N bzw. n_2/N darstellen, $0 < \lambda_i < 1$ (Hettmansperger & McKean, 1998, S. 129). Unter den zusätzlichen Annahmen von $G(x) = F(x/\eta)$, $\eta > 0$, und eines balancierten Designs ($n_1 = n_2$) vereinfacht sich der oben genannte Grenzwert zu

$$1 - \Phi \left[\frac{z_{1-\alpha}}{\sqrt{12}} \left(\frac{1}{2} \int F^2(\eta t) dF(t) + \frac{1}{2} \int F^2(x/\eta) dF(x) - \frac{1}{4} \right)^{-1/2} \right].$$

Dieses Limit für die Wahrscheinlichkeit, in einem einseitigen asymptotischen WMW-Test ein signifikantes Ergebnis zu erhalten, ist für eine Standard-Normalverteilung F

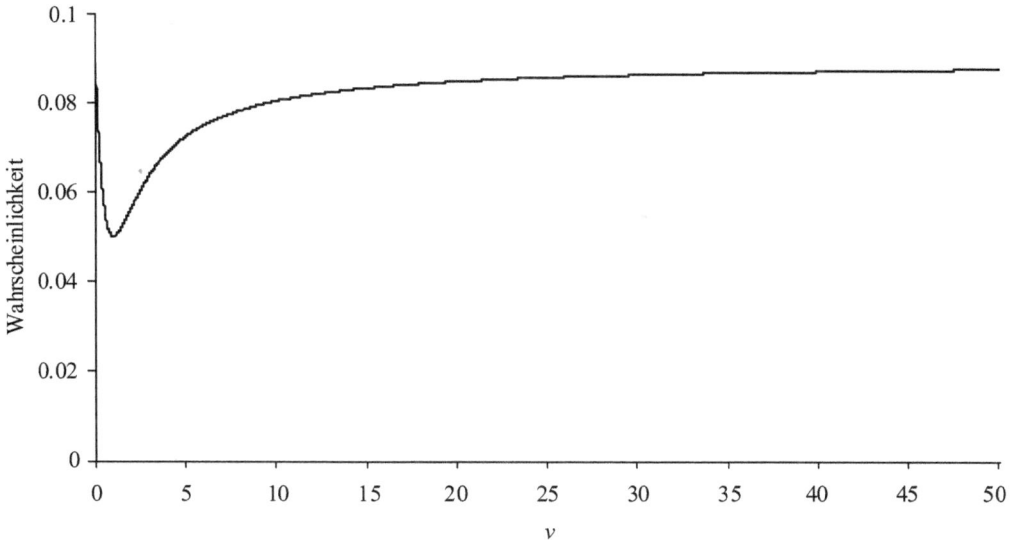

Abbildung 3.2: *Der Grenzwert der Wahrscheinlichkeit, in einem einseitigen asymptotischen WMW-Test ein signifikantes Ergebnis zu erhalten; unter folgenden Annahmen:* $n_1 = n_2$, $G(x) = F(x/\eta)$ *mit* $F = N(0, 1)$, $\eta > 0$ *($\alpha = 0.05$)*

in Abbildung 3.2 dargestellt. Unabhängig von der Verteilung F nimmt der Grenzwert für $\eta = 1$ sein Minimum α an. Für $\eta \neq 1$ ist der Grenzwert daher stets größer als das Niveau α. Das Maximum beträgt $1 - \Phi(0.816 z_{1-\alpha})$, also z. B. 0.09 für $\alpha = 0.05$, und wird an den Grenzen 0 und ∞ angenommen (Hettmansperger & McKean, 1998, S. 129f.). Dieser Grenzwert $1 - \Phi(0.816 z_{1-\alpha})$ für die Wahrscheinlichkeit, in einem einseitigen asymptotischen WMW-Test ein signifikantes Ergebnis zu erhalten, gilt auch für einen zweiseitigen Test, da W bei einem balancierten Design symmetrisch verteilt ist und sich ein zweiseitiger Test daher als Kombination von zwei einseitigen Tests zum Niveau $\alpha/2$ auffassen lässt.

Wenn die restriktiven Annahmen, insbesondere die Symmetrie der Verteilungen F und G sowie die Gleichheit $n_1 = n_2$, fallengelassen werden, kann es zu einer deutlich größeren Wahrscheinlichkeit für eine Signifikanz im WMW-Test kommen, wenn die Grundgesamtheitsverteilungen lediglich unterschiedliche Variabilitäten zeigen (Kasuya, 2001). Trotz seiner Konservativität gilt dies auch für den exakten WMW-Test. Eine relativ hohe Wahrscheinlichkeit für eine Signifikanz ergibt sich dann, wenn die kleinere Gruppe eine größere Variabilität aufweist (siehe z. B. Brunner & Munzel, 2000). Auch im Falle von $n_1 = n_2$ sind hohe Wahrscheinlichkeiten für eine Signifikanz, die deutlich über dem Niveau α liegen, möglich, wie eine umfangreiche Simulationsstudie von Zimmerman (2003) zeigt.

Die Wahrscheinlichkeit, eine Signifikanz bei identischen Lagezentren nur aufgrund unterschiedlicher Variabilitäten zu erhalten, kann beim FPP-Test wie beim WMW-Test größer als α sein. Bei balancierten Fallzahlen und symmetrischen Verteilungen erge-

Tabelle 3.1: *Simulierte Wahrscheinlichkeiten, mit den Permutationstests FPP, WMW und BWS ein signifikantes Ergebnis zu erhalten, basierend auf normalverteilten Daten mit Erwartungswert 0 in beiden Gruppen (α = 0.05)*

n_1	n_2	Test	1, 1	1, 2	1, 3	1, 4
5	10	FPP	0.05	0.02	0.02	0.01
		WMW	0.04^a	0.02	0.02	0.03
		BWS	0.05^a	0.04	0.05	0.06
10	10	FPP	0.05	0.06	0.06	0.07
		WMW	0.04^a	0.05	0.06	0.07
		BWS	0.05^a	0.09	0.17	0.26
10	5	FPP	0.05	0.13	0.17	0.20
		WMW	0.04^a	0.07	0.09	0.09
		BWS	0.05^a	0.11	0.16	0.19

Spanning header: Standardabweichungen in den beiden Gruppen

[a] Werte basieren auf der kompletten Permutationsverteilung (nicht simuliert).

ben sich beim FPP-Test keine besonders hohen Werte, wie z. B. die Simulationstudie von Hayes (2000) zeigt. Bei ungleichen Fallzahlen erhält man Wahrscheinlichkeiten von mehr als 5%, wenn die kleinere Gruppe eine größere Variabilität aufweist, und kleinere Werte als 5%, sofern die Variabilität in der kleineren Gruppe geringer ist (Tabelle 3.1; Hayes, 2000). Diese Resultate sind, zumindest für große Fallzahlen, nicht verwunderlich, da sie analog für den parametrischen t-Test gelten (Boneau, 1960).

Im Gegensatz zu den beiden Tests FPP und WMW kann der BWS-Test Varianzunterschiede mit relativ hoher Wahrscheinlichkeit aufdecken (siehe Figure 2B in Baumgartner et al., 1998). Dies gilt analog auch für die Modifikation $\tilde{B}^*$ nach Murakami (2006) sowie für den Z_C-Test von Zhang (2006). Demzufolge ist die Wahrscheinlichkeit, eine Signifikanz nur aufgrund unterschiedlicher Variabilitäten zu erhalten, deutlich größer (siehe auch Tabelle 3.1). Wenn die größere Gruppe die größere Variabilität aufweist, ist jedoch auch beim BWS-Test die Wahrscheinlichkeit für eine Signifikanz gering.

Bislang wurde eine Formulierung wie „die Wahrscheinlichkeit, ein signifikantes Ergebnis lediglich aufgrund unterschiedlicher Variabilitäten zu erhalten" gewählt. Es ergibt sich die Frage, ob man bei dieser Wahrscheinlichkeit von einer Güte oder von der Size sprechen sollte. Dies hängt von der Formulierung der Hypothesen ab.

Die Alternativhypothese kann ganz allgemein als $F \neq G$, d. h. es existiert ein t mit $F(t) \neq G(t)$, formuliert werden. In diesem Fall ist, wenn trotz identischer Lagezentren die Grundgesamtheitsverteilungen unterschiedliche Variabilitäten zeigen, die Alternative wahr. Demnach handelt es sich bei der Wahrscheinlichkeit, eine Signifikanz zu erhalten, um Power.

Dagegen testet man im sogenannten Behrens-Fisher-Problem, ob die Lage der Verteilungen – trotz möglicherweise ungleicher Variabilitäten – gleich ist. In diesem Fall gilt, wenn F und G sich lediglich in der Variabilität unterscheiden, die Nullhypothese. Aufgrund der oben dargestellten Ergebnisse können daher im nichtparametrischen Behrens-Fisher-Problem alle bisher besprochenen Einzeltests das Niveau verletzen.

Welche der beiden Möglichkeiten, die Hypothesen zu formulieren, ist angemessen? Werden zwei Stichproben aus unterschiedlichen Populationen verglichen, wie z. B. bei einem Vergleich der Testosteron-Werte von Rauchern und Nichtrauchern, kann das Behrens-Fisher-Problem angemessen sein (Neuhäuser, 2002c).

Wenn dagegen homogene Versuchseinheiten auf unterschiedliche Gruppen oder Behandlungen randomisiert werden, ist die Gleichheit der Varianzen eine Charakteristik der Nullhypothese „kein Behandlungseffekt" (Brownie et al., 1990). Ungleiche Variabilitäten in den beiden Stichproben können daher auf einen Behandlungsunterschied hindeuten. Im Kontext dieser informativen Varianzheterogenität (Hothorn & Hauschke, 1998, S. 90) ist es angemessen, Unterschiede in der Lage wie auch in der Variabilität als Behandlungseffekt aufzufassen. Dieser Ansatz führt zu einem Lokations-Skalen-Test. Eine Adjustierung der Heteroskedastizität, wie z. B. von Welch (1937) für das parametrische Behrens-Fisher-Problem vorgeschlagen, ist in diesem Fall nicht angebracht: „Welch's ... method is appropriate when the unequal variances would be expected in the absence of a treatment effect ... [and] particularly inappropriate if the heterogeneity is attributable to a heterogeneous treatment effect" (O'Brien, 1988, S. 60).

Die bereits in Kapitel 2.2 zitierte Studie von Ludbrook & Dudley (1998) hat gezeigt, dass Randomisierungen homogener Versuchseinheiten üblich sind, zumindest in der biomedizinischen Forschung. In der Psychologie ist die Situation ähnlich (Hunter & May, 1993). Daher werden nun im folgenden Abschnitt zunächst Lokations-Skalen-Tests besprochen, die – je nach Fragestellung – für diese Situation gegebenenfalls angemessenen sind. Tests für das Behrens-Fisher-Problem sind Thema in Kapitel 3.2.

3.1   Lokations-Skalen-Tests

Im Gegensatz zu Kapitel 2 wird nun zugelassen, dass sich die beiden Verteilungen F und G nicht nur in der Lage unterscheiden. Und zwar wird die folgende Annahme getroffen: $F(t) = G(\theta_1 \cdot t - \theta_2)$ für alle t, $\theta_1 > 0$, $-\infty < \theta_2 < \infty$. Diese Annahme ist deutlich weniger einschränkend als die in Kapitel 2, da nun auch unterschiedliche Variabilitäten zugelassen sind. Insofern mag diese Annahme für die Praxis häufig relevanter sein als das reine Verschiebungsmodell.

Die zu testende Nullhypothese ist nun

$$\mathrm{H}_0^{\mathrm{LS}} : \ \theta_1 = 1 \ \text{und} \ \theta_2 = 0,$$

d. h. die Verteilungen F und G unterscheiden sich nicht. Wenn die Varianzen σ_F^2 und σ_G^2 der durch F bzw. G definierten Verteilungen existieren, so gilt $\theta_1 = \sigma_G/\sigma_F$. Die Aussage $\theta_1 = 1$ ist demnach in diesem Fall äquivalent zu gleichen Varianzen.

Unter der Alternative H_1^{LS} gilt $\theta_1 \neq 1$ oder $\theta_2 \neq 0$, d. h. es gibt einen Unterschied im Skalenparameter θ_1 und/oder im Lokationsparameter θ_2. Wie im Lokationsmodell kann auch im Lokations-Skalen-Modell die Nullhypothese als $F = G$ beschrieben werden. Es gilt nun aber nicht mehr, dass die Nullhypothese auch gleich der Hypothese $p = 1/2$ ist, wobei p den relativen Effekt

$$p = P(X_i < Y_j) + 0.5 P(X_i = Y_j)$$

bezeichne (Brunner & Munzel, 2002, S. 17). Die Menge der Verteilungen mit $F = G$ ist lediglich eine Teilmenge der Verteilungen, für die $p = 1/2$ gilt (Brunner & Munzel, 2002, S. 234).

Die Abbildung 3.3 zeigt die Power der drei bisher im Detail besprochenen Einzeltests, wenn es Unterschiede in der Lage und in der Variabilität gibt. Die Trennschärfe verringert sich bei allen drei Tests mit zunehmender Variabilität. Der Güteverlust ist jedoch beim BWS-Test im Vergleich zu den anderen beiden Tests deutlich geringer. Es sei angemerkt, dass die Güte des WMW-Tests ähnlich stark abfällt, wenn dieser Test wie im Falle von $n_1 = n_2 = 8$ nicht konservativ ist (Neuhäuser, 2005a).

Abgesehen vom Güteverlust bei steigenden Varianzen sind alle drei Tests nicht als Lokations-Skalen-Tests geeignet. Der Grund ist, dass sie die Alternative nicht oder allenfalls mit äußerst geringer Trennschärfe erkennen können, wenn bei unbalancierten Fallzahlen die größere Stichprobe die größere Variabilität zeigt (vgl. Tabelle 3.1). Dies

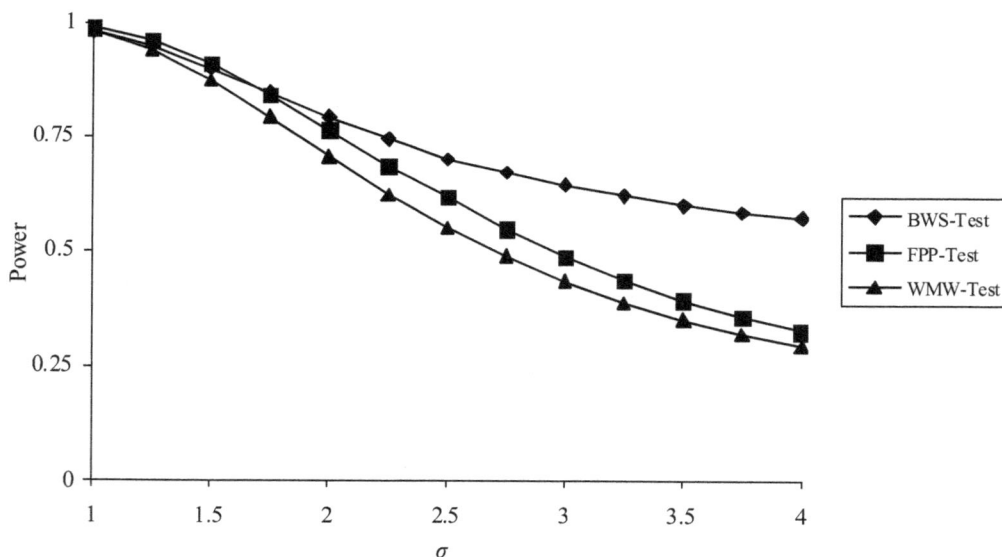

Abbildung 3.3: Die simulierte Power der Permutationstests FPP, WMW und BWS in Abhängigkeit des Varianzunterschieds, basierend auf normalverteilten Daten (Gruppe 1: N(0, 1), Gruppe 2: N(2, σ^2), $n_1 = n_2 = 10$, $\alpha = 0.05$)

gilt ebenfalls für die Modifikation $\tilde{B}^*$ nach Murakami (2006) sowie für den Z_C-Test von Zhang (2006). Für z. B. normalverteilte Daten mit gleichen Erwartungswerten und den Standardabweichungen $\sigma_1 = 1$ und $\sigma_2 = 4$ ergab eine Simulation für $n_1 = 5$, $n_2 = 10$ und $\alpha = 0.05$ für beide Tests Signifikanzen in weniger als 10% von 10 000 Simulationsläufen. Die geschätzte Güte des Z_C-Tests war teilweise sogar geringer als das nominale Signifikanzniveau. Es sei aber erwähnt, dass der Z_C-Test bei balancierten Stichprobenumfängen einen reinen Variabilitätsunterschied ähnlich gut wie der BWS-Test aufdecken kann.

Für das Testproblem H_0^{LS} vs. H_1^{LS} ist daher eine stärkere Sensitivität für Skalenunterschiede notwendig. Für den FPP-Test ist es offensichtlich, dass er vor allem auf Lokationsunterschiede anspricht, da die Teststatistik als die Differenz $\bar{X} - \bar{Y}$ dargestellt werden kann (siehe Kapitel 2.1). Für den WMW-Test gilt dies analog, da die Rangsumme W die Permutationen in gleicher Weise anordnet wie die Differenz der Rangmittelwerte der beiden Gruppen.

Der Lepage-Test

Der von Lepage (1971) vorgeschlagene Test (siehe auch Hollander & Wolfe, 1999, S. 169ff.) ist ein in der Praxis üblicher Lokations-Skalen-Test für das nichtparametrische Zweistichproben-Problem (Büning, 2002). Die Teststatistik ist die Summe der standardisierten und quadrierten Teststatistiken des Wilcoxon- und des Ansari-Bradley-Tests. Der Ansari-Bradley-Test ist ein Rangtest für Variabilitätsalternativen. Es sei bereits an dieser Stelle darauf hingewiesen, dass ein Test für Variabilitätsalternativen im allgemeinen kein Test auf Varianzunterschiede ist. Letztere können nämlich durch Lokationsunterschiede verdeckt werden (Büning & Trenkler, 1994, S. 145).

Die Teststatistik des Ansari-Bradley-Tests ist wie folgt definiert:

$$AB = \frac{1}{2}\, n_1 \,(N + 1) \; - \; \sum_{i=1}^{N} \left| i \, - \, \frac{1}{2}\,(N + 1) \right| \cdot V_i \,,$$

sie ist asymptotisch normalverteilt (Hollander & Wolfe, 1999, S. 144f.). Wie zuvor gilt $V_i = 1$, wenn die i-st kleinste der N Stichprobenwerte der Gruppe 1 enstammt, andernfalls ist $V_i = 0$.

Ein exakter Test kann basierend auf der Permutationsverteilung von AB durchgeführt werden. Dieser Test kann Variabilitätsunterschiede auch dann aufdecken, wenn die größere Stichprobe die größere Variabilität zeigt. Z. B. beträgt die (simulierte) Güte 0.45, wenn die beiden Stichproben den Normalverteilungen N(0, 1) und N(0, 4^2) entstammen und $2n_1 = n_2 = 10$ gilt ($\alpha = 0.05$). Mit den Gewichten

$$g_{AB}(i) = \frac{N + 1}{2} - \left| i - \frac{N + 1}{2} \right|$$

kann der Ansari-Bradley-Test auch als lineare Rangstatistik dargestellt werden.

Die Teststatistik des Lokations-Skalen-Tests nach Lepage (1971) ist

$$L = \frac{(W - \mathrm{E}_0(W))^2}{\mathrm{Var}_0(W)} \; + \; \frac{(AB - \mathrm{E}_0(AB))^2}{\mathrm{Var}_0(AB)} \,,$$

wobei $E_0(.)$ und $\mathrm{Var}_0(.)$ die Erwartungswerte und Varianzen der Teststatistiken unter der Nullhypothese bezeichnen. Für die Statistik W wurden diese Werte in den Kapiteln 2.2 und 2.7 angegeben. Für die Ansari-Bradley-Teststatistik gilt bei Annahme von stetigen Verteilungen (Lepage, 1971)

$$
E_0(AB) = \begin{cases} \frac{1}{4}n_1(N+2) & \text{falls } N \text{ gerade} \\ \frac{1}{4}n_1(N+1)^2/N & \text{falls } N \text{ ungerade} \end{cases}
$$

und

$$
\mathrm{Var}_0(AB) = \begin{cases} n_1 n_2 (N^2-4)/(48(N-1)) & \text{falls } N \text{ gerade} \\ n_1 n_2 (N+1)(N^2+3)/(48N^2) & \text{falls } N \text{ ungerade}. \end{cases}
$$

Im Falle von Bindungen sind die Erwartungswerte unverändert, für die Varianzen gilt nun aber (Hollander & Wolfe, 1999, S. 146):

$$
\mathrm{Var}_0(AB) = \begin{cases} \dfrac{n_1 n_2 (16 \sum\limits_{j=1}^{g} t_j r_j^2 - N(N+2)^2)}{16N(N-1)} & \text{falls } N \text{ gerade} \\[3ex] \dfrac{n_1 n_2 (16N \sum\limits_{j=1}^{g} t_j r_j^2 - (N+1)^4)}{16N^2(N-1)} & \text{falls } N \text{ ungerade}, \end{cases}
$$

wobei g die Anzahl der Bindungsgruppen und t_j die Anzahl der Beobachtungen in der Bindungsgruppe j bezeichnen; r_j sei das mittlere Gewicht g_{AB} für die Werte in der Bindungsgruppe j. Ein nicht an andere Beobachtungen gebundener Wert wird als „Bindungsgruppe" mit $t_j = 1$ aufgefasst.

Selbstverständlich kann auch mit der Statistik L ein Permutationstest durchgeführt werden. Die Alternative für große Fallzahlen ist, die asymptotische Verteilung zu nutzen. Und zwar ist L unter H_0^{LS} asymptotisch χ^2-verteilt mit zwei Freiheitsgraden, da W und AB unter H_0^{LS} unkorreliert sind (Lepage, 1971; siehe auch Randles & Wolfe, 1979, S. 259).

Beispiel

Der Lepage-Test wird nun auf ein Datenbeispiel von Baer & Schmid-Hempel (1999) angewandt. Es handelt sich um Koloniegrößen der Erdhummel (*Bombus terrestris*). Die Königinnen erhielten in Gruppe 1 Sperma hoher genetischer Diversität und in Gruppe 2 Sperma niedriger genetischer Variabilität. Die in Tabelle 3.2 gelisteten Rohdaten zeigen, dass es zwischen den Gruppen Unterschiede im Mittelwert ($\bar{x} = 52.0$ vs. $\bar{y} = 32.2$) wie auch in der empirischen Standardabweichung (41.9 vs. 16.1) gibt. Es gibt eine Bindung, die Koloniegröße 14 kommt zweimal vor. Die Ränge für die Werte der Gruppe 1 lauten 3.5, 7, 8, 18, 2, 19 und 17. Man erhält $W = 74.5$, $AB = 26.5$ und als Lepage-Teststatistik

$$
L = \left(\frac{74.5 - 70}{11.827}\right)^2 + \left(\frac{26.5 - 36.842}{5.930}\right)^2 = 0.381^2 + (-1.744)^2 = 3.186.
$$

Tabelle 3.2: *Koloniegrößen (definiert als maximale Anzahl an Arbeitern) der Erdhummel (Baer & Schmid-Hempel, 1999; Neuhäuser, 2002c, S. 823)*

Gruppe	Fallzahl	Rohdaten
hohe Diversität	7	14, 24, 26, 98, 12, 105, 85
niedrige Diversität	12	40, 14, 18, 28, 11, 39,
		17, 37, 52, 30, 65, 35

Für den exakten Permutationstest sind nun $\binom{N}{n_1} = \binom{19}{7} = 50\,388$ Permutationen zu bilden. Je größer der Wert der Teststatistik L ist, umso stärker ist die Abweichung von der Nullhypothese H_0^{LS}. Insgesamt ergeben $10\,506$ der $50\,388$ möglichen Permutationen eine Teststatistik von 3.186 oder größer. Der p-Wert des exakten Lepage-Tests beträgt daher $P_0(L \geq 3.186) = 10\,506/50\,388 = 0.2085$. Würde man trotz der geringen Fallzahl den Test asymptotisch durchführen, ergäbe sich basierend auf der χ^2-Verteilung mit zwei Freiheitsgraden der p-Wert 0.2033.

Durchführung in SAS

Um den Lepage-Test in SAS durchzuführen, können die beiden Einzeltests jeweils mit der Prozedur NPAR1WAY durchgeführt werden. Für den WMW-Test wurde dies in Kapitel 2.2 vorgestellt. Für den Ansari-Bradley-Test ist im Prozeduraufruf AB anzugeben (**gruppe** und **anzahl** sind wie zuvor Variablennamen):

```
PROC NPAR1WAY AB;
   CLASS gruppe;
   VAR anzahl;
   EXACT;
   OUTPUT OUT=test_sta;
RUN;
```

Um mit den Ergebnissen der beiden Einzeltests weiter rechnen zu können, werden diese mit der Option OUTPUT OUT= in einen hier **test_sta** genannten SAS-Datensatz geschrieben. Dieser Datensatz enthält unter anderem die Teststatistik AB sowie die standardisierte Teststatistik, die entsprechenden Variablennamen lauten **_AB_** und **Z_AB**. Im obigen Beispiel gilt **_AB_** $= 26.5$ und **Z_AB** $= -1.744$.

Die Option OUTPUT OUT= ist auch bei der Durchführung des WMW-Tests möglich. Dann enthält der Output-Datensatz unter anderem die Rangsumme W (Variable **_WIL_**). Um die ohne Stetigkeitskorrektur standardisierte Rangsumme zu erhalten, ist die Wurzel der Variable **_KW_** zu verwenden. Im Beispiel gilt **_WIL_** $= 74.5$ und $\sqrt{\text{_KW_}} = 0.381$. Im Gegensatz zum WMW-Test verwendet die SAS-Prozedur NPAR1WAY beim Ansari-Bradley-Test keine Stetigkeitskorrektur.

Die Teststatistik L ist dann **Z_AB**^{2} + **_KW_**. Der p-Wert des asymptotischen Tests kann als **1 - probchi(L,2)** berechnet werden. Um einen Permutationstest durchzuführen, können die in Kapitel 2.3 vorgestellten Algorithmen zur Auflistung der Permutationen verwendet werden. Ein Permutationstest mit der Lepage-Statistik – und einigen anderen nichtparametrischen Teststatistiken – ist zudem mit dem SAS/IML-Programm von Berry (1995b) möglich.

Die Analyse eines Datensatzes ist im Falle eines signifikanten Lokations-Skalen-Tests noch nicht abgeschlossen. Neuhäuser & Hothorn (2000) haben vorgeschlagen, in einen Abschlusstest (siehe z. B. Pigeot, 2000) nach einem signifikanten Lokations-Skalen-Tests separat auf Lokations- und Variabilitätsunterschiede zu testen. In diesem Fall können alle drei Einzeltests zum vollen Niveau α durchgeführt werden. Es stellt sich jedoch die Frage, welche Tests für die zweite Stufe des Abschlusstests angemessen sind. Die Kapitel 3.2 bis 3.4 behandeln diese Frage. Zuvor werden noch einige Modifikationen des Lokations-Skalen-Tests sowie der Test von Cucconi (1968) vorgestellt.

Gewichtete und modifizierte Lokations-Skalen-Tests

In die Teststatistik L geht die Lokationsstatistik W mit dem gleichen Gewicht wie die Ansari-Bradley-Statistik AB ein. Diese Gewichtung ist angebracht, wenn keine Vorinformation darüber vorliegt, welche Unterschiede in welchem Ausmaß bestehen. Wäre bekannt, dass z. B. große Lokationsunterschiede, aber nur kleine Variabilitätsunterschiede bestehen, sollte die Statistik W ein deutlich stärkeres Gewicht als die Statistik AB bekommen. Derartige Vorinformationen liegen in der Praxis aber in der Regel nicht vor.

Eine Möglichkeit, Informationen über das Verhältnis der Lokations- und Variabilitätsunterschiede zu erhalten, ist eine adaptive Zwischenauswertung. Diese ist möglich, wenn eine Studie in zwei (oder mehr) Phasen unterteilt ist. In einem zweistufigen Design wird nach der ersten Stufe eine Zwischenauswertung durchgeführt. Informationen, die bei dieser Zwischenauswertung gewonnen werden, können für die Planung der weiteren Phase(n) genutzt werden. Neuhäuser (2001b) hat vorgeschlagen, zur Auswertung der zweiten Phase die Teststatistik eines Lokations-Skalen-Tests mit Hilfe der in Phase 1 gefundenen Ergebnisse zu wichten. Ein ungewichteter Test ist somit nur für die Auswertung der ersten Phase erforderlich.

Bei einem derartigen adaptiven Vorgehen können die Ergebnisse der k verschiedenen Phasen mit Fishers Kombinationstest kombiniert werden. Bei Gültigkeit der jeweiligen Nullhypothesen sind die p-Werte stetig verteilter Teststatistiken gleichverteilt auf dem Intervall [0, 1]. Sind die einzelnen p-Werte $p_1, p_2, \ldots, p_k$ unabhängig, so ist demzufolge $-2\ln(p_1 \cdot p_2 \cdots p_k)$ χ^2-verteilt mit $2k$ Freiheitsgraden (siehe z. B. Hartung et al., 2008, S. 29). Auf dieser Verteilung basiert Fishers Kombinationstest (siehe Kapitel 11.2), der für die Auswertung adaptiver Designs genutzt werden kann (Bauer & Köhne, 1994). Fishers Kombinationstest kann auch bei diskret verteilten Teststatistiken angewandt werden, das Niveau des Kombinationstests wird dabei eingehalten (Bauer & Köhne, 1994; siehe auch Kapitel 11.3). Verschiedene Möglichkeiten, die ein derartiges adaptives Design bietet, werden z. B. von Neuhäuser (2001c) und Bauer et al. (2001) dargestellt. Es sei angemerkt, dass auch andere Kombinationsverfahren für die Auswertung adaptiver Designs gewählt werden können (siehe z. B. Lehmacher & Wassmer, 1999). Weitere Details zu Kombinationstests finden sich in den Kapiteln 11.2 und 11.3.

Eine Zwischenauswertung mit folgender Gewichtung des Tests in Phase 2 kann die Trennschärfe deutlich erhöhen, z. B. wenn relative große Variabilitäts-, aber kaum Lageunterschiede bestehen. Wenn es große Unterschiede in Lage und Variabilität gibt, kann eine Gewichtung die Power nicht weiter vergrößern (siehe Neuhäuser, 2001b, für weitere Details).

Im folgenden wird die Gewichtung des Tests nicht weiter verfolgt. Ungewichtete Tests sind in der Praxis für einstufige Studien sowie für die Auswertung der ersten Phase auch bei einem adaptiven Design in aller Regel unvermeidbar.

Die Abbildung 3.3 zeigte, dass die Power des BWS-Tests im Vergleich zum WMW-Test deutlich weniger unter einer Heteroskedastizität leidet. Daher wurde vorgeschlagen, die BWS-Statistik statt Wilcoxons Rangsumme W in einem modifizierten Lepage-Test zu verwenden (Neuhäuser, 2000). Dieser modifizierte Test hat die Teststatistik

$$L_M = \frac{(B - \mathrm{E}_0(B))^2}{\mathrm{Var}_0(B)} + \frac{(AB - \mathrm{E}_0(AB))^2}{\mathrm{Var}_0(AB)} \, .$$

Im Gegensatz zu L ist L_M nicht asymptotisch χ^2-verteilt. Daher ist ein Permutationstest durchzuführen. Es sei hier angemerkt, dass es nicht ungewöhnlich ist, dass eine Teststatistik keiner asymptotischen Standard-Verteilung folgt (North et al., 2002). Im Rahmen des Permutationstests können Erwartungswert und Varianz von B mit Hilfe der Permutationsverteilung ermittelt werden.

Zwischen dem Lepage-Test und seiner Modifikation gibt es praktisch keinen Size-Unterschied. Z.B. beträgt die Differenz der tatsächlichen Niveaus 0.00018 für $n_1 = n_2 = 10$ und $\alpha = 0.05$. Tabelle 3.3 zeigt den Powergewinn durch die Modifikation des Lepage-Tests für normalverteilte Daten. Zum Vergleich ist auch die Güte der Einzeltests FPP, WMW und BWS dargestellt. Die Lokations-Skalen-Tests haben eine geringere Power als diese Einzeltests, wenn nur Lokationsunterschiede vorliegen. Gibt es zusätzlich Variabilitätsunterschiede, so ist der modifizierte Lepage-Test aufgrund der Simulationsergebnisse der mächtigste der verglichenen Tests.

Tabelle 3.3: *Die simulierte Power verschiedener Permutationstests, basierend auf normalverteilten Daten*
(Gruppe 1: N(0, 1), Gruppe 2: N(1.5, σ^2), $n_1 = n_2 = 10$, α = 0.05)

Test	Standardabweichungen in den beiden Gruppen		
	1, 1	1, 2	1, 3
FPP	0.89	0.53	0.32
WMW	0.85	0.48	0.28
BWS	0.86	0.58	0.48
L	0.76	0.56	0.64
L_M	0.81	0.60	0.64

Wenn der Hauptanteil der Power von der Variabilitätsdifferenz kommt (z. B. Normalverteilungen mit den Erwartungswerten 0 und 1.5 und den Varianzen 1 und 9), kann
der originale Lepage-Test durch die Modifikation nicht verbessert werden. Ähnliches
gilt, wenn es nur Variabilitätsunterschiede, aber keine Lageunterschiede gibt. Letztere
Situation wird hier nicht weiter untersucht, da sie in der Praxis nicht relevant ist. Sawilowsky and Blair (1992, S. 358) berichten: „We ... never encountered a treatment or
other naturally occurring condition that produces heterogeneous variances while leaving
population means exactly equal."

Der Gütevorteil des modifizierten Lepage-Tests zeigt sich auch bei Nicht-Normalver-
teilungen (Neuhäuser, 2000). In den Simulationen zum Vergleich der Lokations-Skalen-
Tests wurde jeweils auch die Güte des exakten (Kolmogorow-)Smirnow-Tests untersucht. Bei diesem Test handelt es sich um einen Test für allgemeine Alternativen, er
wird in Kapitel 4 vorgestellt. Hier sei lediglich erwähnt, dass sich der (Kolmogorow-)
Smirnow-Test im Vergleich zum Lepage-Test als weniger mächtig erwies. Auf die Präsentation dieser Ergebnisse wird verzichtet, da bekannt ist, dass es für Lage- und Variabilitätsalternativen effizientere Tests gibt als den (Kolmogorow-)Smirnow-Test (Büning
& Trenkler, 1994, S. 124). Es sei jedoch darauf hingewiesen, dass eine modifizierte Version des (Kolmogorow-)Smirnow-Tests auch für Lage- und Variabilitätsalternativen im
Falle von extrem rechtsschiefen Verteilungen empfohlen wurde (Büning, 2002).

Es soll nicht unerwähnt bleiben, dass es weitere Möglichkeiten gibt, aus zwei Tests
einen Lokations-Skalen-Test aufzubauen. Pettitt (1976) kombinierte den WMW-Test
mit dem Mood-Test. Murakami (2007) schlug eine Kombination des $\tilde{B}^*$-Tests mit dem
Mood-Test vor.

Statt der Summe zweier Teststatistiken kann auch mit dem Maximum ein Lokations-
Skalen-Test konstruiert werden. Lepage (1971) erwähnte diese Möglichkeit, untersuchte sie aber nicht. Der Lepage-Test mit der Statistik L ist in der Regel mächtiger als
ein auf dem Maximum basierender Test, wenn sowohl Lokations- als auch Variabilitätsunterschiede vorliegen. Der Maximum-Test hat dagegen eine höhere Güte, wenn
sich die beiden Gruppen auf lediglich eine der beiden Arten unterscheiden. Der Grund
hierfür ist, dass die Unterschiede in Lage und Variabilität in L kumulieren, was bei
einem Maximum nicht möglich ist. In einem allgemeineren Kontext empfahl Cox (1977)
einen Maximum-Test, wenn nur eine „pure" Abweichung von der Nullhypothese auftreten kann. Die Summe oder eine vergleichbare Linearkombination kann dagegen bei
„gemischten" Abweichungen von der Nullhypothese trennschärfer sein. Dies gilt insbesondere, wenn deutlich mehr als zwei Tests kombiniert werden (siehe z. B. Neuhäuser,
2003a).

Nach Cox (1977, S. 54f.) hat ein Maximum-Test „useful diagnostic properties" und daher eine „greater general informativeness", da die maximale Teststatistik die Art der
Abweichung von der Nullhpothese anzeigt (falls es eine Abweichung gibt). Bei einer
Summen-Teststatistik ist dies nicht immer möglich, diese geringere „informativeness"
wird hier aber dadurch ausgeglichen, dass nach einem Lokations-Skalen-Test weitere
Tests folgen können, die spezielle Abweichungen von der Nullhypothese überprüfen. Es
sei jedoch darauf hingewiesen, dass dieses oben erwähnte zweistufige Auswertungsver-
fahren nicht konsonant ist, d. h. der Lokations-Skalen-Test kann signifikant sein, ohne
dass es eine weitere Signifikanz auf der zweiten Stufe gibt. Die Kohärenz ist jedoch

gegeben. Da die zweistufige Prozedur ein Abschlusstest ist, kann auf der zweiten Stufe keine Signifikanz ohne eine vorherige Signifikanz beim Lokations-Skalen-Test auf Stufe 1 auftreten.

Der Cucconi-Test

Dieser bereits 1968 vorgeschlagene Lokations-Skalen-Test (Cucconi, 1968) ist bisher nahezu unbekannt, da er lediglich auf Italienisch publiziert wurde. Marozzi (2008) wies kürzlich auf diesen Test hin und verglich seine Güte mit dem Lepage-Test. Die Teststatistik des Cucconi-Tests lautet:

$$C = \frac{U^2 + V^2 - 2\rho UV}{2(1 - \rho^2)},$$

wobei U, V und ρ wie folgt definiert sind:

$$U = \frac{6 \sum_{j=1}^{n_1} R_{1j}^2 - n_1(N + 1)(2N + 1)}{\sqrt{n_1 n_2(N + 1)(2N + 1)(8N + 11)/5}},$$

$$V = \frac{6 \sum_{j=1}^{n_1} (N + 1 - R_{1j})^2 - n_1(N + 1)(2N + 1)}{\sqrt{n_1 n_2(N + 1)(2N + 1)(8N + 11)/5}},$$

$$\rho = \frac{2(N^2 - 4)}{(2N + 1)(8N + 11)} - 1.$$

Zudem bezeichne nun R_{1j} den Rang von X_j, $j = 1, \ldots, n_1$. Analog bezeichne im folgenden R_{2j} den Rang von Y_j, $j = 1, \ldots, n_2$. In Kapitel 2.3 wurde die abweichende Notation $R_1 < \cdots < R_{n_1}$ ($H_1 < \cdots < H_{n_2}$) verwendet. Dort wurden jedoch die der Größe nach geordneten Ränge benötigt.

Für das Beispiel der Koloniegrößen aus Tabelle 3.2 lauten die Ränge R_{1j} 3.5, 7, 8, 18, 2, 19 und 17. Als Teststatistik ergibt sich $C = 1.6720$. Für n_1, $n_2 \to \infty$ mit $n_1/N \to \lambda \in]0, 1[$ sind die negativ korrelierten Statistiken U und V jeweils asymptotisch standard-normalverteilt. Cucconi (1968) zeigte, dass der asymptotische Cucconi-Test die Nullhypothese H_0^{LS} zum Niveau α ablehnen kann, falls $C \geq -\ln(\alpha)$ gilt. Würde man im Beispiel trotz der geringen Fallzahlen diesen asymptotischen Test durchführen, so könnte H_0^{LS} zum 5%-Niveau nicht abgelehnt werden, da $C = 1.6720 < -\ln(0.05) = 2.996$.

Selbstverständlich kann mit der Teststatistik C auch ein Permutationstest durchgeführt werden. Der exakte Permutationstest basierend auf allen $50\,388$ Permutationen ergibt einen p-Wert von $P_0(C \geq 1.6720) = 9\,696/50\,388 = 0.1924$, die Nichtsignifikanz des asymptotischen Tests wird also bestätigt.

Marozzi (2008) verglich mit Hilfe von Simulationen die Güte des Cucconi-Tests mit der des Lepage-Tests. Dieser Vergleich zeigte keinen eindeutigen Gewinner. Im Falle von Bindungen hat der Cucconi-Test jedoch einen Nachteil. Ohne Bindungen ist es egal, ob U und V basierend auf den Daten der ersten oder der zweiten Gruppe berechnet werden. Es ergeben sich für U und V lediglich andere Vorzeichen, die für die Quadrate U^2 und V^2

wie auch für das Produkt UV, und damit für die Testatistik C belanglos sind. Dies gilt jedoch nicht, wenn Bindungen vorliegen. Dann erhält man unterschiedliche Werte für C, je nachdem, ob U und V mit den Werten der ersten oder denen der zweiten Gruppe berechnet werden. Würde man im Koloniegrößen-Beispiel mit einer Bindung U und V mit den Werten der zweiten Gruppe berechnen, ergäbe sich $C = 1.6876$ statt 1.6720. Auch der p-Wert des Permutationstest wäre mit 0.1888 statt 0.1924 leicht verändert.

Durchführung in SAS

Um den Cucconi-Test als exakten Permutationstest durchzuführen, kann das in Kapitel 2.3 vorgestellte SAS-Makro verwendet werden. Natürlich ist der Teil, der die Teststatistik berechnet, auszutauschen. Und zwar ist der folgende SAS-Code zwischen den unveränderten Teilen „Erzeugung aller möglichen Permutationen" und „Ausgabe der Ergebnisse" zu verwenden:

```
/* Berechnung der Cucconi-Teststatistik */
start test_sta(R1, N_total, n1, n2);
  sumU=(R1##2)[ ,+];
  sumV=((N_total+1-R1)##2)[ , +];
  Q=sqrt((n1#n2#(N_total+1)#(2#N_total+1)#(8#N_total+11))/5);
  U=(6#sumU-n1#(N_total+1)#(2#N_total+1))/Q;
  V=(6#sumV-n1#(N_total+1)#(2#N_total+1))/Q;
  p=((2#(N_total##2-4))/((2#N_total+1)#(8#N_total+11)))-1;
  C=(U##2+V##2-2#p#U#V)/(2#(1-p##2));

return (C);
finish;

/* Durchfuehrung des Tests */
Tab=REPEAT(T(ranks),P,1);

R1=choose(permutationen=0,.,Tab);
R1g=R1[loc(R1^=.)];
R1z=shape(R1g,P, n1);
Cr = test_sta(R1z, N_total, n1, n2);

test_st0=test_sta(T(ranks[1:n1]), N_total, n1, n2);
Pval=(Cr>=test_st0);
Pval=Pval[+]/P;
```

3.2   Das nichtparametrische Behrens-Fisher-Problem

Im Behrens-Fisher-Problem geht es darum, unabhängig von möglichen Variabilitätsunterschieden zwischen den Gruppen auf einen Unterschied in der Lage zu testen. Da hier keine Normalverteilung der Daten angenommen wird, spricht man vom nichtparametrischen Behrens-Fisher-Problem.

Im nichtparametrischen Behrens-Fisher-Problem will man nicht allgemein $F \neq G$ testen, sondern eine zentrale Tendenz zu kleineren oder größeren Werten nachweisen. Dafür ist die Nullhypothese H_0^{BF}: $p = 1/2$ gegen die Alternative H_1^{BF}: $p \neq 1/2$ zu testen (Brunner & Munzel, 2002, S. 53), wobei p den oben definierten relativen Effekt $p = P(X_i < Y_j) + 0.5 P(X_i = Y_j)$ bezeichne. Die Verteilungen mit $F = G$ sind, wie bereits erwähnt, eine Teilmenge der Verteilungen mit $p = 1/2$. Daher ist es sinnvoll, in einem zweiten Schritt H_0^{BF} versus H_1^{BF} zu testen, wenn ein Lokations-Skalen-Test zuvor die Nullhypothese $F = G$ ablehnen konnte. Je nach Fragestellung kann natürlich auch direkt H_0^{BF} versus H_1^{BF} getestet werden.

Die Aussage der Hypothese $p = 1/2$ wird anschaulicher, wenn man das parametrische Behrens-Fisher-Problem als Spezialfall des nichtparametrischen Testproblems H_0^{BF} vs. H_1^{BF} betrachtet. Es handelt sich um einen Spezialfall, da für zwei unabhängige normalverteilte Zufallsvariablen $Z_1 \sim N(\mu_1, \sigma_1^2)$ und $Z_2 \sim N(\mu_2, \sigma_2^2)$

$$p = P(Z_1 < Z_2) = \Phi \left(\frac{\mu_2 - \mu_1}{\sqrt{\sigma_1^2 + \sigma_2^2}} \right)$$

gilt (Reiser & Guttman, 1986). Da $\Phi(0) = 0.5$, ist die Hypothese $\mu_1 = \mu_2$ äquivalent zu $p = 1/2$, wobei die Varianzen σ_1^2 und σ_2^2 ungleich sein können (siehe auch Brunner & Munzel, 2000). Die Abbildung 3.4 zeigt den Zusammenhang zwischen p und der Differenz der Erwartungswerte $\mu_2 - \mu_1$ zweier normalverteilter Zufallsvariablen mit Varianz 1.

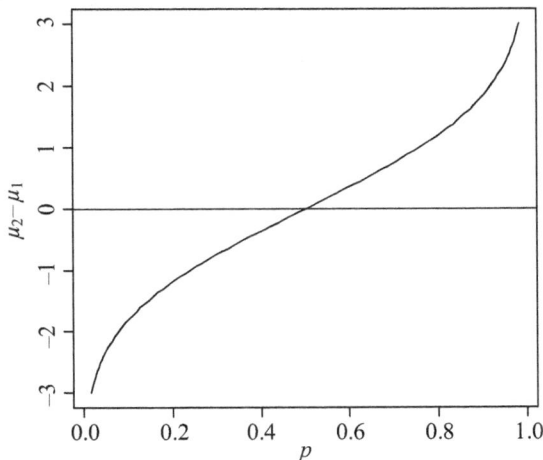

Abbildung 3.4: *Die Abhängigkeit zwischen dem relativen Effekt p und der Differenz der Erwartungswerte $\mu_2 - \mu_1$ zweier normalverteilter Zufallsvariablen mit Varianz 1*

Auch Bernoulli-Variablen können verwendet werden, um den relativen Effekt zu illustrieren (Brunner & Munzel, 2002, S. 23). Die beiden unabhängigen Zufallsvariablen X und Y nehmen mit der Wahrscheinlichkeit q_1 bzw. q_2 den Wert 1 an. Die Wahrscheinlichkeit für $X = 0$ ist daher $1 - q_1$, und die Wahrscheinlichkeit für $Y = 0$ beträgt $1 - q_2$. Es gilt $X < Y$ falls $X = 0$ und $Y = 1$, die Wahrscheinlichkeit dafür lautet $(1 - q_1)q_2$. Die Gleichheit $X = Y$ gilt, falls X und Y beide 0 oder beide 1 sind. Die Wahrscheinlichkeiten dafür betragen $(1 - q_1)(1 - q_2)$ bzw. $q_1 q_2$. Es folgt

$$p = P(X < Y) + 0.5 P(X = Y) = (1 - q_1)q_2 + 0.5[(1 - q_1)(1 - q_2) + q_1 q_2] = 0.5 + 0.5(q_2 - q_1).$$

Der relative Effekt p ist demnach genau dann gleich $1/2$, wenn q_1 und q_2 identisch sind. Um die Aussage der Hypothese $p = 1/2$ weiter zu veranschaulichen, wird nun die stochastische Tendenz definiert:

Definition der stochastischen Tendenz (Brunner & Munzel, 2002, S. 17):
Seien Z_1 und Z_2 zwei unabhängige Zufallsvariablen. Der relative Effekt von Z_2 zu Z_1 sei $p = P(Z_1 < Z_2) + 0.5 P(Z_1 = Z_2)$. Dann tendiert Z_1 im Vergleich zu Z_2 stochastisch

- zu größeren Werten, falls $p < 1/2$ ist,

- zu kleineren Werten, falls $p > 1/2$ ist,

- weder zu größeren noch zu kleineren Werten, falls $p = 1/2$ ist. In diesem Fall heißen Z_1 und Z_2 stochastisch tendenziell gleich.   □

Der relative Effekt p ist daher dazu geeignet, die Hypothesen des nichtparametrischen Behrens-Fisher-Problems zu definieren. Da nun die beiden Verteilungen F und G unter der Nullhypothese verschieden sein können, ist es nicht möglich, einen Permutationstest wie bisher durchzuführen (siehe z. B. Romano, 1990; Brunner & Munzel, 2002, S. 75; Huang et al., 2006). Fligner & Policello (1981) haben einen asymptotischen Test vorgeschlagen, den man als Modifikation des WMW-Tests für das Testproblem H_0^{BF} vs. H_1^{BF} ansehen kann. Brunner & Munzel (2000) haben diesen Test weiter verallgemeinert, so dass nun für F und G bis auf Einpunktverteilungen alle Verteilungen zugelassen sind. Einpunktverteilungen auszuschließen ist für die Anwendungen keine wirkliche Einschränkung. Brunner & Munzel (2000) haben zudem eine Approximation für kleine Fallzahlen vorgestellt.

Die von Brunner & Munzel (2000, siehe auch Brunner & Munzel, 2002, Kapitel 2.1.3) vorgeschlagene Teststatistik lautet

$$W_{BF} = \sqrt{\frac{n_1 n_2}{N}} \cdot \frac{\bar{R}_2 - \bar{R}_1}{\hat{\sigma}_{BF}},$$

wobei $\bar{R}_i$ der Rangmittelwert der Gruppe i sei; ferner gelte

$$\hat{\sigma}_{BF}^2 = \sum_{i=1}^{2} \frac{N \tilde{S}_i^2}{N - n_i} \quad \text{und} \quad \tilde{S}_i^2 = \frac{1}{n_i - 1} \sum_{j=1}^{n_i} \left(R_{ij} - R_{ij}^{(i)} - \bar{R}_i + \frac{n_i + 1}{2} \right)^2,$$

R_{ij} bezeichne wie oben die Ränge: R_{1j} ist der Rang von X_j und analog R_{2j} der Rang von Y_j. Mit $R_{ij}^{(i)}$ wird der Intern-Rang bezeichnet, also der Rang der Beobachtung unter den n_i Beobachtungen aus der jeweiligen Gruppe. Es sei angemerkt, dass

$$\hat{p} = \frac{1}{N} \left(\bar{R}_2 - \bar{R}_1 \right) + 0.5$$

ein erwartungstreuer und konsistenter Schätzer für p ist (Brunner & Munzel, 2000).

Die Teststatistik W_{BF} ist asymptotisch standard-normalverteilt (Brunner & Munzel, 2000). Wie beim für das Behrens-Fisher-Problem modifizierten t-Test kann bei kleinen Fallzahlen eine Approximation mit einer t-Verteilung angewandt werden. Und zwar kann die t-Verteilung mit

$$\mathrm{df} = \frac{\left(\sum\limits_{i=1}^{2} \frac{\tilde{S}_i^2}{N-n_i} \right)^2}{\sum\limits_{i=1}^{2} \frac{\left(\tilde{S}_i^2 / (N-n_i) \right)^2}{n_i - 1}}$$

genutzt werden. Wenn keine Bindungen vorliegen, ist diese Approximation für $\min(n_1, n_2) \geq 10$ gut brauchbar, und die Standard-Normalverteilung kann für $\min(n_1, n_2) \geq 20$ eingesetzt werden (Brunner & Munzel, 2002, S. 80).

Es gibt weitere Verfahren, die Nullhypothese H_0^{BF}: $p = 1/2$ zu testen (siehe z. B. Delaney & Vargha, 2002). Im Vergleich zu alternativen Verfahren erwies sich der Brunner-Munzel-Test als relativ gut (Delaney & Vargha, 2002; Neuhäuser & Lam, 2004; Reiczigel et al., 2005). Problematisch ist der Brunner-Munzel-Test allerdings für kleine Fallzahlen. Nach Brunner & Munzel (2000) sind mindestens zehn Beobachtungen pro Gruppe nötig. In den Untersuchungen von Reiczigel et al. (2005) erwies sich der Brunner-Munzel-Test nur für Gruppengrößen ab 30 als gut. Daher wäre ein Permutationstest für das nichtparametrische Behrens-Fisher-Problem wünschenswert. Dies gilt insbesondere für diskrete Verteilungen, da dann die im vorigen Absatz genannten Faustregeln nicht allgemein gelten. Denn im Falle von Bindungen hängt die Güte der Approximationen von der Anzahl und dem Ausmaß der Bindungen ab (Brunner & Munzel, 2002, S. 80).

Ein Permutationstest mit der Brunner-Munzel-Statistik

Wie oben erwähnt, ist es nicht möglich, einen Permutationstest wie bisher durchzuführen, da die beiden Verteilungen F und G unter der Nullhypothese H_0^{BF} verschieden sein können. Janssen (1997) zeigte jedoch, dass ein Permutationstest mit einer studentisierten Teststatistik unter gewissen Voraussetzungen das Niveau asymptotisch garantiert, sofern die beiden potentiell ungleichen Varianzen existieren (Janssen, 1997). Basierend auf diesem Ergebnis schlugen Neubert & Brunner (2007) einen Permutationstest mit der Brunner-Munzel-Teststatistik W_{BF} vor. Wenn dieser Permutationstest durchgeführt wird, ist $\hat{\sigma}_{BF}$ für jede Permutation zu berechnen, da $\hat{\sigma}_{BF}$ unterschiedliche Werte für verschiedene Permutationen annimmt. Das bedeutet, die komplette Statistik W_{BF} muss – wie oben definiert – für jede Permutation berechnet werden.

Simulationsstudien zeigten, dass der Permutationstest mit W_{BF} das Niveau auch bei kleinen und unbalancierten Fallzahlen recht gut einhält (Neubert & Brunner, 2007;

Neuhäuser & Ruxton, 2009b). Auch die Güte des Tests ist im Vergleich mit anderen Verfahren gut (Neubert & Brunner, 2007).

Wenn der kleinste Wert in einer Gruppe größer ist als alle Werte in der anderen Gruppe, ist die Varianzschätzung $\hat{\sigma}_{BF}^2 = 0$. Dann ist die Teststatistik W_{BF} nicht definiert. Solch eine Situation kann vor allem bei kleinen Fallzahlen und großen Unterschieden zwischen den Gruppen vorkommen. Bei der Durchführung eines Permutationstests tritt diese Situation immer auf, und zwar bei den beiden extremen Permutationen, die alle kleinen Werte einer Gruppe zuordnen. Neubert and Brunner (2007) empfehlen, in dieser Situation, in der die oben genannte Formel $\hat{\sigma}_{BF}^2 = 0$ ergeben würde, $\hat{\sigma}_{BF}^2 = N/(2n_1n_2)$ zu verwenden.

Brunner & Neubert (2007) bieten unter `www.ams.uni-goettingen.de/de/sof/` ein in SAS/IML geschriebenes Macro an, das den Brunner-Munzel-Test sowohl als approximativen Permutationstest als auch asymptotisch basierend auf der t-Verteilung durchführen kann. Soll ein Permutationstest mit allen Permutationen durchgeführt werden, kann das in Kapitel 2.3 vorgestellte SAS/IML-Programm zur Erzeugung der Permutationen genutzt werden. Ein R-Programm findet sich unter `www.biostat.uni-hannover.de/staff/neuhaus/BMpermutation_test.txt` (Neuhäuser & Ruxton, 2009b).

Beispiel

Der Brunner-Munzel-Test wird nun auf das in Tabelle 3.2 genannte Datenbeispiel der Koloniegrößen angewandt. Wie erwähnt sind 3.5, 7, 8, 18, 2, 19 und 17 die Ränge der Gruppe 1, daher gilt für den Rangmittelwert $\bar{R}_1 = 10.643$. Für Gruppe 2 erhält man $\bar{R}_2 = 9.625$. Die Varianzschätzung beträgt $\hat{\sigma}_{BF}^2 = 46.986$, so dass sich die Teststatistik $W_{BF} = -0.3122$ ergibt. Der zweiseitige p-Wert des Permutationstests basierend auf allen 50 388 Permutationen lautet $P_0(|W_{BF}| \geq 0.3122) = 37\,591/50\,388 = 0.7460$.

Zur Illustration wird hier trotz der geringen Fallzahlen auch der approximative, auf der t-Verteilung basierende Test durchgeführt. Man erhält df = 7.52 und somit einen zweiseitigen p-Wert in Höhe von 0.7633.

3.3   Bootstrap-Tests

Permutationen sind Aufteilungen der beobachteten Werte auf die zwei (oder mehr) Gruppen. Jeder Wert wird genau einer Gruppe zugewiesen. Beim Permutationstest werden die Werte also ohne Zurücklegen auf die Gruppen verteilt. Für einen Bootstrap-Test werden die Werte mit Zurücklegen auf die Gruppen verteilt. Das heißt, zum einen können einzelne Werte mehrfach verwendet werden, zum anderen verbleiben dann natürlich andere Werte, die keiner Gruppe zugeordnet werden.

Oben wurde erwähnt, dass es insgesamt $\binom{N}{n_1}$ Permutationen gibt. Aufgrund des Zurücklegens gibt es beim Bootstrap mehr Möglichkeiten, und zwar $\binom{2N-1}{N}$ verschiedene Bootstrap-Stichproben, sofern alle N Werte verschieden sind (Efron & Tibshirani, 1993, S. 49). Diese möglichen Bootstrap-Stichproben sind aber auch unter der Nullhypothese nicht gleichwahrscheinlich (Efron & Tibshirani, 1993, S. 58). Falls bei den Fallzahlen $n_1 = 3$ und $n_2 = 5$ (also $N = 8$) keine Bindungen vorkommen, gibt es 56 verschiedene Permutationen und 6435 verschiedene Bootstrap-Stichproben.

Bei sehr kleinen Stichproben ergibt sich aus diesem Unterschied in der Anzahl der Vorteil, dass die Bootstrap-Verteilung weniger diskret ist als die entsprechende Permutationsverteilung. Daraus folgt, dass der Bootstrap-Test weniger konservativ als der entsprechende Permutationstest ist (Neuhäuser & Jöckel, 2006). Wenn die Fallzahlen jedoch nicht sehr klein sind, ist es in der Regel gar nicht möglich, alle möglichen Bootstrap-Stichproben zu berücksichtigen. Stattdessen werden dann B Bootstrap-Stichproben zufällig ausgewählt, wobei B nach Rózsa et al. (2000) mindestens 1 000 betragen sollte. Wenn die Fallzahl nicht extrem klein ist, aber auch nicht so groß, dass eine Berücksichtigung aller Permutationen unmöglich wird, hat der Permutationstest den Vorteil, exakt und nicht nur approximativ zu sein (Efron & Tibshirani, 1993, S. 216ff., siehe auch Romano, 1989, sowie Janssen & Pauls, 2003).

Statt der in Kapitel 2 vorgestellten Permutationstests sind alternativ auch Bootstrap-Tests möglich. Die Unterschiede zwischen den Permutations- und Bootstrap-Tests sind aber meist klein (Efron & Tibshirani, 1993, S. 216ff.) und das Permutationsverfahren hat den genannten Vorteil, exakt und nicht nur approximativ zu sein. Bootstrap-Tests sind jedoch breiter einsetzbar. Bevor dazu näheres erläutert wird, folgen zunächst aber noch einige weitere Details zum Bootstrap-Test.

Beim Fisher-Pitman-Permutationstest spielt es keine Rolle, ob als Teststatistik Students t-Statistik oder nur der Zähler dieser Statistik, d. h. die Differenz der Mittelwerte, verwendet wird. Bei einem Bootstrap-Test gilt dies nicht. Dadurch, dass manche Beobachtungen mehrfach und manche gar nicht in die Bootstrap-Stichprobe aufgenommen werden, ändert sich die Varianzschätzung. D. h. der Nenner der t-Statistik ist nicht über alle Bootstrap-Stichproben hinweg konstant, kann also nicht ohne Folgen weggelassen werden. In diesem Fall ist es empfehlenswert, die studentisierte Statistik, also die komplette t-Statistik, als Teststatistik für den Bootstrap-Test zu verwenden (Hall & Wilson, 1991; Efron & Tibshirani, 1993, S. 221).

Es ergibt sich damit der folgende zweiseitige **Bootstrap-t-Test**:

(a) Die Teststatistik $t = \frac{\bar{X} - \bar{Y}}{S \cdot \sqrt{\frac{1}{n_1} + \frac{1}{n_2}}}$ wird für die beobachteten Werte berechnet.

(b) Aus den Werten $X_1, \ldots, X_{n_1}, Y_1, \ldots, Y_{n_2}$ werden mit Zurücklegen $n_1 + n_2$ Werte gezogen, wobei die ersten n_1 gezogenen Werte der Gruppe 1 und die weiteren n_2 gezogenen Werte der Gruppe 2 zugeordnet werden. Für diese Bootstrap-Stichprobe wird die Teststatistik t berechnet.

(c) Der Schritt (b) wird B-mal wiederholt.

(d) Die Schätzung für den p-Wert ist der Anteil an Bootstrap-Stichproben, für die t im Betrag mindestens so groß ist wie $|t|$ für die beobachteten Werte (unter (a) berechnet).

Häufig wird vorgeschlagen, die Werte $X_1, \ldots, X_{n_1}, Y_1, \ldots, Y_{n_2}$ zu transformieren, bevor die Bootstrap-Stichproben gezogen werden (Hall & Wilson, 1991; Manly, 2007). Und zwar wird jeweils das Gruppenmittel $\bar{X}$ bzw. $\bar{Y}$ abgezogen, um einen identischen Mittelwert für beide Gruppen zu erreichen. Manly (2007) begründet diese Transformation damit, dass die Nullhypothese „wahr gemacht" werden soll, um den p-Wert zu schätzen. Für den obigen Test bedeutet dies, dass nach Schritt (a) zunächst die Werte $\dot{X}_i = X_i - \bar{X}$ und $\dot{Y}_j = Y_j - \bar{Y}$ berechnet werden und in Schritt (b) dann die Bootstrap-Stichprobe aus den transformierten Werten gezogen wird. Falls eine Teststatistik basierend auf den Rängen verwendet wird, bietet sich eine Transformation mittels Medianen an (Reiczigel et al., 2005).

Die SAS-Prozedur MULTTEST

Die SAS-Prozedur PROC MULTTEST ist – wie der Prozedurname andeutet – für multiple Testprobleme gedacht. Die Prozedur lässt sich jedoch auch dazu verwenden, den Fisher-Pitman-Permutationstest (FPP-Test, siehe Kapitel 2.1) sowie den oben genannten Bootstrap-t-Test durchzuführen (Westfall & Soper, 1994).

Der FPP-Test wird wie folgt aufgerufen (**gruppe** und **anzahl** sind wie zuvor Variablennamen):

```
PROC MULTTEST PERMUTATION DATA=bsp1;
   CLASS gruppe;
   TEST MEAN(anzahl);
   CONTRAST "1 vs. 2" -1 1;
RUN;
```

Dieses Programm erzeugt mit dem im vorigen Kapitel vorgestellten Datenbeispiel von Good (2001, S. 56) den folgenden Output:

```
                      The Multtest Procedure

                        Model Information

        Test for continuous variables        Mean t-test
        Tails for continuous tests           Two-tailed
        Strata weights                       None
        P-value adjustment                   Permutation
        Center continuous variables          No
        Number of resamples                  20000
        Seed                                 148203001


                      Contrast Coefficients

                                       gruppe

        Contrast                 1                2

        1 vs. 2                 -1                1
```

Continuous Variable Tabulations

Variable	gruppe	NumObs	Mean	Standard Deviation
anzahl	1	4	109.7500	13.9613
anzahl	2	4	40.7500	37.2682

p-Values

Variable	Contrast	Raw	Permutation
anzahl	1 vs. 2	0.0133	0.0576

Der Permutationstest wird hier approximativ durchgeführt. Dennoch werden im Gegensatz zur Prozedur NPAR1WAY keine Konfidenzgrenzen für den p-Wert angegeben. Die Option PERMUTATION im PROC MULTTEST-Statement wählt den Permutationstest aus. Mit der Option BOOTSTRAP kann dagegen ein Bootstrap-Test durchgeführt werden:

```
PROC MULTTEST BOOTSTRAP DATA=bsp1;
   CLASS gruppe;
   TEST MEAN(anzahl);
   CONTRAST "1 vs. 2" -1 1;
RUN;
```

Im Output wird dann der p-Wert des Bootstrap-Tests angegeben:

p-Values

Variable	Contrast	Raw	Bootstrap
anzahl	1 vs. 2	0.0133	0.0097

Auffällig ist der deutlich kleinere p-Wert des Bootstrap-Tests. Dies ist eine Folge davon, dass bei den kleinen Fallzahlen von $n_1 = n_2 = 4$ wie oben erwähnt die Bootstrap-Verteilung weniger diskret ist als die entsprechende Permutationsverteilung.

Es gibt weitere nützliche Optionen im PROC MULTTEST-Statement. Mit der Option CENTER wird die oben genannte Transformation durchgeführt, d. h. die Werte werden mit Hilfe der Gruppenmittelwerte transformiert. Die Voreinstellung bei SAS ist, bei einem Bootstrap-Test diese Transformation durchzuführen, bei einem Permutationstest jedoch darauf zu verzichten. Soll bei einem Bootstrap-Test auf die Transformation verzichtet werden, ist die Option NOCENTER anzugeben. Mit der Option N= oder NSAMPLE= kann die Anzahl an zu berücksichtigenden Permutationen bzw. Bootstrap-Stichproben

festgelegt werden; per Default wird NSAMPLE auf 20 000 gesetzt. Eine Berücksichtigung
aller möglichen Permutationen ist hier nicht möglich. Der Permutationstest ist mit PROC
MULTTEST somit nur approximativ möglich. Daher sollte, wenn bei kleinen Stichproben
alle Permutationen berücksichtigt werden können, der Prozedur NPAR1WAY der Vorzug
gegeben werden.

Eine weitere Option ist S= bzw. SEED= zur Spezifizierung des Startwertes. Die Option
OUTSAMP=SAS-data-set erzeugt einen SAS-Datensatz, der die ausgewählten Permutationen bzw. Bootstrap-Stichproben beinhaltet. Dieser Datensatz kann natürlich sehr
groß sein, insbesondere, wenn für NSAMPLE ein großer Wert gewählt wird.

Im TEST-Statement ist MEAN anzugeben, um einen t-Test durchzuführen. In diesem
Statement sind die Optionen LOWERTAILED und UPPERTAILED möglich, um einen einseitigen Test der entsprechenden Richtung durchzuführen. Im CONTRAST-Statement
werden hier in der Zweistichprobensituation die Werte -1 und 1 vergeben. Das folgende
Programm wählt einen einseitigen Test aus:

```
PROC MULTTEST BOOTSTRAP DATA=bsp1;
   CLASS gruppe;
   TEST MEAN(anzahl/LOWERTAILED);
   CONTRAST "1 vs. 2" -1 1;
RUN;
```

Es soll hier nicht unerwähnt bleiben, dass für den Armitage-Test (siehe Kapitel 5) sowie
den Peto-Test exakte Permutationstests mit PROC MULTTEST möglich sind. Darüber
hinaus ist Fishers exakter Test mit PROC MULTTEST möglich.

Wenn ein Bootstrap-Test, z. B. für eine andere Teststatistik, in SAS programmiert werden muss, kann die Option OUTSAMP=SAS-data-set der Prozedur MULTTEST verwendet werden, bei der die ausgewählten Bootstrap-Stichproben in den spezifizierten SAS-Datensatz geschrieben werden. Dieser Datensatz der ausgewählten Bootstrap-
Stichproben kann dann dazu genutzt werden, den Bootstrap-Test mit einer anderen,
nicht in PROC MULTTEST verfügbaren Teststatistik durchzuführen. Natürlich kann die
Option OUTSAMP= zusammen mit der Option PERMUTATION im PROC MULTTEST-Statement auch genutzt werden, um mit den ausgewählten Permutationen einen approximativen Permutationstest durchzuführen.

Alternativ kann man die Auswahl der Bootstrap-Stichproben innerhalb von SAS/IML
oder in einem Data Step programmieren. Innerhalb eines Data Steps kann z. B. die
SAS-Funktion RANTBL genutzt werden, um die Werte für die Bootstrap-Stichproben
auszuwählen. Ein von Good (2001, S. 204) vorgestelltes SAS/IML-Programm basiert
auf der SAS-Funktion RANUNI, hier bezeichnet Y erneut den Datenvektor und Ystar
die erzeugte Bootstrap-Stichprobe:

```
proc iml;
   Y={11, 13, 10, 15, 12, 45, 67, 89};
   n=nrow(Y);
   U=ranuni(J(n,1, 3571));      *3571 ist der Startwert (seed);
```

```
    I=int(n*U + J(n,1,1));
    Ystar=Y(|I,|);
    print Ystar;
quit;
```

Ein Bootstrap-Test für das Behrens-Fisher-Problem

Bootstrap-Tests sind breiter einsetzbar als Permutationstests. So ist u. a. ein Bootstrap-Test auch für den Lokationsvergleich ohne Annahme gleicher Variabilitäten verfügbar. Hierzu kann die für das Behrens-Fisher-Problem modifizierte t-Teststatistik angewandt werden (Efron & Tibshirani, 1993, S. 222ff.):

$$t_{BF} = \frac{\bar{X} - \bar{Y}}{\sqrt{\frac{S_1^2}{n_1} + \frac{S_2^2}{n_2}}}$$

mit $S_1^2 = \frac{1}{n_1-1} \sum_{i=1}^{n_1} (X_i - \bar{X})^2$ und $S_2^2 = \frac{1}{n_2-1} \sum_{j=1}^{n_2} (Y_j - \bar{Y})^2$. Die Verteilung der für einen zweiseitigen Test anzuwendenden Statistik $|t_{BF}|$ kann mittels Bootstrap wie folgt geschätzt werden (vgl. Efron & Tibshirani, 1993):

(a) Die Teststatistik $|t_{BF}|$ wird für die beobachteten Werte berechnet.

(b) Die beobachteten Werte werden transformiert, so dass sie einen identischen Mittelwert aufweisen: $\dot{X}_i = X_i - \bar{X}$ und $\dot{Y}_j = Y_j - \bar{Y}$.

(c) Aus den Werten $\dot{X}_i$ $(i = 1, \ldots, n_1)$ bzw. $\dot{Y}_j$ $(j = 1, \ldots, n_2)$ wird mit Zurücklegen jeweils separat eine Stichprobe vom Unfang n_1 bzw. n_2 gezogen. Für diese Bootstrap-Stichprobe wird die Teststatistik $|t_{BF}|$ berechnet.

(d) Der Schritt (c) wird B-mal wiederholt.

Der p-Wert ist dann der Anteil der Bootstrap-Stichproben, die zu einem Wert von $|t_{BF}|$ führen, der mindestens so groß wie $|t_{BF}|$ basierend auf der Originalstichprobe ist. Bei einem einseitigen Test ist auf den Betrag zu verzichten, also t_{BF} zu verwenden. Bei kleinen Fallzahlen, insbesondere in Kombination mit Bindungen, kann es vorkommen, dass alle Werte in einer Bootstrap-Stichprobe gleich sind. Auf diese Problematik wiesen Westfall & Young (1993, S. 91) hin. Wenn in beiden Gruppen jeweils alle Werte identisch sind, ist die Statistik t_{BF} nicht definiert. In diesen Fällen mit $\max(S_1^2, S_2^2) = 0$ kann $t_{BF} = \infty$ bzw. $-\infty$ gesetzt werden, je nach Vorzeichen des Zählers.

Da die Verteilungen F und G auch unter der Nullhypothese verschieden sein können, wurden in Schritt (c) jeweils getrennte Bootstrap-Stichproben vom Unfang n_1 bzw. n_2 gezogen. Dieses Vorgehen wird als „separate-sample bootstrap" bezeichnet (McArdle & Anderson, 2004). Ein analoges Vorgehen ist bei einem Permutationstest nicht möglich,

da es wegen des Ziehens ohne Zurücklegen bei einem „separate-sample"-Permutations-
test neben den beobachteten Werten keine weitere Permutation der Daten geben würde.

Der „separate-sample bootstrap" t-Test kann nicht direkt mit der SAS-Prozedur MULT-
TEST durchgeführt werden. Man kann die Prozedur jedoch nutzen, um die beiden
getrennten Bootstrap-Stichproben zu erzeugen. Dies tut das folgende SAS-Programm,
um den Bootstrap-t-Test mit der Teststatistik t_{BF} für das Beispiel der Koloniegrößen
durchzuführen (hier mit $B = 20\,000$).

```
DATA kolonien;
INPUT gruppe anzahl dummy @@;
CARDS;
1 14 1 1 24 1 1 26 1 1 98 1 1 12 2 1 105 2 1 85 2
2 40 1 2 14 1 2 18 1 2 28 1 2 11 1 2 39 2 2 17 2
2 37 2 2 52 2 2 30 2 2 65 2 2 35 2
;
RUN;

PROC SORT;
  BY gruppe;
RUN;

PROC MEANS MEAN NOPRINT;
  BY gruppe;
  VAR anzahl;
  OUTPUT OUT=m MEAN=mittelwert;
RUN;

DATA _null_;
  SET m;
  IF gruppe=1 THEN DO;
   CALL SYMPUT ('mittelwert_1',mittelwert);
  END;
  IF GRUPPE=2 THEN DO;
   CALL SYMPUT ('mittelwert_2',mittelwert);
  END;
RUN;

DATA kolonien;
  SET kolonien;
  IF GRUPPE=1 THEN DO;
   trans_x=anzahl-&mittelwert_1;
  END;
  IF GRUPPE=2 THEN DO;
   trans_x=anzahl-&mittelwert_2;
  END;
RUN;
```

```
PROC MULTTEST DATA=kolonien BOOTSTRAP NOCENTER N=20000 OUTSAMP=p1 NOPRINT;
  CLASS dummy;
  TEST MEAN(trans_x);
  CONTRAST "1 vs. 2" -1 1;
  STRATA gruppe;
RUN;

ODS OUTPUT TTests=s3;
ODS LISTING CLOSE;
PROC TTEST DATA=p1;
  BY _sample_;
  CLASS _stratum_;
  VAR trans_x;
RUN;
ODS LISTING;

*Herausschreiben des p-Wertes;
DATA s3;
  SET s3;
  WHERE METHOD="Satterthwaite";
RUN;

ODS OUTPUT TTests=origwert;
PROC TTEST DATA=kolonien;
  CLASS gruppe;
  VAR anzahl;
RUN;

DATA _null_;
  SET origwert;
  WHERE METHOD='Satterthwaite';
  CALL SYMPUT ('t_orig',tValue);
RUN;

DATA s3;
  SET s3;
  t_orig=&t_orig;
RUN;

DATA all4;
  SET s3;
  p_wert=(ABS(tValue)>=ABS(t_orig))/20000;
RUN;

PROC MEANS SUM DATA=all4;
  VAR p_wert;
RUN;
```

Die hier dummy genannte Variable ist nötig, damit die Prozedur MULTTEST separat
für jede Gruppe einen Zweistichproben-Bootstrap-Test durchführen kann. Die Test-
Ergebnisse von PROC MULTTEST werden hier jedoch nicht benötigt, daher wird die
NOPRINT-Option genutzt, um diese Ergebnisse gar nicht erst in das Output-Fenster
zu schreiben. Benötigt werden lediglich die Bootstrap-Stichproben, die in einen SAS-
Datensatz geschrieben werden.

Für die Prozedur TTEST gibt es die Option NOPRINT jedoch nicht. Der Befehl ODS
OUTPUT TTests=s3; dient dazu, das Ergebnis der einzelnen t-Tests in einen s3 genannten SAS-Datensatz zu schreiben.

Mit den Beispieldaten der Koloniegrößen und $B = 20\,000$ erhält man $t_{BF} = 1.20$ und
einen p-Wert von 0.2548. Der Welch-t-Test ergibt den nur unwesentlich größeren p-Wert
0.2679.

Eine weitere Möglichkeit besteht darin, die Bootstrap-Stichproben mit der SAS-Prozedur SURVEYSELECT zu ziehen:

```
PROC SURVEYSELECT DATA=bsp1
   METHOD=URS OUT=bootst1 REP=1000 N=4 SEED=34567 OUTHITS;
   STRATA gruppe;
RUN;
```

Die Methode URS steht hier für einfache Zufallsstichprobe mit Zurücklegen, wie es für
die Bootstrap-Stichproben erforderlich ist. Unter OUT= wird der SAS-Datensatz genannt, der die Bootstrap-Stichproben enthalten soll. Die Anzahl der Bootstrap-Stichproben wird unter REP= spezifiziert. Bei N= ist die Fallzahl pro Gruppe anzugeben.
Mit SEED= kann optional ein Startwert für die Zufallsauswahl vorgegeben werden. Die
Option OUTHITS ist nötig, damit Werte, die mehrfach in einer Bootstrap-Stichprobe
vorkommen, auch entsprechend mehrfach, d. h. in mehreren Zeilen, im erzeugten SAS-
Datensatz erscheinen.

Das STRATA-Statement nennt hier im Beispiel die Variable gruppe, damit „separate-
sample" Bootstrap-Stichproben gezogen werden. Falls die Fallzahlen der beiden Gruppen unterschiedlich sind, ist das anzugeben. Bei z. B. $n_1 = 4$ und $n_2 = 5$ lautet die
entsprechende Option:
N=(4,5)

Der hier skizzierte Bootstrap-Test für das Behrens-Fisher-Problem kann modifiziert
werden. Reiczigel et al. (2005) untersuchen eine Modifikation, die sich insbesondere bei
deutlichen Abweichungen von einer Normalverteilung anbietet. Die Transformation in
Schritt (b) wird mit Hilfe des Medians durchgeführt und die Teststatistik t_{BF} wird
mit den Rängen und nicht mit den Originalwerten berechnet (für weitere Details siehe
Reiczigel et al., 2005).

Der D.O-Test, eine Kombination aus Permutationstest und Bootstrap

Manly (1995) sowie Manly & Francis (1999) stellten einen Ansatz vor, mit dem ein
Permutationstest auf Lokationsunterschiede bei potentiell ungleichen Varianzen durchgeführt werden kann. Dieser sogenannte D.O-Test wurde von Manly & Francis (2002)

in einer zweistufigen Prozedur als Test auf Lageunterschiede verwendet. Der D.O-Test ist auch für den Vergleich von mehr als zwei Stichproben geeignet. Im Folgenden wird der Test jedoch nur für den Spezialfall des Vergleichs zweier Stichproben beschrieben. Der Test besteht, abgesehen von der Bootstrap-Kalibrierung, aus den folgenden fünf Schritten:

(a) Die FPP-Teststatistik P wird für die beobachteten Messwerte berechnet.

(b) Die Gleichungen

$$\hat{\mu} = \frac{n_1 \bar{X}/\hat{\sigma}_1 + n_2 \bar{Y}/\hat{\sigma}_2}{\sum_{i=1}^{2}(n_i/\hat{\sigma}_i)} \quad \text{und}$$

$$\hat{\sigma}_1^2 = \frac{\sum_{j=1}^{n_1}(X_j - \hat{\mu})^2}{n_1}, \ \hat{\sigma}_2^2 = \frac{\sum_{j=1}^{n_2}(Y_j - \hat{\mu})^2}{n_2}$$

werden iterativ gelöst.

(c) Mit Hilfe der in (b) ermittelten Schätzungen werden die folgenden Werte bestimmt

$$U_{1j} = \hat{\mu} + \frac{(X_j - \hat{\mu})}{\hat{\sigma}_1}, \ j = 1, \ldots, n_1,$$

$$U_{2j} = \hat{\mu} + \frac{(Y_j - \hat{\mu})}{\hat{\sigma}_2}, \ j = 1, \ldots, n_2.$$

(d) Die in (c) ermittelten u-Werte werden zufällig auf zwei Gruppen der Größen n_1 und n_2 aufgeteilt. Das zugehörige Set nicht-adjustierter Werte wird durch die Rücktransformation $x = \hat{\mu} + \hat{\sigma}_i(u - \hat{\mu})$ gebildet. Die FPP-Teststatistik P wird dann für dieses Set der nicht-adjustierten Werte berechnet.

(e) Der Schritt (d) wird $M - 1$ mal durchgeführt.

Der p-Wert des Tests wird dann mittels der Permutationsverteilung der FPP-Teststatistik P bestimmt. Diese Permutationsverteilung wird aus den $M - 1$ Permutationen aus Schritt (e) sowie den Originaldaten ermittelt. Es handelt sich demnach um einen approximativen Permutationstest. Bei nicht zu großen Fallzahlen können natürlich auch alle möglichen Permutationen berücksichtigt werden.

Durch die gewählte Transformation haben die adjustierten u-Werte unter der Nullhypothese H_0^{BF} in beiden Gruppen den gleichen Erwartungswert und die gleiche Varianz, letztere beträgt 1. Diese u-Werte und nicht die Originalbeobachtungen werden in Schritt (d) verwendet, wenn Werte zufällig auf zwei Gruppen der Größen n_1 und n_2 aufgeteilt werden. Es werden daher Werte von Zufallsvariablen mit homogenen Varianzen permutiert. Insofern wird die in den Originaldaten mögliche Heteroskedastizität umgangen.

In den Simulationsstudien von Francis & Manly (2001) erwies sich dieser D.O-Test bei ungleichen Varianzen als α-robust, d. h. robust bzgl. der Einhaltung des Signifikanzniveaus, sofern die Verteilungen nicht stark von einer Normalverteilung abweichen. Bei hohen Werten für Schiefe und/oder Kurtosis wurde das Niveau jedoch nicht mehr eingehalten. Um die Robustheit zu erhöhen, führten Francis & Manly (2001) eine Bootstrap-Kalibrierung ein. Diese Kalibrierung hat das Ziel, das Signifikanzkriterium für den D.O-Test – falls erforderlich – zu verändern, um das tatsächliche dem nominalen Niveau anzugleichen. Eine Änderung des Signifikanzkriteriums bedeutet, dass der p-Wert ggf. mit einer anderen Schranke als dem nominalen Niveau α verglichen wird.

Eine derartige Änderung des Signifikanzkriteriums wird jedoch von Manly & Francis (2002) aufgegeben. Die Bootstrap-Kalibrierung wird nur noch dazu benutzt zu ermitteln, ob das Ergebnis des D.O-Tests akzeptiert werden kann. D. h., es wird mittels Bootstrap überprüft, ob der D.O-Test für die gegebene Situation das Niveau signifikant überschreitet. Falls dem nicht so ist, wird das Ergebnis des D.O-Tests akzeptiert, andernfalls gilt das Ergebnis als unzuverlässig, und die Nullhypothese wird – unabhängig vom p-Wert des D.O-Tests – nicht verworfen. Auf die Durchführung des Bootstraps kann demnach bei einem nicht-signifikanten Resultat verzichtet werden.

Die Bootstrap-Prozedur besteht aus den folgenden Schritten. Ohne Beschränkung der Allgemeinheit wird dabei $n_1 \geq n_2$ angenommen. Die wahren, aber unbekannten Varianzen der Grundgesamtheitsverteilungen seien mit σ_1^2 und σ_2^2 bezeichnet.

(a) Der ausgewählte Test wird basierend auf den beobachteten Messwerten durchgeführt.

(b) Die Messwerte aus Gruppe 1 definieren die Bootstrap-Verteilung. Diese Verteilung hat einen Erwartungswert von $\bar{X}$ und eine Varianz von V_1, das ist die empirische Varianz aus Gruppe 1, $V_1 = \sum_{j=1}^{n_1} \left(X_j - \bar{X} \right)^2 / n_1$.

(c) Aus der Bootstrap-Verteilung werden mit Zurücklegen Stichproben der Größen n_1 und n_2 gezogen. Die Varianzen innerhalb dieser Stichproben, V_{B1} und V_{B2}, werden bestimmt, dieses Mal mit den Nennern $n_1 - 1$ bzw. $n_2 - 1$.

(d) Der Quotient $R_i = V_{Bi}/V_1$ ist approximativ eine Zufallsvariable aus der Verteilung des Quotienten der Stichprobenvarianz geteilt durch die Grundgesamtheitsvarianz für eine Stichprobe der Größe n_i aus der zugrundeliegenden Verteilung, d. h.

$$R_i \approx \frac{S_i^2}{\sigma_i^2}.$$

Demzufolge ist $\sigma_{Bi}^2 = S_i^2 V_1 / V_{Bi}$ ein plausibler Wert für die Varianz der Gruppe i zugrundeliegenden Verteilung.

(e) Erneut werden Stichproben der Größen n_1 und n_2 mit Zurücklegen gemäß der Bootstrap-Verteilung gezogen. Diese Stichproben werden adjustiert, so dass die Varianz in Stichprobe i gleich σ_{Bi}^2 ist, ohne die Lage zu verändern. Die Werte in der Bootstrap-Stichprobe seien mit X_{Bij}, $i = 1, 2$, $j = 1, \ldots, n_i$, bezeichnet. Dann erfolgt die Adjustierung durch die Transformation der Werte X_{Bij} nach $\bar{X} + (X_{B1j} - \bar{X})\sigma_{B1}/V_1$ bzw. $\bar{Y} + (X_{B2j} - \bar{Y})\sigma_{B2}/V_1$.

(f) Der bereits in Schritt (a) durchgeführte Test wird basierend auf den in Schritt (e) ermittelten adjustierten Werten durchgeführt.

(g) Die Schritte (c) bis (f) werden $\tilde{M}$-mal wiederholt. Dabei wird der Anteil bestimmt, in dem der Test in Schritt (f) zu einem signifikanten Ergebnis führt. Ist dieser Anteil signifikant größer als α, d. h. größer als $\alpha + 1.64 \sqrt{\alpha\,(1 - \alpha)/\tilde{M}}$, wird der Test als unzuverlässig betrachtet, und eine evtl. gefundene Signifikanz wird nicht akzeptiert.

Francis & Manly (2001) untersuchten auch einen Bootstrap, der nicht nur auf einer Stichprobe (vgl. Schritt (b)) basiert. Dieses Vorgehen war jedoch nicht vorteilhaft (für Details siehe Francis & Manly, 2001, S. 719). Daher werden nur die Daten einer Stichprobe in den Bootstrap einbezogen, allerdings wird stets die größere Stichprobe verwendet.

Insgesamt sind bei dem von Manly & Francis (2002) vorgeschlagenen Vorgehen drei Ergebnisse möglich:

- Der D.O-Test ist nicht signifikant.

- Der D.O-Test ist signifikant, wird aber vom Bootstrap als unzuverlässig eingestuft.

- Der D.O-Test ist signifikant und zuverlässig.

Nur im letzten der drei Fälle kann die Nullhypothese verworfen werden. Beispiele für die Anwendung des D.O-Tests finden sich in Kapitel 7.

Statt des FPP-Tests können in der D.O-Testprozedur einschließlich der Bootstrap-Validierung auch andere Tests verwendet werden. Insbesondere sind auch Rangtests möglich (Neuhäuser & Manly, 2004).

Unabhängig von der gewählten Teststatistik sprechen zwei Punkte gegen die D.O-Testprozedur. Zum einen ist sie extrem komplex. Zum üblichen Vorgehen bei einem Permutationstest kommen die Schätzung von Mittelwerten und Varianzen, die Umrechnungen zwischen u-Werten und Originalbeobachtungen sowie vor allem die Bootstrap-Validierung hinzu. Letztere macht die Prozedur nicht nur komplex, sondern verursacht auch eine substantielle Reduzierung der Güte. Dieser Powerverlust ist jedoch unumgänglich, da der Bootstrap zur Niveaueinhaltung erforderlich ist. Manly & Francis (2002) präsentieren Ergebnisse für eine Johnson-Verteilung mit der Schiefe 5.2 und der Kurtosis 40.3 (für eine genaue Definition dieser Verteilung siehe Manly & Francis, 2002): Mit der Bootstrap-Validierung erreicht der D.O-Test in keinem untersuchten Fall eine Trennschärfe von mehr als 60%, obwohl ohne den Bootstrap Powerwerte von bis zu 100% vorkommen. Dies gilt unabhängig davon, ob neben Lokations- auch Varianzunterschiede vorkommen. Bei normalverteilten Daten ist die Güte ebenfalls teilweise stark reduziert, auch wenn nun Powerwerte von mehr als 60% möglich sind (Manly & Francis, 2002, S. 645).

Welcher Test kann für das Behrens-Fisher-Problem empfohlen werden?

Der D.O-Test kann wegen seiner Komplexität und des Güteverlustes durch die Bootstrap-Validierung nicht empfohlen werden. Manchmal wird in einem „Rang-Welch-Test" genannten Verfahren die Statistik t_{BF} auf die Ränge angewandt. Dieser Test kann jedoch sehr antikonservativ sein. In den Simulation von Delaney & Vargha (2002) kamen für $\alpha = 0.05$ tatsächliche Niveaus von über 0.15 vor, so dass dieser Test ebenfalls nicht empfohlen werden kann.

Daher verbleiben der Brunner-Munzel-Test sowie der Bootstrap-Test mit der Statistik t_{BF}. Der Brunner-Munzel-Test testet die Nullhypothese $H_0^{BF}: p = 1/2$. Die Statistik t_{BF} vergleicht die Mittelwerte der beiden Gruppen. Bei asymmetrischen Verteilungen entspricht die Nullhypothese H_0^{BF} nicht der Gleichheit der Erwartungswerte. Daher sind die beiden Tests nicht direkt vergleichbar. Für einen robusten Vergleich der Mittelwerte bietet sich der Bootstrap-Test mit t_{BF} an. Ist die Hypothese $p = 1/2$ zu überprüfen, kann der Brunner-Munzel-Test empfohlen werden, wobei dieser Test ggf. als Permutationstest durchgeführt werden sollte. Es verbleibt die Frage, welcher der beiden Tests bei symmetrischen Verteilungen vorteilhaft ist.

Die Tabelle 3.4 zeigt die tatsächlichen Niveaus des Bootstrap-t_{BF}-Tests sowie des Tests W_{BF}. Da die Fallzahlen $n_1 = n_2 = 10$ betragen, kann – wie von Brunner & Munzel (2000) empfohlen – die t-Verteilung für die Approximation der Verteilung von W_{BF} genutzt werden. Zudem wurde der Permutationstest mit W_{BF} durchgeführt. Beim Bootstrap-Test wurden jeweils $M = 1\,000$ Bootstrap-Stichproben gezogen.

Tabelle 3.4: *Die simulierte Niveauausschöpfung des Bootstrap-t_{BF}-Tests sowie des W_{BF}-Tests, sowohl approximativ mit der t-Verteilung als auch als Permutationstest, für verschiedene symmetrische Verteilungen ($n_1 = n_2 = 10$, $\alpha = 0.05$)*

Test	Gleichv.	Normalv.	t (3 df)
Bootstrap-Test mit t_{BF}	0.046	0.044	0.033
approximativer W_{BF}-Test	0.056	0.053	0.054
W_{BF}-Permutationstest	0.049	0.047	0.049

Der approximative W_{BF}-Test verletzt das Niveau meist, wenn auch nur leicht. Konsistent mit den Simulationsergebnissen von Brunner & Munzel (2000) überschreitet die Size den Wert von 5.7% nicht. Insgesamt bleibt die Niveaueinhaltung daher im Rahmen und kann als akzeptabel gelten. Aufgrund der Simulationen von Brunner & Munzel (2000) gilt dies auch für andere, d. h. hier größere Fallzahlen. Für unbalancierte Fallzahlen sind Ergebnisse in Tabelle 3.5 dargestellt. In dieser Situation halten die hier untersuchten Tests – im Gegensatz zu den Tests FPP, WMW und BWS (vgl. Tabelle 3.1) – das Niveau auch dann (bis auf geringe Abweichungen) ein, wenn die größere Gruppe die kleinere Variabilität aufweist. Der Permutationstest mit W_{BF} ist in dieser Situation jedoch etwas antikonservativ.

Tabelle 3.5: *Die simulierte Niveauausschöpfung des Bootstrap-t_{BF}-Tests sowie des W_{BF}-Tests, sowohl approximativ mit der t-Verteilung als auch als Permutationstest, basierend auf normalverteilten Daten mit Erwartungswert 0 in beiden Gruppen (α = 0.05)*

			Standardabweichungen in den beiden Gruppen		
n_1	n_2	Test	1, 1	1, 2	1, 3
10	20	Bootstrap-Test mit t_{BF}	0.048	0.046	0.050
		approximativer W_{BF}-Test	0.050	0.050	0.049
		W_{BF}-Permutationstest	0.044	0.041	0.041
20	10	Bootstrap-Test mit t_{BF}		0.052	0.045
		approximativer W_{BF}-Test		0.051	0.050
		W_{BF}-Permutationstest		0.053	0.056

Ergebnisse der Gütesimulationen sind in Tabelle 3.6 dargestellt. Bei normalverteilten Daten ist die Power der beiden Tests praktisch identisch, dies gilt auch bei heterogenen Varianzen (Neuhäuser, 2003b). Bei anderen Verteilungen zeigt der Gütevergleich keinen Sieger. Es zeigen sich jedoch – auch in umfangreicheren Simulationen (Neuhäuser, 2003b) – oft deutlichere Unterschiede in den Fällen, in denen der W_{BF}-Test vorteilhaft ist. Der W_{BF}-Test ist auch dann mächtiger als der Bootstrap-t_{BF}-Test, wenn es keinen Unterschied in der Niveauausschöpfung gibt. Zum Beispiel ist die (simulierte) Size des Bootstrap-Tests im Falle der t-Verteilung mit drei Freiheitsgraden 0.033, die Power für $\theta_2 = 2$ beträgt 0.72. Wird der approximative W_{BF}-Test mit dem nominalen Niveau 0.033 (statt mit $\alpha = 0.05$) durchgeführt, verringert sich seine Güte von 0.85 auf 0.81. In dieser Situation ist sein tatsächliches Niveau allerdings 0.038. Wird das nominale Niveau auf 0.028 gesetzt, ergibt sich ein tatsächliches Niveau von 0.033. Die Power beträgt in diesem Fall 0.79 – und ist damit nach wie vor größer als die Power des Bootstrap-Tests (0.72).

Tabelle 3.6: *Die simulierte Power des Bootstrap-t_{BF}-Tests sowie des W_{BF}-Tests, sowohl approximativ mit der t-Verteilung als auch als Permutationstest, für verschiedene symmetrische Verteilungen (θ_2: Lokationsverschiebung, $n_1 = n_2 = 10$, $\alpha = 0.05$)*

Test	Gleichv. ($\theta_2 = 0.4$)	Normalv. ($\theta_2 = 1.5$)	t (3 df) ($\theta_2 = 2$)
Bootstrap-Test mit t_{BF}	0.83	0.88	0.72
approximativer W_{BF}-Test	0.80	0.88	0.85
W_{BF}-Permutationstest	0.79	0.87	0.84

Analoge Ergebnisse wurden bei anderen (größeren bzw. unbalancierten) Fallzahlen gefunden. Daher kann der Brunner-Munzel-Test für das nichtparametrische Behrens-

Fisher-Problem empfohlen werden (siehe auch Wilcox, 2003; Neuhäuser & Poulin, 2004; Rorden et al., 2007; Neuhäuser & Ruxton, 2009b).

3.4   Tests auf Variabilitätsunterschiede

Ein Test auf unterschiedliche Variabilitäten kann – wie ein Test für das Behrens-Fisher-Problem – nach einem signifikanten Lokations-Skalen-Test auf der zweiten Stufe eines Abschlusstests durchgeführt werden. Die zu testende Nullhypothese ist nun $H_0^S : \theta_1 = 1$. Für den Lokationsparameter θ_2 gilt keine Einschränkung. Wie erwähnt, gilt $\theta_1 = \sigma_G/\sigma_F$, wenn die Varianzen σ_F^2 und σ_G^2 der durch F bzw. G definierten Verteilungen existieren. Die Aussage $\theta_1 = 1$ ist demnach in diesem Fall äquivalent zu gleichen Varianzen. Unter der Alternative H_1^S gilt $\theta_1 \neq 1$, d. h. es gibt einen Unterschied zwischen den beiden Gruppen aufgrund des Skalenparameters θ_1.

Ein Test auf Variabilitätsunterschiede kann natürlich auch unabhängig von einem Lokations- oder Lokations-Skalen-Test angewandt werden, sofern die primäre Fragestellung auf Variabilitätsunterschiede zielt. Letzteres kann z. B. in der Qualitätskontrolle sowie in chemischen und ingenieurwissenschaftlichen Anwendungen der Fall sein (Pan, 2002).

Für normalverteilte Daten entwickelte Tests auf Varianzunterschiede wie z. B. der F-Test sind wenig robust, d. h. sie sind sehr sensitiv gegenüber Abweichungen von der Normalverteilungsannahme (siehe z. B. Box, 1953). Shoemaker (2003) hat Modifikationen des F-Tests vorgeschlagen, die die Robustheit deutlich verbessern. Jedoch können auch diese neuen Tests bei großer Schiefe oder starken Rändern antikonservativ sein (Shoemaker, 2003).

Als robuste Alternative zum F-Test hat Levene (1960) einen Test vorgeschlagen, der auf den absoluten Differenzen zu den Stichprobenmittelwerten basiert. Und zwar werden die transformierten Daten

$$Z_{ij} = \begin{cases} \left| X_j - \bar{X} \right| & \text{falls} \quad i = 1 \ (j = 1, \ldots, n_1) \\[2ex] \left| Y_j - \bar{Y} \right| & \text{falls} \quad i = 2 \ (j = 1, \ldots, n_2) \end{cases}$$

auf Lageunterschiede getestet. Manly & Francis (2002) nennen diesen Ansatz einen indirekten Test auf Varianzunterschiede. Je größer die Variabilität in einer Gruppe ist, desto größere Werte Z_{ij} sind zu erwarten. Unterschiede in der Variabilität werden daher in unterschiedlichen Mittelwerten der transformierten Variablen Z_{ij} reflektiert.

Darüber hinaus macht die Transformation den Test unempfindlich gegenüber Lageunterschieden. Unterschiedliche Erwartungswerte können daher Varianzunterschiede nicht länger „verdecken". Der Test ist somit ein Test auf Varianzunterschiede und nicht nur ein Test für Variabilitätsalternativen. Genaugenommen wird nicht nur auf Gleichheit der Varianzen, sondern auf die Gleichheit aller geraden Momente getestet, wobei allerdings die Varianz den größten Einfluss hat (van Valen, 2005, S. 32). Auf die besondere Situation bei unbalancierten Fallzahlen wird weiter unten in diesem Kapitel hingewiesen.

Levene (1960) hat parametrische Verfahren auf die Z_{ij} angewandt. Die Z_{ij} sind jedoch nicht normalverteilt, unabhängig davon, ob die Verteilungen F und G normal sind.

Daher wurden auch nichtparametrische Verfahren zur Analyse der transformierten Variablen Z_{ij} vorgeschlagen (Talwar & Gentle, 1977; Sokal & Braumann, 1980; Le, 1994; Manly & Francis, 2002). Zudem ist die Voraussetzung der Unabhängigkeit verletzt, die Z_{ij}, $i = 1, 2$, $j = 1, \ldots, n_i$, sind stets korreliert (siehe z. B. O'Neill & Mathews, 2000). Nichtsdestoweniger ist der Levene-Test ein sehr häufig verwendeter und durchaus trennscharfer Test (Schultz, 1983).

Statt der arithmetischen Mittelwerte können andere Parameter für die Lage der Verteilungen in Levenes Transformation genutzt werden. Vorgeschlagen wurden insbesondere Mediane und getrimmte Mittelwerte. Seit den Untersuchungen von Brown & Forsythe (1974) gilt die Verwendung der Mediane als erste Wahl, insbesondere wenn nicht ausgeschlossen werden kann, dass die Originaldaten asymmetrischen Verteilungen entstammen (siehe auch Schultz, 1983, sowie Büning, 2002). Da hier im nichtparametrischen Modell keine spezifischen Verteilungsannahmen für F und G getroffen werden, wird nur die Transformation mit den Medianen betrachtet. D. h. die im folgenden besprochenen Tests basieren auf

$$
\widetilde{Z}_{ij} = \begin{cases} \left| X_j - \widetilde{X} \right| & \text{falls} \quad i = 1 \; (j = 1, \ldots, n_1) \\[2ex] \left| Y_j - \widetilde{Y} \right| & \text{falls} \quad i = 2 \; (j = 1, \ldots, n_2), \end{cases}
$$

wobei $\widetilde{X}$ und $\widetilde{Y}$ die Mediane der beiden Gruppen bezeichnen. Wenn n_1 und/oder n_2 gerade sind, wird jeweils das arithmetische Mittel der beiden zentralen Werte als Median verwendet.

Auch Manly & Francis (2002) verwenden in ihrer zweistufigen Analyse einen auf $\widetilde{Z}_{ij}$ basierenden Test als Test auf Varianzunterschiede, und zwar wenden sie den FPP-Test auf die Werte $\widetilde{Z}_{ij}$ an. Dabei werden nicht die Permutationen der Originalwerte, sondern die der $\widetilde{Z}_{ij}$ gebildet. Dieser Test erwies sich als sehr robust (Francis & Manly, 2001), eine Bootstrap-Validierung ist nicht erforderlich.

In Kapitel 2.4 wurde gezeigt, dass Rangtests mächtiger sein können als der FPP-Test. Daher könnte es sinnvoll sein, wie Talwar & Gentle (1977) den WMW (Wilcoxon-Mann-Whitney)-Test nach der Levene-Transformation zu verwenden. Talwar & Gentle (1977) betrachteten jedoch nur symmetrische Verteilungen. Für asymmetrische Verteilungen kann der auf die transformierten Daten $\widetilde{Z}_{ij}$ angewandte WMW-Test das Niveau deutlich verletzen. Dies gilt für den asymptotischen Test wie auch für den Permutationstest (Neuhäuser, 2004, 2007). In Simulationen war das tatsächliche Niveau bis zu doppelt so groß wie das nominale (Neuhäuser, 2004). Für kleine Fallzahlen kann diese Niveauüberschreitung durch die Konservativität des WMW-Tests gemildert werden. Dennoch sollte der WMW-Test nach der Levene-Transformation nicht angewandt werden, sofern die Verteilung der Daten unbekannt oder möglicherweise schief ist.

Für die bisher in diesem Abschnitt genannten Permutationstests wurden die Werte $\widetilde{Z}_{ij}$ permutiert. Es können jedoch auch direkt die Originalwerte X_i und Y_j permutiert werden (Manly, 2007, S. 151). Die Levene-Transformation wird dann separat für jede Permutation durchgeführt, bevor die Teststatistik berechnet wird. Als Permutationstest garantiert solch ein Test das Niveau für den Fall, dass es keine Unterschiede zwischen

den beiden Gruppen gibt. Simulationen mit den Teststatistiken der Tests FPP und
WMW zeigten zudem, dass die Tests in diesem Fall kaum konservativ sind (Neuhäuser,
2007).

Wichtig ist nun aber die Frage, wie die Tests basierend auf Permutationen der Originalwerte bei reinen Lokationsunterschieden reagieren. In solch einer Situation halten
Rangtests das Niveau ganz deutlich nicht ein, auch bei symmetrischen Verteilungen.
Die Tabelle 3.7 zeigt dies für den WMW-Test. Analoge Ergebnisse gelten für andere
lineare Rangstatistiken und auch für die BWS-Statistik. Der FPP-Test dagegen war
nun extrem konservativ, wodurch der Test deutlich an Güte verliert (Neuhäuser, 2007).

Tabelle 3.7: *Die simulierte Niveauausschöpfung verschiedener auf Permutationen der
Originalwerte basierender Permutationstests im Falle eines Lokationsunterschieds ($\theta_2 =
25$, $n_1 = n_2 = 9$, $\alpha = 0.05$), nach Neuhäuser (2007)*

Test	Gleichv.	Normalv.	χ^2 (3 df)	Exponential
FPP	≤ 0.001	≤ 0.001	≤ 0.001	≤ 0.001
WMW	0.272	0.302	0.342	0.373

Insofern sollte der Test auf Variabilitätsunterschiede wie von Manly & Francis (2002)
vorgeschlagen durchgeführt werden: als FPP-Test basierend auf Permutationen der $\widetilde{Z}_{ij}$-
Werte. Dieser Test hält das Niveau recht gut ein (siehe Tabelle 3.8). Aufgrund der
Levene-Transformation hängen Size und Power dieses Tests nicht von einem möglichen
Lokationsunterschied ab. Die Güte des Tests ist häufig höher als die des t-Tests mit den
$\widetilde{Z}_{ij}$-Werten (Neuhäuser, 2007).

Tabelle 3.8: *Die simulierte Niveauausschöpfung des FPP-Tests basierend auf Permutationen der transformierten Werte $\widetilde{Z}_{ij}$ ($\alpha = 0.05$), nach Neuhäuser (2007)*

Fallzahlen	Gleichv.	Normalv.	χ^2 (3 df)	Exponential
$n_1 = n_2 = 9$	0.015	0.024	0.041	0.047
$n_1 = n_2 = 19$	0.026	0.039	0.048	0.055
$n_1 = 15$, $n_2 = 9$	0.023	0.029	0.046	0.055

Wenn die Fallzahlen unbalanciert sind, testet der Levene-Test nicht exakt die Gleichheit
der Varianzen. Betrachten wir den Fall normalverteilter Daten mit den Standardabweichungen σ_1 und σ_2, dann gilt

$$\mathrm{E}(Z_{ij}) = \sqrt{\frac{2}{\pi}\left(1 - \frac{1}{n_i}\right)}\ \sigma_i\,,\ i = 1, 2,$$

woraus folgt, dass die Nullhypothese $\frac{n_1-1}{n_1}\sigma_1^2 = \frac{n_2-1}{n_2}\sigma_2^2$ getestet wird (Keyes & Levy,
1997; O'Neill & Mathews, 2000). Diese ist nur asymptotisch identisch mit $\sigma_1 = \sigma_2$.

Gleiches gilt, wenn die Mediane verwendet werden, denn auch die Erwartungswerte der $\widetilde{Z}_{ij}$, $i = 1, 2$, sind ein Vielfaches von σ_i. Der Faktor hängt auch in diesem Fall von den Fallzahlen ab, konvergiert jedoch ebenfalls für $n_i \to \infty$ gegen $\sqrt{2/\pi}$ (O'Neill & Mathews, 2000).

Keyes & Levy (1997) sowie O'Neill & Mathews (2000) führen weitere Transformationen ein, um die bei unbalancierten Fallzahlen unterschiedlichen Faktoren einander anzugleichen. Die Simulationsergebnisse von Francis & Manly (2001) sowie Neuhäuser (2007) deuten jedoch darauf hin, dass derartige weitere Transformationen nicht erforderlich sind. Selbst für kleine unbalancierte Fallzahlen war der auf $\widetilde{Z}_{ij}$ basierende FPP-Test α-robust (siehe auch Tabelle 3.8).

Wenn n_1 und n_2 beide ungerade sind, erhält man durch die Transformation mit den Medianen in beiden Gruppen mindestens einmal den Wert Null. Für parametrische Tests und mehr als zwei Gruppen haben Hines & O'Hara Hines (2000) gezeigt, dass sich die Power erhöhen kann, wenn diese beiden strukturellen Nullen vor Durchführung des statistischen Tests entfernt werden.

Der FPP-Test kann antikonservativ werden, wenn dieser Ansatz auf den FPP-Test angewandt wird. In Simulationen fanden sich tatsächliche Niveaus von über 7% bei $\alpha = 5\%$ (Neuhäuser, 2007). Diese Niveauverletzung war bei parametrischen Tests und mehr als zwei Gruppen auch in den Simulationen von Hines & O'Hara Hines (2000) aufgefallen. Ohne Details zu präsentieren, berichten Hines & O'Hara Hines (2000, S. 454): „The observed levels of significance ... proved slightly liberal but were rarely above 10%." Eine Niveauverletzung in dieser Größenordnung würden manche Statistiker aber nicht als „slightly liberal", sondern als inakzeptable Niveauüberschreitung bezeichnen.

Zum Abschluss dieses Abschnitts soll nicht unerwähnt bleiben, dass es neben den auf einer Levene-Transformation basierenden Tests viele weitere Tests für Variabilitätsunterschiede gibt. Duran (1976) gibt einen Überblick über nichtparametrische Tests. Diese Tests können jedoch häufig das Niveau nicht garantieren, sofern die Grundgesamtheitsverteilung sehr schief ist und die Lagezentren der Verteilungen nicht gleich oder zumindest bekannt sind (Shoemaker, 1995). Im hier behandelten nichtparametrischen Modell können und sollen sehr schiefe Verteilungen nicht ausgeschlossen werden. Darüber hinaus sind unbekannte und daher potentiell ungleiche Lokationszentren in den Anwendungen die Regel.

Der in dieser Arbeit verwendete Ansatz eines auf $\widetilde{Z}_{ij}$ basierenden Tests ist dagegen auch für sehr schiefe Verteilungen geeignet (Francis & Manly, 2001). Bei der Konstruktion eines Lokations-Skalen-Tests stellt sich das im vorigen Absatz genannte Problem nicht. Denn wenn die Lage der Verteilungen ungleich ist, gilt die Alternative H_1^{LS}. Daher kann der Ansari-Bradley-Test innerhalb des Lokations-Skalen-Tests verwendet werden, auch wenn er als Einzeltest für sehr schiefe Verteilungen ungeeignet sein mag.

Beispiel und Durchführung in SAS

Der FPP-Test basierend auf den Permutationen der $\widetilde{Z}_{ij}$-Werte wird nun auf das Datenbeispiel der Koloniegrößen (Tabelle 3.2) angewandt. Die Mediane der beiden Gruppen betragen $\widetilde{X} = 26$ und $\widetilde{Y} = 32.5$. Mit dem FPP-Test erhält man dann einen (zweiseitigen) p-Wert von $2214/50388 = 0.0439$. Ein t-Test mit den $\widetilde{Z}_{ij}$-Werten ergibt hier zum Niveau 0.05 kein signifikantes Ergebnis.

Um den FPP-Test basierend auf den Permutationen der $\widetilde{Z}_{ij}$-Werte in SAS durchzuführen, kann die Prozedur NPAR1WAY genutzt werden, wie dies in Kapitel 2.1 beschrieben wurde. Es sind lediglich zuvor die Werte $\widetilde{Z}_{ij}$ zu bestimmen. Mediane können zum Beispiel mit der SAS-Prozedur MEANS berechnet werden. Eine Sortierung mit PROC SORT ist dazu erforderlich, um den Median separat für beide Gruppen zu berechnen:

```
PROC SORT DATA=bsp1;
  BY gruppe;
RUN;

PROC MEANS MEDIAN;
  VAR anzahl;
  BY gruppe;
  OUTPUT OUT=mediane MEDIAN=med;
RUN;

DATA all;
  MERGE bsp1 mediane;
  BY gruppe;
  z_ij=ABS(anzahl-med);
RUN;

PROC NPAR1WAY DATA=all SCORES=DATA;
  CLASS gruppe;
  VAR z_ij;
  EXACT;
RUN;
```

3.5   Zusammenfassung

Insbesondere im Randomisierungsmodell kann es angemessen sein, in einem Lokations-Skalen-Test auf Unterschiede in der Lage und/oder in der Variabilität zu testen. Der Lepage-Test ist der in der Praxis übliche nichtparametrische Lokations-Skalen-Test für das nichtparametrische Zweistichproben-Problem. Zudem wurde der Cucconi-Test im Detail vorgestellt. Marozzi (2008) erinnerte an diesen bereits über 40 Jahre alten, aber in den Anwendungen nahezu unbekannten Test.

Im Rahmen eines Abschlusstests können nach einem signifikanten Lokations-Skalen-Test weitere Tests folgen. Und zwar kann im zweiten Schritt separat auf Lokations- sowie auf Variabilitätsunterschiede getestet werden (Neuhäuser & Hothorn, 2000). Für den Test auf Lokationsunterschiede können die in Kapitel 2 diskutierten Tests nicht verwendet werden, da diese bei potentiell ungleichen Variabilitäten das Niveau nicht garantieren. Als mögliche Tests für das nichtparametrische Behrens-Fisher-Problem, d. h. für

Lokationsalternativen bei potentiell ungleichen Variabilitäten, wurden ein Bootstrap-t-Test – basierend auf der Welch-Statistik – sowie von Brunner & Munzel (2000) bzw. Manly & Francis (2002) vorgeschlagene Tests diskutiert. Der Brunner-Munzel-Test kann auch als Permutationstest durchgeführt und in der Regel empfohlen werden.

Die untersuchten Tests auf Variabilitätsunterschiede basieren auf der Levene-Transformation mit den Medianen. Nach dieser Transformation kann der Fisher-Pitman-Permutationstest genutzt werden, wie von Manly & Francis (2002) vorgeschlagen wurde.

4 Tests für die allgemeine Alternative

In diesem Kapitel wird erneut die Nullhypothese H_0: $F(t) = G(t)$ für alle t betrachtet. Das heißt, die den beiden Stichproben zugrundeliegenden Verteilungsfunktionen sind gleich. Im Gegensatz zu Kapitel 2 wird nun aber keine weitere Voraussetzung an F und G gestellt. Als Alternative ergibt sich H_1: $F(t) \neq G(t)$ für mindestens ein t. Es wird also getestet, ob es irgendwelche Unterschiede zwischen den beiden Verteilungen gibt. Das Testproblem kann auch einseitig formuliert werden (siehe unten).

Der Standardtest für diese allgemeine Alternative ist der Smirnow-Test, ein sogenannter Omnibustest. Dieser Smirnow-Test wird manchmal auch Kolmogorow-Smirnow-Test genannt, z. B. weiter unten im SAS-Output. Da die Bezeichnung Kolmogorow-Smirnow-Test in der Literatur sehr verbreitet ist, wurde der Test in den vorigen Kapiteln als (Kolmogorow-)Smirnow-Test bezeichnet. Genaugenommen handelt es sich beim Kolmogorow-Smirnow-Test jedoch um einen Anpassungstest, der eine Stichprobe mit einer theoretischen Verteilung vergleicht. Der Smirnow-Test dagegen testet, ob zwei Stichproben der gleichen Verteilung entstammen (Berger & Zhou, 2005).

Die Teststatistik des Smirnow-Tests ist das Maximum des Betrags der Differenz zwischen den beiden empirischen Verteilungsfunktionen (Büning & Trenkler, 1994, S. 120):

$$T_S = \max_t \left| \hat{F}(t) - \hat{G}(t) \right| .$$

Eine empirische Verteilungsfunktion kann für eine Stichprobe mit den Werten z_1, z_2, ..., z_n wie folgt bestimmt werden:

$$\hat{F}(x) = \begin{cases} 0 & \text{für} & x < z_{(1)} \\ i/n & \text{für} & z_{(i)} \leq x < z_{(i+1)} \\ 1 & \text{für} & x \geq z_{(n)}, \end{cases}$$

wobei $z_{(1)} < z_{(2)} < \cdots < z_{(n)}$ die geordnete Stichprobe bezeichne. Die empirische Verteilungsfunktion kann auch bei Bindungen bestimmt werden. Bei gebundenen Werten springt die Funktion um ein Vielfaches von $1/n$, je nach Größe der Bindungsgruppe.

Für einen einseitigen Test ist in T_S auf den Betrag zu verzichten. Zudem ist, falls die Alternative als $F(t) < G(t)$ (für mindestens ein t) formuliert ist, das Maximum der Differenz $\hat{G}(t) - \hat{F}(t)$ zu verwenden (Büning & Trenkler, 1994, S. 120).

Da die Nullhypothese H_0: $F = G$ untersucht wird, ist ein Permutationstest im üblichen Sinn möglich. Der Smirnow-Test kann also als exakter Permutationstest durchgeführt werden. Eine asymptotische Verteilung von T_S wird hier nicht vorgestellt. Die Approximation mit einer asymptotischen Verteilung ist nämlich oft recht schlecht, so dass der Smirnow-Test als Permutationstest durchgeführt werden sollte (Berger & Zhou, 2005). Bei großen Fallzahlen kann die Permutationsverteilung basierend auf einer Zufallsstichprobe von Permutationen ermittelt werden.

Beispiel und Umsetzung in SAS

Wang et al. (1997) verglichen die genetische Variabilität beim Mantelpavian *(Papio hamadryas)* zwischen wildlebenden Populationen und Zoo-Populationen. In den Zoos von Frankfurt am Main und Köln betrugen die mittleren Anzahlen an Allelen je Genort 1.03 und 1.10. Für fünf wilde Populationen lauten die entsprechenden Werte: 1.21, 1.21, 1.24, 1.26, 1.35 (Shoetake, 1981; Wang et al., 1997, S. 156).

Zunächst sind die empirischen Verteilungsfunktionen zu bestimmen. Diese lauten

$$\hat{F}(x) = \begin{cases} 0 & \text{für} & x < 1.03 \\ 0.5 & \text{für} & 1.03 \leq x < 1.10 \\ 1 & \text{für} & x \geq 1.10 \end{cases}$$

für die Gruppe der Zoo-Paviane und

$$\hat{G}(x) = \begin{cases} 0 & \text{für} & x < 1.21 \\ 0.4 & \text{für} & 1.21 \leq x < 1.24 \\ 0.6 & \text{für} & 1.24 \leq x < 1.26 \\ 0.8 & \text{für} & 1.26 \leq x < 1.35 \\ 1 & \text{für} & x \geq 1.35 \end{cases}$$

für die Gruppe der wildlebenden Paviane. Die Teststatistik T_S nimmt hier den größtmöglichen Wert 1 an, denn wie die Abbildung 4.1 zeigt, ist $\hat{F}(x)$ zwischen 1.10 und 1.21 bereits 1, während $\hat{G}(x)$ noch 0 ist.

Die Fallzahlen betragen $n_1 = 2$ und $n_2 = 5$. Für den Permutationstest sind daher $\binom{7}{2} = 21$ Permutationen zu berücksichtigen. Unter diesen Permutationen gibt es eine weitere, für die ebenfalls $T_S = 1$ gilt. Und zwar gilt dies für die Permutation, bei der die fünf kleinsten Werte der Gruppe 2 und die beiden größten Werte 1.26 und 1.35 der Gruppe 1 zugeordnet werden. Der p-Wert des exakten Smirnow-Tests lautet daher $2/21 = 0.0952$.

In SAS kann der Smirnow-Test ebenfalls mit der Prozedur NPAR1WAY durchgeführt werden. Und zwar ist nach dem Prozeduraufruf KS oder auch EDF (für „empirical distribution function") anzugeben. Für den exakten Test ist das EXACT-Statement nötig, so dass sich das folgende Programm ergibt:

```
PROC NPAR1WAY EDF;
  CLASS gruppe;
  VAR wert;
  EXACT;
RUN;
```

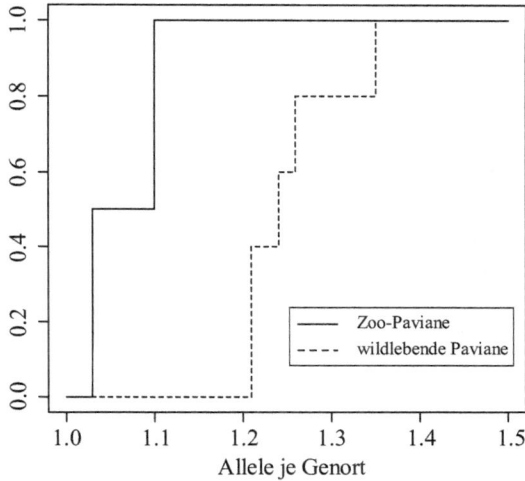

Abbildung 4.1: *Die empirischen Verteilungsfunktionen $\hat{F}(x)$ für die Gruppe der Zoo-Paviane und $\hat{G}(x)$ für die Gruppe der wildlebenden Paviane*

Dieses Programm gibt im Output den zweiseitigen sowie beide möglichen einseitigen Smirnow-Tests an:

```
     Kolmogorov-Smirnov Test for Variable wert
          Classified by Variable gruppe


                       EDF at      Deviation from Mean
gruppe       N        Maximum         at Maximum


1            2       1.000000          1.010153
2            5       0.000000         -0.638877
Total        7       0.285714


     Maximum Deviation Occurred at Observation 2
        Value of wert at Maximum = 1.10

KS   0.4518     KSa   1.1952



Kolmogorov-Smirnov Two-Sample Test

D = max |F1 - F2|        1.0000
Asymptotic Pr >  D       0.1148
Exact      Pr >= D       0.0952

D+ = max (F1 - F2)       1.0000
```

```
Asymptotic Pr >  D+     0.0574
Exact       Pr >= D+     0.0476

D- = max (F2 - F1)       0.0000
Asymptotic Pr >  D-     1.0000
Exact       Pr >= D-     1.0000
```

Trotz der extrem kleinen Fallzahlen wird das asymptotische Testergebnis mit einem p-Wert von 0.1148 mit im Output ausgegeben. Bei größeren Fallzahlen kann mit der Option MC (siehe Kapitel 2.1) selbstverständlich auch ein approximativer Permutationstest mit z. B. 10 000 zufällig ausgewählten Permutationen durchgeführt werden.

Weitere Tests

Im Beispiel liegt eine extreme Permutation vor. In der anderen möglichen extremen Permutation werden die beiden größten Werte 1.26 und 1.35 der Gruppe 1 und die fünf kleinsten Werte der Gruppe 2 zugeordnet. Die Abbildung 4.2 zeigt die empirischen Verteilungsfunktionen für diese Situation.

Der Smirnow-Test betrachtet die maximale Differenz T_S zwischen den beiden empirischen Verteilungsfunktionen. Diese Teststatistik ist auch für die in Abbildung 4.2 dargestellte Situation 1. Allerdings nimmt die Differenz zwischen den beiden empirischen Verteilungsfunktionen hier nur zwischen 1.24 und 1.26 den Wert 1 an. Für die Originaldaten galt dies für den deutlich größeren Abschnitt von 1.10 bis 1.21 (siehe Abbildung 4.1). Mit der Teststatistik T_S des Smirnow-Tests kann man zwischen diesen

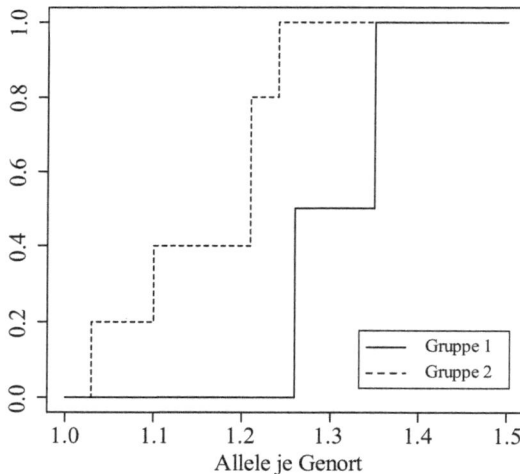

Abbildung 4.2: *Die empirischen Verteilungsfunktionen für die extreme Permutation, dass die beiden größten Werte 1.26 und 1.35 der Gruppe 1 und die fünf kleinsten Werte 1.03, 1.10, 1.21, 1.21 und 1.24 der Gruppe 2 zugeordnet werden*

unterschiedlichen Situationen nicht unterscheiden – im Gegensatz zu manchen anderen Tests. Schröer & Trenkler (1995) betrachteten den alternativen Ansatz, die Fläche zwischen den beiden Verteilungsfunktionen als Teststatistik zu verwenden. Dieser Test ist als Permutationstest durchzuführen, da Schröer & Trenkler (1995) analytisch keine Verteilung der Teststatistik herleiten konnten.

Die Tests BWS und Z_C sind ebenfalls für die allgemeine Alternative $F \neq G$ vorgeschlagen worden. Sie konnten oben in Kapitel 2 nur deshalb für das Lokationsproblem verwendet werden, da vorausgesetzt wurde, dass die Verteilungen F und G bis auf eine mögliche Lokationsverschiebung identisch sind. Simulationsergebnisse von Baumgartner et al. (1998) und Zhang (2006) zeigen, dass die neuen Tests mächtiger sein können als der Smirnow-Test.

Wird der BWS-Test auf das obige Datenbeispiel der genetischen Variabilität beim Mantelpavian angewandt, so nimmt die Teststatistik B bei den beobachteten Daten ihren größtmöglichen Wert 3.3388 an. Bei allen anderen möglichen Permutationen ist B kleiner. Daher ist der exakte BWS-Test bei einem p-Wert von $P_0(B \geq 3.3388) = 1/21 = 0.0476$ zum Niveau 5% signifikant. Wenn bei der anderen extremen Permutation die zwei größten Werte der Gruppe 1 zugeordnet werden, ist $B = 2.3531$.

Der Z_C-Test ist ebenfalls signifikant. Es gilt $Z_C = 1.2861$. Dieser bei diesem Datenbeispiel kleinstmögliche Wert der Teststatistik tritt nur bei einer Permutation auf. Daher ist der p-Wert $P_0(Z_C \leq 1.2861) = 1/21 = 0.0476$. Es sei daran erinnert, dass kleine Werte von Z_C gegen die Nullhypothese sprechen. Bei der anderen extremen Permutation (die beiden größten Werte in Gruppe 1) gilt $Z_C = 1.3107$.

5   Ordinale und metrisch-diskrete Daten

Bereits in der Einleitung wurde darauf hingewiesen, dass ordinale Daten in der Praxis nicht selten vorkommen. Eine Skala heißt ordinal, wenn sich die Messpunkte der Skala der Größe nach ordnen lassen, sich aber Verknüpfungen wie Addition und Subtraktion nicht definieren lassen (Brunner & Munzel, 2002, S. 3). Der Träger einer ordinal skalierten Zufallsvariablen hat in der Regel nur relativ wenige Elemente. Bei den drei von Brunner & Munzel (2002) angegebenen Originaldatensätzen mit ordinalen Daten gibt es vier, fünf und zehn Ausprägungen. Da die Fallzahlen in aller Regel deutlich höher sind, sind Bindungen daher nicht nur möglich, sondern ergeben sich zwangsläufig.

Ähnliches kann für metrisch-diskrete Daten gelten. Solche Daten sind diskret, aber metrisch, d. h. im Gegensatz zu ordinalen Daten lassen sich Differenzen von Messwerten sinnvoll bilden (Brunner & Munzel, 2002, S. 2f.). Beispiele für metrisch-diskrete Daten sind z. B. Zähldaten (Anzahlen). Oft sind aber nur wenige Anzahlen möglich. Die Tabelle 5.1 zeigt ein Beispiel. Es handelt sich um eine Fall-Kontroll-Studie zur Untersuchung eines möglichen Zusammenhangs zwischen einem Allel (Gen) und einer Krankheit. Bei den Fällen handelt es sich um eine Zufallsstichprobe erkrankter Personen, während die Kontrollgruppe eine Zufallsstichprobe aus der Population nicht erkrankter Personen darstellt. Erhoben wird für jede Person die Anzahl an Allelen A. Dieses Allel A wird verdächtigt, die Krankheit zu verursachen oder zumindest zu fördern. Bei diploiden Organismen sind nun aber nur drei Ausprägungen möglich: 0, 1 oder 2 Kopien des Allels A. Demzufolge gibt es auch hier eine Vielzahl von Bindungen. Ein reales Datenbeispiel wird zusammen mit einem SAS-Programm in Kapitel 7.5 vorgestellt.

Der Vergleich von zwei Gruppen mit ordinalen oder metrisch-diskreten Daten ist ein Vergleich zweier Multinomialverteilungen. Für einen derartigen Vergleich wird häufig der WMW-Test empfohlen (z. B. Rahlfs & Zimmermann, 1993; Nanna & Sawilowsky, 1998). Ein linearer Rangtest wie der WMW-Test kann jedoch in dieser Situation für Teile der Alternative eine sehr geringe Power aufweisen (Berger & Ivanova, 2002).

Wegen der vielen Bindungen bei ordinalen oder metrisch-diskreten Daten ist es kaum möglich abzuschätzen, ob die asymptotische Verteilung genutzt werden kann: „The number of ties in each category, the group imbalance, and the choice of rank scores all affect the shape of the permutation distribution in complicated ways, making it difficult to predict whether the asymptotic results for a given data set are reliable" (Mehta et al., 1992, S. 22). Demnach sollte ein Permutationstest und kein asymptotischer Test durchgeführt werden. Alternativ zum WMW-Test oder anderen linearen Rangtests kann natürlich auch der exakte BWS-Test angewandt werden. Der FPP-Test dagegen kann, wie bereits in Kapitel 2 erwähnt, bei ordinalen Daten keine Verwendung finden. Für

Tabelle 5.1: *Verteilung der Genotypen aa, aA und AA in einer Fall-Kontroll-Studie*

	aa	aA	AA	Gesamtzahl
Fälle	r_0	r_1	r_2	n_1
Kontrollen	s_0	s_1	s_2	n_2
Gesamtzahl	$r_0 + s_0$	$r_1 + s_1$	$r_2 + s_2$	N

metrisch-diskrete Daten ist er aber anwendbar. Daher wurde der FPP-Test in die folgende Untersuchung des Vergleichs zweier Multinomialverteilungen mit aufgenommen.

Es sei an dieser Stelle darauf hingewiesen, dass der Standardtest zur Auswertung von Fall-Kontroll-Daten einer 2x3-Kontingenztafel (Tabelle 5.1) ein dem FPP-Test äquivalenter Test ist. Und zwar handelt es sich bei dem Standardtest um den Armitage-Test (Armitage, 1955; Slager & Schaid, 2001), der manchmal auch als Cochran-Armitage-Test bezeichnet wird (siehe z. B. Neuhäuser, 2006). Mit der durch Tabelle 5.1 definierten Notation lautet die Teststatistik des Armitage-Tests $Z = U/\sqrt{\widehat{\mathrm{Var}}(U)}$ mit

$$ U = \sum_{i=0}^{2} x_i \left(\frac{n_2}{N} r_i - \frac{n_1}{N} s_i \right) \quad \text{und} $$

$$ \widehat{\mathrm{Var}}(U) = \frac{n_1 n_2}{N^3} \left(N \sum_{i=0}^{2} x_i^2 (r_i + s_i) - \left(\sum_{i=0}^{2} x_i (r_i + s_i) \right)^2 \right), $$

die x_i, $i = 0, 1, 2$, sind zu vergebene Scores. Z.B. kann die Anzahl der Allele A als Score gewählt werden, d. h. $x_i = i$ (Slager & Schaid, 2001). Der Test kann als Permutationstest oder asymptotisch durchgeführt werden. Die standardisierte Statistik Z ist unter der Nullhypothese asymptotisch standard-normalverteilt.

In einem bedingten Test werden die Randsummen der Kontingenztafel als fix betrachtet. Ohnehin führt jede Permutation der Daten zu einer Kontingenztafel, die die gleichen Randsummen wie die beobachtete Tafel hat. Die Varianzschätzung ist identisch für alle 2x3-Tafeln mit gleichen Randsummen. Daher kann ein Permutationstest auch mit der Statistik U durchgeführt werden. Mit den oben genannten Scores (0, 1, 2) gilt

$$ U = \frac{1}{N} \left(n_2 r_1 - n_1 s_1 + 2 n_2 r_2 - 2 n_1 s_2 \right). $$

Der Unterschied in der mittleren Anzahl der Allele A pro Person zwischen den beiden Gruppen (Fälle und Kontrollen) ist

$$ \Delta = \frac{r_1 + 2 r_2}{n_1} - \frac{s_1 + 2 s_2}{n_2} = \frac{1}{n_1 n_2} \left(n_2 r_1 + 2 n_2 r_2 - n_1 s_1 - 2 n_1 s_2 \right). $$

Tabelle 5.2: *Notation für eine 2xk-Kontingenztafel*

	Resultat 1	Resultat 2	...	Resultat k	Gesamtzahl
Gruppe 1	x_{11}	x_{12}	...	x_{1k}	n_1
Gruppe 2	x_{21}	x_{22}	...	x_{2k}	n_2
Gesamtzahl	m_1	m_2	...	m_k	N

Diese Differenz Δ ist der Statistik U proportional. Der Unterschied hängt nur von den Fallzahlen ab, somit unterscheiden sich U und Δ nur um einen konstanten Faktor. Da Δ als Teststatistik des FPP-Tests verwendet werden kann (siehe Kapitel 2.1), ist der exakte Armitage-Test in dieser Situation dem FPP-Test äquivalent (Neuhäuser, 2002d).

In diesem Kapitel wird erneut die Nullhypothese H_0: $F(t) = G(t)$ für alle t untersucht. Daher ist ein Permutationstest im üblichen Sinn möglich. Die Alternative ist H_1: $F(t) \neq G(t)$ für mindestens ein t. Falls die Alternative gilt, kann eine Lokationsverschiebung vorliegen. Eine kontinuierliche Verschiebung der Unstetigkeitsstellen einer diskreten Verteilung kommt aber in der Praxis kaum vor (Brunner & Munzel, 2002, S. 49).

Im Zweistichproben-Problem können ordinale und metrisch-diskrete Daten mit k Kategorien/Ausprägungen in der Form einer 2xk-Kontingenztafel dargestellt werden (siehe Tabelle 5.2). Jede Permutation der Daten führt zu einer 2xk-Tafel, die die gleichen Randsummen wie die beobachtete Tafel hat. Die Vektoren der Wahrscheinlichkeiten der k Kategorien in den Gruppen 1 und 2 seien mit $\pi_1 = (\pi_{11}, \pi_{12}, \ldots, \pi_{1k})$ und $\pi_2 = (\pi_{21}, \pi_{22}, \ldots, \pi_{2k})$ bezeichnet. Die Elemente der beiden Vektoren addieren sich jeweils zu eins. Nun kann die Nullhypothese $F = G$ auch in der Form $\pi_1 = \pi_2$ dargestellt werden. Die Alternative $F \neq G$ entspricht $\pi_1 \neq \pi_2$.

Da hier das Testproblem H_0: $F = G$ gegen die allgemeine Alternative H_1: $F \neq G$ betrachtet wird, werden wie bei Neuhäuser (2003c) zwei weitere Tests in den Vergleich einbezogen: Pearsons χ^2-Test sowie der Smirnow-Test. Beide Tests können als exakte Permutationstests durchgeführt werden. Der χ^2-Test vergleicht die tatsächlich beobachteten Zellhäufigkeiten mit den unter H_0 zu erwartenden. Er nutzt jedoch nicht das ordinale Skalenniveau der Variable „Resultat" aus.

Die Teststatistik des χ^2-Tests ist

$$X^2 = \sum_{i=1}^{2} \sum_{j=1}^{k} \frac{\left(x_{ij} - \frac{n_i m_j}{N}\right)^2}{\frac{n_i m_j}{N}},$$

wobei die hier verwendete Notation durch Tabelle 5.2 erklärt wird. Für eine 2xk-Kontingenztafel ist die Teststatistik X^2 unter der Nullhypothese asymptotisch χ^2-verteilt mit $k-1$ Freiheitsgraden.

Bei dichotomen Daten ergibt sich mit $k = 2$ eine Vierfeldertafel und somit ein Vergleich zweier Binomialverteilungen. In diesem Fall unterscheidet sich die Teststatistik des χ^2-

Tabelle 5.3: Beispieldaten für eine 2x4-Kontingenztafel

	Resultat 1	Resultat 2	Resultat 3	Resultat 4	Gesamtzahl
Gruppe 1	0	1	4	3	8
Gruppe 2	2	1	1	4	8
Gesamtzahl	2	2	5	7	16

Tests nur um den konstanten Faktor $N/(N-1)$ vom Quadrat der Teststatistik des WMW-Tests (Brunner & Munzel, 2002, S. 67).

Ein weiterer Test für den Vergleich zweier Binomialverteilungen ist Fishers exakter Test. Die Teststatistik ist die Besetzung einer Zelle der Vierfeldertafel. Diese Teststatistik kann als streng monotone Transformation der Teststatistik des exakten WMW-Tests dargestellt werden. Die beiden Teststatistiken sind daher für einen Permutationstest äquivalent. Fishers exakter Test ist somit ein Spezialfall des exakten WMW-Tests (Brunner & Munzel, 2002, S. 65).

Betrachten wir erneut das Beispiel aus dem alten Testament (Kapitel 2.7). Die vier Israeliten waren wohlgenährt, die vier Knechte jedoch nicht. Es ergibt sich daher die folgende Vierfeldertafel:

$$\begin{array}{c|c} 4 & 0 \\ \hline 0 & 4 \end{array}$$

Damit gilt $X^2 = 8$ und als exakter zweiseitiger p-Wert des χ^2-Tests ergibt sich 0.0286. Fishers exakter Test hat ebenfalls den exakten zweiseitigen p-Wert 0.0286. Diese p-Werte stimmen genau mit dem p-Wert des exakten zweiseitigen WMW-Tests überein (siehe Kapitel 2.7).

Aufgrund der vielen Bindungen in einer 2xk-Tafel lässt sich ein Permutationstest in der Regel auch bei großen Fallzahlen durchführen, ohne sich auf eine Zufallsstichprobe aus allen Permutationen beschränken zu müssen. Dies soll an dem in Tabelle 5.3 gezeigten Beispiel veranschaulicht werden.

Für die Daten aus Tabelle 5.3 erhält man $X^2 = 3.943$. Ein asymptotischer χ^2-Test würde einen p-Wert von 0.2677 liefern. Die Kontingenztafel ist aber so schwach besetzt, dass die Nutzung der asymptotischen Verteilung nicht empfehlenswert ist. In diesem Beispiel sind alle erwarteten Häufigkeiten kleiner als 5. Damit ist eine übliche Faustregel klar verletzt. Diese Faustregel besagt, dass ein asymptotischer χ^2-Test durchgeführt werden kann, sofern bei einer Vierfeldertafel alle Zellen bzw. bei größeren Tafeln mindestens 80% der Zellen eine erwartete Häufigkeit von mindestens 5 aufweisen; zudem darf keine erwartete Häufigkeit kleiner als 1 sein (Siegel, 1956, S. 110). Daher wird nun ein Permutationstest durchgeführt.

Permutationen der Werte der beiden Gruppen ändern die Randsummen n_i und m_j nicht. Daher bleiben in einem Permutationstest die Randsummen konstant, man spricht von einem bedingten Test. Im vorliegenden Beispiel gibt es 52 mögliche Tafeln, die Daten auf die acht Felder der 2x4-Kontingenztafel aufzuteilen. Ein Algorithmus, mit dem man diese 52 Tafeln auflisten kann, findet sich weiter unten in diesem Kapitel.

Die möglichen Tafeln mit identischen Randsummen sind nicht gleichwahrscheinlich. Bei Gültigkeit von H_0 ist die Wahrscheinlichkeit für eine Tafel (Weerahandi, 1995, S. 99ff.),

$$P_0(r_{11}, \ldots, r_{2k}) = \frac{n_1! \, n_2! \prod\limits_{j=1}^{k} m_j!}{N! \prod\limits_{j=1}^{k} r_{1j}! \, r_{2j}!},$$

hierbei bezeichnen die r_{ij}'s die Zellhäufigkeiten einer erzeugten Tafel. Diese Wahrscheinlichkeit schwankt für die 52 möglichen Tafeln zwischen 0.00016 und 0.10878.

Woher kommt dieser Unterschied in den Wahrscheinlichkeiten? Mit $n_1 = n_2 = 8$ würde es, wenn keine Bindungen vorlägen, $\binom{16}{8} = 12\,870$ verschiedene Permutationen geben. Hier gibt es nun sehr viele Bindungen, da ja nur vier Ausprägungen der Variable „Resultat" möglich sind. Es sind also nicht alle 12 870 Permutationen voneinander verschieden.

Betrachten wir die beiden Tafeln mit den beiden extremen Wahrscheinlichkeiten. Die Tafel mit der kleinsten Wahrscheinlichkeit 0.00016 ist:

	Resultat 1	Resultat 2	Resultat 3	Resultat 4
Gruppe 1	1	2	5	0
Gruppe 2	1	0	0	7

In drei von vier Spalten stehen hier alle Beobachtungen einer Spalte in einer Zeile. Dort gibt es keine anderen Aufteilungen dieser Werte. In der ersten Spalte steht aber eine 1 in jeder Zeile. Hier könnte man die beiden Beobachtungen andersherum auf die beiden Zeilen verteilen, was die Kontingenztafel nicht ändern würde. Es gibt also $\binom{1+1}{1} = 2$ Permutationen, die zu der obigen Tafel führen. Die Wahrscheinlichkeit bei 12 870 gleichwahrscheinlichen Permutationen ist demnach $2/12\,870 = 0.00016$.

Betrachten wir nun die Tafel mit der größten Wahrscheinlichkeit 0.10878:

	Resultat 1	Resultat 2	Resultat 3	Resultat 4
Gruppe 1	1	1	2	4
Gruppe 2	1	1	3	3

Hier gibt es keine Zelle mit einer 0. Daher gibt es deutlich mehr Permutationen, die zur gleichen Tafel führen. Und zwar gibt es insgesamt $\binom{1+1}{1}\binom{1+1}{1}\binom{2+3}{2}\binom{4+3}{4} = 1\,400$ Permutationen. Die Wahrscheinlichkeit für diese Tafel lautet demnach $1\,400/12\,870 = 0.10878$.

Der p-Wert des exakten Tests ist dann die Wahrscheinlichkeit für die Tafeln, die mindestens so stark wie die beobachtete gegen die Nullhypothese sprechen. Der p-Wert des

χ^2-Permutationstests ist also die Summe der Wahrscheinlichkeiten für die Tafeln, für die im Beispiel $X^2 \geq 3.943$ gilt, diese Summe beträgt $P_0(X^2 \geq 3.943) = 0.3691$.

Der exakte χ^2-Test ist also ein normaler Permutationstest: Die Teststatistik ist Pearsons χ^2-Statistik. Da sehr viele Bindungen vorliegen, führen viele Permutationen zu gleichen Kontingenztafeln. Daher kann man – statt der großen Zahl an möglichen Permutationen – die relativ kleine Zahl der verschiedenen Kontingenztafeln (mit gleichen Randsummen) betrachten. Dabei muss man dann aber berücksichtigen, dass die verschiedenen Tafeln auch unter der Nullhypothese unterschiedlich wahrscheinlich sind. Der Grund für diese unterschiedlichen Wahrscheinlichkeiten ist die Tatsache, dass unterschiedlich viele Permutationen zu den einzelnen Tafeln führen.

Die verschiedenen möglichen Kontingenztafeln, d. h. alle Tafeln mit identischen Randsummen, können mit folgendem Algorithmus nach Williams (1988) gebildet werden:

Die beobachteten Zellhäufigkeiten seien mit x_{ij} $(i = 1, 2; j = 1, 2, \ldots, k)$ bezeichnet (siehe Tabelle 5.2), während die r_{ij}'s die Zellhäufigkeiten einer erzeugten Tafel seien. Es folgt $\sum_{i=1}^{k} x_{1i} = n_1$ und $\sum_{i=1}^{k} x_{2i} = n_2$. Die Zellhäufigkeit r_{11} kann nun die Werte von

$$\max\left(0, n_1 - \sum_{i=2}^{k} m_i\right) \text{ bis } \min(m_1, n_1)$$

annehmen. Für r_{21} gilt $r_{21} = m_1 - r_{11}$. Mit den gegebenen Werten von r_{11} und r_{21} läuft r_{12} von

$$\max\left(0, n_1 - r_{11} - \sum_{i=3}^{k} m_i\right) \text{ bis } \min(m_2, n_1 - r_{11}).$$

Für r_{22} gilt $r_{22} = m_2 - r_{12}$. Mit den gegebenen Werten von $r_{11}, \ldots, r_{1\,j-1}, r_{21}, \ldots, r_{2\,j-1}$ läuft r_{1j} $(j = 3, \ldots, k-1)$ von

$$\max\left(0, n_1 - \sum_{i=1}^{j-1} r_{1i} - \sum_{i=j+1}^{k} m_i\right) \text{ bis } \min\left(m_i, n_1 - \sum_{i=1}^{j-1} r_{1i}\right).$$

Für r_{2j} gilt $r_{2j} = m_j - r_{1j}$. Im letzten Schritt wird $r_{1k} = n_1 - \sum_{i=1}^{k-1} r_{1i}$ und $r_{2k} = m_k - r_{1k}$ gesetzt. Für jede Tafel wird die jeweilige Teststatistik berechnet. Der p-Wert eines exakten Tests ist dann die Wahrscheinlichkeit für die Tafeln, die mindestens so stark wie die beobachtete gegen die Nullhypothese sprechen.

Umsetzung in SAS

Der χ^2-Test kann in SAS mit der Prozedur FREQ wie folgt durchgeführt werden:

```
DATA bsp53;
  INPUT gruppe resultat anzahl;
  CARDS;
  1 1 0
  1 2 1
```

```
1 3 4
1 4 3
2 1 2
2 2 1
2 3 1
2 4 4
;

PROC FREQ;
  TABLES gruppe*resultat;
  WEIGHT anzahl;
  EXACT CHISQ;
RUN;
```

Das Statement EXACT CHISQ ist für den exakten Permutationstest nötig. Auch hier ist mit EXACT CHISQ / MC ein approximativer Permutationstest möglich. Wird nur der asymptotische χ^2-Test benötigt, kann auf das EXACT-Statement verzichtet werden. Stattdessn ist CHISQ im TABLES-Statement anzugeben:
```
TABLES gruppe*resultat / CHISQ;
```

Wird der WMW-Test oder ein anderer Test angewandt, der mit der Prozedur NPAR1WAY durchgeführt werden kann, gehen die Häufigkeiten aus der Kontingenztafel mit einem FREQ-Statement in das Programm ein:

```
PROC NPAR1WAY WILCOXON;
  CLASS gruppe;
  VAR resultat;
  EXACT;
  FREQ anzahl;
RUN;
```

Verwendet man eine Teststatistik, die nicht in einer Prozedur implementiert ist, sind zunächst die verschiedenen möglichen Kontingenztafeln, d. h. alle Tafeln mit identischen Randsummen, zu bilden. Dazu kann der oben aufgeführte Algorithmus von Williams (1988) genutzt werden. Die Wahrscheinlichkeiten der verschiedenen Tafeln können auch mit Hilfe einer logarithmische Transformation berechnet werden (für Details siehe Williams, 1988). Dadurch kann ein p-Wert auch bei großen Fallzahlen sehr schnell ermittelt werden.

Vergleich der Tests

Die Tabelle 5.4 zeigt die Niveauausschöpfung verschiedener Tests, in diesen Vergleich wurden neben dem Smirnow- und dem χ^2-Test die Tests FPP, WMW und BWS einbezogen. Da nun die Verteilung der Daten auf die k Bindungsgruppen zufällig ist, musste das tatsächliche Niveau auch für die Rangtests simuliert werden. Um den FPP-Test durchzuführen, sind die Originalwerte erforderlich. Da wie oben erwähnt, Zähldaten

Tabelle 5.4: Die simulierte Niveauausschöpfung verschiedener Permutationstests ($\alpha = 0.05$)

Anzahl möglicher Kategorien	Wahrscheinlichkeiten $\pi_{11}, \pi_{12}, \ldots, \pi_{1k}{}^{a}$	Simuliertes tatsächliches Niveau				
		FPP	WMW	BWS	KS[b]	χ^2
Fallzahlen: $n_1 = n_2 = 10$						
$k = 3$	$\frac{1}{2}, \frac{1}{4}, \frac{1}{4}$	0.035	0.030	0.033	0.017	0.037
$k = 6$	$\frac{1}{2}, \frac{1}{10}, \frac{1}{10}, \frac{1}{10}, \frac{1}{10}, \frac{1}{10}$	0.040	0.044	0.046	0.026	0.041
$k = 3$	$\frac{1}{3}, \frac{1}{3}, \frac{1}{3}$	0.034	0.033	0.036	0.019	0.038
$k = 4$	$\frac{1}{4}, \frac{1}{4}, \frac{1}{4}, \frac{1}{4}$	0.036	0.038	0.041	0.018	0.047
$k = 5$	$\frac{1}{5}, \frac{1}{5}, \frac{1}{5}, \frac{1}{5}, \frac{1}{5}$	0.038	0.043	0.044	0.022	0.045
$k = 6$	$\frac{1}{6}, \frac{1}{6}, \frac{1}{6}, \frac{1}{6}, \frac{1}{6}, \frac{1}{6}$	0.038	0.044	0.046	0.022	0.043
Fallzahlen: $n_1 = 5$, $n_2 = 10$						
$k = 5$	$\frac{1}{5}, \frac{1}{5}, \frac{1}{5}, \frac{1}{5}, \frac{1}{5}$	0.038	0.036	0.047	0.028	0.039
Fallzahlen: $n_1 = 10$, $n_2 = 20$						
$k = 5$	$\frac{1}{5}, \frac{1}{5}, \frac{1}{5}, \frac{1}{5}, \frac{1}{5}$	0.042	0.045	0.049	0.028	0.047

[a] $\pi_1 = \pi_2$ da H_0
[b] KS = Smirnow-Test

(Anzahlen) zu metrisch-diskret verteilten Zufallsvariablen führen, wurden die Originaldaten auf $1, 2, \ldots, k$ gesetzt. Es sei darauf hingewiesen, dass andere Festsetzungen möglich sind. Bei den in Tabelle 5.1 dargestellten Fall-Kontroll-Daten hat die erste Kategorie den Wert 0 (Anzahl Allele A); bei dem in Kapitel 7.4 vorgestellten Beispiel sind die möglichen Anzahlen 3, 4 und 5. Die Festsetzung der „Originalwerte" beeinflusst jedoch nur den FPP-Test. Die genannten äquidistanten Werte ergeben gleiche p-Werte. Bei anderen Wahlen sind die Unterschiede zwischen den verschiedenen Möglichkeiten, zumindest für den t-Test, oftmals nur gering (Labovitz, 1970).

Der BWS-Test schöpft das Niveau deutlicher aus als die Tests FPP, WMW und Smirnow. Lediglich der FPP-Test hat bei einer Konfiguration eine geringfügig höhere Size. Insbesondere die Konservativität des Smirnow-Tests im Falle von Bindungen ist nicht überraschend (Büning & Trenkler, 1994, S. 122). Die Niveauausschöpfung des χ^2-Tests ist teilweise geringer und teilweise höher als die des BWS-Tests.

Die Tabellen 5.5 und 5.6 zeigen den Gütevergleich. Sowohl für Lokationsverschiebungen (Tabelle 5.5) als auch für allgemeinere Alternativen (Tabelle 5.6) ist der BWS-Test trennschärfer als die Tests FPP, WMW und Smirnow. Oft ist der Güteunterschied beträchtlich. Dagegen zeigt der Vergleich zwischem dem BWS- und dem χ^2-Test keinen eindeutigen Gewinner. Der BWS-Test hat jedoch den Vorteil, dass er unabhängig davon

Tabelle 5.5: *Die simulierte Power verschiedener Permutationstests für Lokationsverschiebungen ($\alpha = 0.05$)*

Wahrscheinlichkeiten			——— Simulierte Power ———				
$\pi_{i1}, \pi_{i2}, \ldots, \pi_{ik}$	n_1	n_2	FPP	WMW	BWS	KS^a	χ^2
Anzahl möglicher Kategorien: $k = 6$							
Gruppe 1: 0.6, 0.1, 0.1, 0.1, 0.1, 0							
Gruppe 2: 0, 0.6, 0.1, 0.1, 0.1, 0.1	5	10	0.23	0.41	0.72	0.49	0.75
	10	10	0.28	0.53	0.79	0.67	0.90
	10	20	0.40	0.64	0.99	0.84	0.99
Gruppe 1: $\frac{1}{4}, \frac{1}{4}, \frac{1}{4}, \frac{1}{4}, 0, 0$							
Gruppe 2: $0, 0, \frac{1}{4}, \frac{1}{4}, \frac{1}{4}, \frac{1}{4}$	5	10	0.81	0.75	0.82	0.49	0.42
	10	10	0.97	0.94	0.96	0.73	0.73
Anzahl möglicher Kategorien: $k = 5$							
Gruppe 1: 0.7, 0.1, 0.1, 0.1, 0							
Gruppe 2: 0, 0.7, 0.1, 0.1, 0.1	5	10	0.36	0.60	0.88	0.75	0.87
	10	10	0.49	0.74	0.94	0.89	0.97

^{a} KS = Smirnow-Test

angewandt werden kann, ob und ggf. wie viele Bindungen vorliegen. Der χ^2-Test hängt dagegen bei wenigen Bindungen oder stetigen Verteilungen davon ab, wie viele und wie große Kategorien gebildet werden. Da dieses „binning" der Daten mehr oder weniger willkürlich ist, sollte der χ^2-Test allenfalls bei sehr vielen Bindungen als Alternative zum BWS-Test in Betracht gezogen werden.

Bei allgemeinen Alternativen ist es möglich, dass sich die beiden Verteilungsfunktionen schneiden, siehe z. B. den Fall $k = 3$ in Tabelle 5.6. Horn (1990) zeigte, dass der WMW-Test in diesem Fall eine sehr geringe Güte aufweisen kann. Die Power des BWS-Tests wie auch die des χ^2-Tests ist jedoch auch in dieser Situation hoch.

Für ein einseitiges Testproblem kann die Alternative wie folgt definiert werden (Berger & Ivanova, 2002):

$$\mathrm{H}_1^> : \sum_{i=1}^{l} \pi_{1i} \geq \sum_{i=1}^{l} \pi_{2i} \text{ für alle } l = 1, \ldots, k \text{ und } \pi_1 \neq \pi_2 .$$

In diesem Fall sind sich schneidende Verteilungsfunktionen ausgeschlossen. Berger & Ivanova (2002) zeigten, dass es für H_0 vs. $\mathrm{H}_1^>$ im allgemeinen keinen optimalen Test gibt. Der auf B^* basierende BWS-Test hat jedoch auch im einseitigen Testproblem eine vergleichsweise hohe Güte. Die Ergebnisse des Size- und Powervergleichs sind denen der Tabellen 5.4 bis 5.6 sehr ähnlich (Neuhäuser, 2005b). Daher wird hier auf die Präsentation der Ergebnisse verzichtet.

Tabelle 5.6: Die simulierte Power verschiedener Permutationstests für allgemeine Alternativen ($\alpha = 0.05$)

Wahrscheinlichkeiten $\pi_{i1}, \pi_{i2}, \ldots, \pi_{ik}$	n_1	n_2	FPP	WMW	BWS	KS[a]	χ^2
Anzahl möglicher Kategorien: $k = 3$							
Gruppe 1: 0.6, 0.2, 0.2							
Gruppe 2: 0.1, 0.8, 0.1	5	10	0.22	0.35	0.56	0.41	0.51
	10	10	0.21	0.34	0.55	0.46	0.70
	10	20	0.38	0.51	0.88	0.80	0.87
Anzahl möglicher Kategorien: $k = 6$							
Gr. 1: 0.5, 0.1, 0.1, 0.1, 0.1, 0.1							
Gr. 2: 0.1, 0.5, 0.1, 0.1, 0.1, 0.1	10	10	0.07	0.16	0.30	0.23	0.50
Gr. 2: 0.1, 0.1, 0.5, 0.1, 0.1, 0.1	10	10	0.17	0.24	0.38	0.31	0.50
Gr. 2: 0.1, 0.1, 0.1, 0.5, 0.1, 0.1	10	10	0.33	0.36	0.46	0.38	0.50
	5	10	0.27	0.25	0.38	0.30	0.35
	10	20	0.48	0.47	0.64	0.57	0.63
Gr. 2: 0.1, 0.1, 0.1, 0.1, 0.5, 0.1	10	10	0.48	0.48	0.55	0.43	0.50
Gr. 2: 0.1, 0.1, 0.1, 0.1, 0.1, 0.5	10	10	0.58	0.63	0.63	0.47	0.50

[a] KS = Smirnow-Test

Zusammenfassend können die auf B bzw. B^* basierenden exakten Tests daher auch für ordinale und metrisch-diskrete Daten empfohlen werden (Neuhäuser, 2003c). Der BWS-Test ist weniger konservativ und trennschärfer als der in der Praxis sehr häufig verwendete WMW-Test. Darüber hinaus ist er gemäß der Simulationsergebnisse mächtiger als die Tests Smirnow und FPP. Letzterer ist zudem bei lediglich ordinalem Messniveau nicht anwendbar. Der Vergleich zwischen BWS- und χ^2-Test zeigt keinen eindeutigen Gewinner. Der BWS-Test hat jedoch den Vorteil, unabhängig davon, ob und ggf. wie viele Bindungen vorliegen, angewandt werden zu können. Für den χ^2-Test kann dagegen ein willkürliches „binning" der Daten notwendig sein.

6   Zur Konservativität von Permutationstests

> „choosing a conservative test is equivalent to discarding
> data which may have been collected at considerable cost"
> (Williams, 1988, S. 431).

Wie in Kapitel 2 besprochen, ist das Randomisierungsmodell in der Praxis häufig eher
angemessen als das Populationsmodell. Dies gilt z. B. für randomisierte klinische Studi-
en, die in aller Regel auf einem „convenience sample" und nicht auf einer Zufallsstichprobe basieren. Für diese Studien ist ein Permutationstest nicht nur das Verfahren der
Wahl, sondern laut Tukey (1993) der „platinum standard". Dennoch wird längst nicht
in allen Fällen, in denen es sinnvoll und möglich ist, ein Permutationstest durchgeführt.
Der Grund dafür sind die Nachteile exakter Permutationstests.

Permutationstest sind zum einen sehr Computer-intensiv, da bei großen Fallzahlen
sehr viele Permutationen möglich sind. Obwohl dies insbesondere bei mehr als zwei
Gruppen gilt, ist dieser Punkt auch im Zweistichproben-Problem relevant. Z. B. sind
bei $n_1 = n_2 = 20$ bereits mehr als 137 Millarden Permutationen zu berücksichtigen.
Bootstrap-Verfahren sind natürlich ebenfalls Computer-intensiv. Dieser Nachteil wird
jedoch immer unbedeutender. Zum einen sind leistungsfähige Algorithmen entwickelt
worden (siehe z. B. Good, 2000, Kapitel 13). Zum anderen hat die Leistungsfähigkeit
moderner Computer Dimensionen erreicht, die für R. A. Fisher sicher undenkbar waren,
als er in den 1930er Jahren die Permutationstests einführte. Darüber hinaus besteht die
Möglichkeit, einen Permutationstest approximativ auf Basis einer Stichprobe aus allen
Permutationen durchzuführen.

Der zweite Nachteil von Permutationstests ist deren Konservativität. Der Grund ist
die Diskretheit der Permutationsverteilung, insbesondere bei kleinen Fallzahlen. „This
conservatism, which is entirely attributable to the discreteness of the test statistic, is
the price you pay for exactness" (Cytel, 2007, S. 1231). Ryman & Jorde (2001, S. 2371)
sprechen davon, dass Permutationstests „necessarily conservative" seien. Dennoch empfehlen sie, diese Tests wenn möglich anzuwenden. Nach Berger (2000) liegt es an der
Konservativität, dass die Vorteile der Permutationstests nach wie vor in der Literatur
diskutiert werden. Selbstverständlich ist nicht die Konservativität selbst, sondern der
daraus resultierende Güteverlust das Problem. Berger (2000, S. 1325) schreibt: „It is
this ensuing loss of power, and not the conservatism itself, that is a concern".

Im Laufe der Jahrzehnte sind viele Ansätze vorgeschlagen worden, die Konservativität
zumindest zu reduzieren. Eine Möglichkeit ist ein randomisierter Test. Bei diesem Test
entscheidet ggf. ein zusätzliches Zufallsexperiment, ob die Nullhypothese abgelehnt wird

oder nicht (für Details siehe z. B. Büning & Trenkler, 1994, S. 34f.). Dieser Ansatz ist jedoch für die Praxis nicht akzeptabel (Mehta & Hilton, 1993; Senn 2007), da die Testentscheidung nicht nur von den Messwerten abhängt und daher nicht reproduzierbar ist. Auf den ersten Blick mag man argumentieren, dass dies auch für approximative Permutationstests gilt. Das Ergebnis eines approximativen Permutationstests ist jedoch bei einer nicht zu kleinen Anzahl betrachteter Permutationen sehr genau. Zudem kann, z. B. wenn der p-Wert dem Niveau nahe ist, die Genauigkeit durch eine Vergrößerung der Stichprobe der Permutationen beliebig erhöht werden. Diese Vergrößerung kann formal wie ein sequentieller Test gestaltet werden (Lock, 1991).

Bei einem randomisierten Test ist dies nicht möglich. Wenn bei einem bestimmten Wert der Teststatistik die Nullhypothese mit einer Wahrscheinlichkeit, die nicht allzu weit von 0.5 entfernt liegt, zu verwerfen ist, ist das Ergebnis nicht reproduzierbar.

Ein weiterer, ebenfalls recht „alter" Vorschlag ist, einen mid-p-Wert zu verwenden (Lancaster, 1961). Der übliche p-Wert ist die Wahrscheinlichkeit $P_0(T \geq t^*)$, wobei T die Teststatistik und t^* ihren realisierten Wert bezeichnen, P_0 sei die Wahrscheinlichkeit unter der Nullhypothese. Einen mid-p-Wert erhält man, indem die Hälfte der Wahrscheinlichkeit für den beobachteten Wert der Teststatistik vom exakten p-Wert subtrahiert wird, d. h. der mid-p-Wert ist $P_0(T > t^*) + 0.5 P_0(T = t^*)$ (siehe z. B. Agresti, 2003). Ein mid-p-Wert ist demnach genau die Mitte des von Berger (2000, 2001) definierten p-Wert-Intervalls $[P_0(T > t^*), P_0(T \geq t^*)]$. Im Gegensatz zum randomisierten Test hängt die Testentscheidung bei Verwendung eines mid-p-Werts nur von den Daten ab. Der Ansatz kann trotzdem nicht empfohlen werden, da das Niveau nicht garantiert wird (siehe z. B. Agresti, 2003).

Die einem Zweistichprobenvergleich zugrundeliegenden Daten lassen sich in einer 2xk-Kontigenztafel darstellen. Liegen keine Bindungen vor, hat die Tafel die Dimension 2xN. Als Zellhäufigkeiten kommen dann lediglich die Werte 0 und 1 vor, und für alle Spalten ist die Randsumme 1. Im Falle von Bindungen reduziert sich die Anzahl der Spalten (d. h. es gilt $k < N$), und Spaltensummen, die größer als 1 sind, treten auf. In diesem Fall sind die Wahrscheinlichkeiten für die verschiedenen Tafeln ungleich (siehe Kapitel 5). Man kann nun die Tafeln bei der Berechnung des p-Wertes ausschließen, die den gleichen Wert der Teststatistik liefern, aber eine größere Wahrscheinlichkeit als die beobachtete Tafel haben (Chen et al., 1997). Mit „Ausschließen" ist hier gemeint, dass diese Tafeln als weniger stark gegen die Nullhypothese sprechend angesehen werden, so dass die Wahrscheinlichkeiten für diese Tafeln nicht in den p-Wert eingehen. Dieser Ansatz ist, was die Niveaueinhaltung angeht, zulässig (Agresti, 2003), denn für den p-Wert gilt $P_0(\text{p-Wert} \leq \alpha) \leq \alpha$ für $0 < \alpha < 1$.

Dennoch spielt dieser Ansatz in den Anwendungen keine nennenswerte Rolle. Der entscheidende Grund hierfür dürfte die problematische inhaltliche Rechtfertigung dafür sein, Tafeln mit dem gleichen Wert der Teststatistik auszuschließen. Denn diese Tafeln sprechen eigentlich genauso stark wie die beobachtete Tafel gegen die Nullhypothese und sind daher aus prinzipiellen Gründen bei der p-Wert-Berechnung zu berücksichtigen.

Beim zuletzt genannten Ansatz kann die Wahrscheinlichkeit als *Back-up*-Statistik angesehen werden, die die Permutationen innerhalb der Bindungsgruppen der Teststatistik ordnet. Wie bereits in Kapitel 2 erwähnt, ist in einem Permutationstest die Ordnung der Permutationen der entscheidende Beitrag der Teststatistik. Permutationen, die zum gleichen Wert der Teststatistik führen, können jedoch nicht geordnet werden. Eine Back-up-Statistik ist nun eine zweite Statistik, die die Permutationen innerhalb dieser Bindungsgruppen ordnet. Dieser Ansatz ergibt einen p-Wert innerhalb des von Berger (2000, 2001) definierten p-Wert-Intervalls. Ohne Back-up-Statistik ist der p-Wert gleich der oberen Grenze $P_0(T \geq t^*)$ des Intervalls. Streitberg & Roehmel (1990) geben ein Beispiel mit der Wilcoxon-Rangsumme als primärer Teststatistik und der Ansari-Bradley-Statistik als Back-up. Cohen & Sackrowitz (2003) empfehlen Back-up-Statistiken für die Auswertung von Kontingenztafeln.

Ein exakter Test ist wegen der Diskretheit der Teststatistik häufig konservativ und kann dann das vorgegebene nominale Signifikanzniveau α nicht komplett ausschöpfen. Boschloo (1970) schlug vor, in dieser Situation ein neues Niveau γ (mit $\gamma \geq \alpha$) so auszuwählen, dass das tatsächlich erreichbare Niveau das nominale Niveau α nicht überschreitet. Bei diesem Ansatz kann der Test unverändert durchgeführt werden, der p-Wert ist dann allerdings mit γ zu vergleichen. Der Nachteil dieses Ansatzes ist die Abhängigkeit von γ nicht nur von der verwendeten Teststatistik, sondern auch von α, den Fallzahlen und dem beobachteten Bindungsmuster. Für Fishers exakten Test gibt Boschloo (1970) umfangreiche Tabellen für γ an.

Ein weiterer Ansatz ist ein sogenannter unbedingter Test. Werden in der Zweistichproben-Situation die Daten in Form einer 2xk-Kontingenztafel dargestellt, sind die Randsummen der beiden Zeilen fest. Denn bei diesen Werten handelt es sich um die Fallzahlen. In einem bedingten Test werden zur Ermittlung der Permutationsverteilung nun lediglich die Tafeln berücksichtigt, bei denen alle Randsummen mit denen der beobachteten Tafel übereinstimmen. Es werden also auch die Spaltensummen, die im Gegensatz zu den Zeilensummen nicht durch das Design vorgegeben sind, als fix betrachtet. In einem unbedingten Test sind die Spaltensummen nicht fix, d. h. es werden auch Tafeln mit anderen Spaltensummen berücksichtigt. In der Zweistichprobensituation bedeutet dies, dass in einem unbedingten Test Vorkommen und Häufigkeit von Bindungen variiert werden – wie in einem Bootstrap-Test. In einem bedingten Test werden nur Tafeln mit identischen Bindungsstrukturen betrachtet, d. h. es wird eine bedingte Verteilung verwendet: „consider the conditional distributions of the statistics concerned given that the number of observations in each tied group is a fixed constant" (Putter, 1955, S. 368).

Welcher der beiden Ansätze eher angemessen ist, wird für den Vergleich von Binomialverteilungen seit den 1940er Jahren kontrovers diskutiert (Mehta & Hilton, 1993). Die Debatte ist nicht abgeschlossen und dauert an (siehe z. B. Mehrotra et al., 2003; Proschan & Nason, 2009). Mehta & Hilton (1993, S. 91) schreiben: „[The] controversy ... is still unresolved because ultimately the choice is philosophical rather than statistical."

Das Hauptargument für einen unbedingten Test ist, dass die Teststatistiken in diesem Fall in aller Regel weniger diskret sind. Dadurch kann die Konservativität reduziert werden, was sich wiederum positiv auf die Power auswirkt. R. A. Fisher, D. R. Cox und andere behaupten jedoch, dass der Gewinn an Power eine Illusion sei und auf einem falschen Verständnis wissenschaftlicher Inferenz beruhe. Die Spaltensummen und damit die Bindungsstruktur haben nämlich fast keine Information darüber, ob die Nullhypothese $F = G$ gilt, aber sie geben Informationen über die Präzision, mit der die Nullhypothese getestet wird. Für die bedingte Vorgehensweise spricht nun, dass nur Versuchsergebnisse, die genauso viel Information enthalten, in die Referenzmenge der möglichen Ergebnisse einbezogen werden sollten. Daher sollten die Spaltensumen für die hypothetischen Wiederholungen des Experiments auf die beobachteten Werte festgelegt werden.

Im Randomisierungsmodell gibt es ein weiteres Argument für den bedingten Ansatz. Da keine Zufallsstichprobe vorliegt, kann man die Versuchseinheiten, also z. B. die Patienten einer klinischen Studie, als fix ansehen. Die Aufteilung dieser festen Versuchseinheiten auf die beiden Gruppen beeinflusst die Spaltensummen unter H_0 nicht. Daher sollte auf die beobachteten Werte der Spaltensummen bedingt werden, d. h. diese Summen werden nicht variiert (Cox, 1958; Berger, 2000).

Wie in den vorigen Kapiteln gezeigt wurde, schöpfen auf den Statistiken B bzw. B^* basierende Tests das Niveau häufig nahezu komplett aus, selbst bei relativ kleinen Fallzahlen. In aller Regel sind sie zumindest weniger konservativ als gängige Alternativen. Der Hauptgrund für einen unbedingten Test entfällt daher oder ist zumindest abgeschwächt. Analoges gilt bzgl. der anderen Ansätze zur Verringerung der Konservativität. Diesen Ansätzen ist ihre Existenzberechtigung ganz oder teilweise entzogen, wenn Teststatistiken wie B oder B^* zur Verfügung stehen (Neuhäuser, 2005a).

Betrachten wir ein Beispiel. Die Fallzahl pro Gruppe ist 10, es gibt keine Bindungen, und die Ränge der Beobachtungen aus Gruppe 1 lauten wie folgt: 4, 6, 8, 13, 15, 16, 17, 18, 19 und 20. Dieses Beispiel entstammt dem Vergleich der Gruppen 2 und 3 bei Neuhäuser & Bretz (2001, S. 579). Mit den Tests WMW und BWS erhält man die folgenden Ergebnisse: $W = 136$ mit p = 0.0185 und $B = 3.7582$ mit p = 0.0146. Die Wahrscheinlichkeit $P_0(T = t^*)$, die zur Hälfte vom p-Wert abgezogen wird, um den mid-p-Wert zu ermitteln, beträgt

$$P_0(W = 136) = 356/184756 = 0.0019 \text{ bzw.}$$

$$P_0(B = 3.7582) = 2/184756 = 0.00001.$$

Wenn in diesem Beispiel, wie bei vielen Software-Paketen üblich, der p-Wert mit vier Nachkommastellen angegeben wird, kann man beim BWS-Test den Unterschied zwischen dem p- und dem mid-p-Wert nicht erkennen. Beim WMW-Test reichen dagegen drei Nachkommatsellen aus, um den Unterschied darzustellen.

Ebenso ist der Einfluss einer Back-up-Statistik unterschiedlich stark. Beim BWS-Test können lediglich die zwei Permutationen mit $B = 3.7582$ von einer Back-up-Statistik geordnet werden. Eine Back-up-Statistik kann demnach kaum etwas bewirken. Beim WMW-Test sind dagegen 356 Permutationen mit $W = 136$ ohne Back-up-Statistik ungeordnet.

Das Ausmaß der Konservativität kann – unabhängig von α – mit dem p-Wert-Intervall nach Berger (2001) quantifiziert werden. Die obere Grenze dieses Intervalls ist der gewöhnliche p-Wert. Für die untere Grenze wird die Wahrscheinlichkeit, dass die Teststatistik genau den beobachteten Wert annimmt, nicht berücksichtigt. Für das vor wenigen Zeilen besprochene Beispiel ergibt der WMW-Test das p-Wert-Intervall 0.0166–0.0185. Mit dem BWS-Test erhält man das Intervall 0.0146–0.0146. Die Länge dieses Intervalls beträgt 0.00001, so dass vier Nachkommastellen nicht ausreichen, um zu zeigen, dass es sich tatsächlich um ein Intervall handelt. Das p-Wert-Intervall zeigt also ebenfalls die deutlich geringere Konservativität des BWS-Tests im Vergleich zum WMW-Test.

7 Weitere Beispiele für den Vergleich von zwei Gruppen

Im folgenden werden die in den Kapiteln 2 bis 5 diskutierten Tests an realen Datensätzen illustriert. Die dazu ausgewählten Daten stammen aus verschiedenen Anwendungsgebieten. Bei den ersten beiden Beispielen handelt es sich um ein pädagogisches Experiment sowie um eine klinische Studie mit jeweils einer Behandlungs- und einer Kontrollgruppe. Im dritten und vierten Beispiel werden Bleibelastungen verschiedener Bodenproben bzw. Brutgrößen verschiedener Vogelnester verglichen. Das fünfte Beispiel ist eine Fall-Kontroll-Studie aus der genetischen Epidemiologie.

7.1 Ein Lokationsunterschied

Williams & Carnine (1981) untersuchten eine neue Lernmethode für Vorschulkinder. Vierzehn Kinder wurden per Randomisierung auf zwei gleich große Gruppen aufgeteilt. In der Versuchsgruppe wurde die neue Methode angewandt, während die Kinder in der Kontrollgruppe nach einer herkömmlichen Methode lernten. Erhoben wurde für jedes Kind die Anzahl korrekter Identifizierungen in jeweils 18 Beispielen. Bezüglich weiterer Details dieses Versuchs sei auf Williams & Carnine (1981) verwiesen. Die Rohdaten wurden von Gibbons (1993, S. 31) aufgelistet und sind hier in Tabelle 7.1 wiedergegeben.

Tabelle 7.1: *Die Anzahl korrekter Identifizierungen in zwei Gruppen von Vorschulkindern (Williams & Carnine, 1981; Gibbons, 1993, S. 31)*

Versuchsgruppe	15	18	8	15	17	16	13
Kontrollgruppe	10	5	4	9	12	6	7

In diesem Beispiel handelt es sich nicht um Zufallsstichproben aus definierten Grundgesamtheiten. Vielmehr wurden die Gruppen per Randomisierung gebildet. Demzufolge sind das Randomisierungsmodell und somit Permutationstests angemessen. Zudem spricht die kleine Fallzahl in Kombination mit einer Bindung für Permutationstests.

Die Abbildung 7.1 zeigt den Boxplot für dieses Datenbeispiel. Es sind deutliche Unterschiede vor allem in den Lagezentren der beiden Gruppen zu erkennen. Die Lokations-Skalen-Tests ergeben signifikante Ergebnisse. Bei Verwendung von Mittel-Rängen beträgt der p-Wert des Lepage-Tests 0.0064. Wird der mittels der BWS-Statistik modifi-

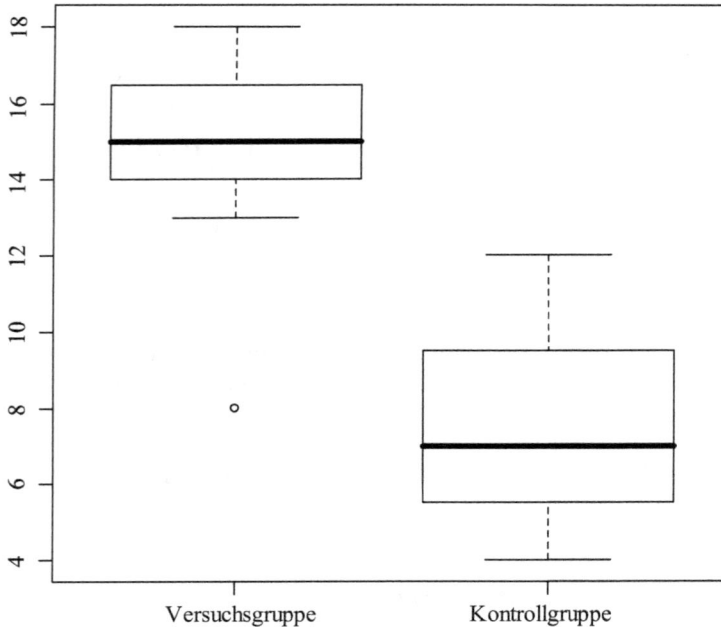

Abbildung 7.1: *Boxplot für die Williams & Carnine (1981)-Daten aus Tabelle 7.1*

zierte Lepage-Test L_M verwendet, verkleinert sich der p-Wert auf 0.0029. Der Cucconi-Test ergibt mit $C = 3.7928$ ebenfalls einen p-Wert von 0.0064. Da es eine Bindung gibt, verändert sich das Ergebnis des Cucconi-Tests, wenn die Gruppen vertauscht werden (siehe Kapitel 3.1). Der Unterschied ist hier allerdings gering: Man erhält $C = 3.7964$ und einen p-Wert von 0.0061.

Wenn in einem Abschlusstest zunächst ein Lokations-Skalen-Test durchzuführen ist, kann wegen der Signifikanz daher nun in einem zweiten Schritt separat auf Lage- und Variabilitätsunterschiede getestet werden.

Für den Test auf Lageunterschiede kann der von Brunner & Munzel (2000) vorgeschlagene Test verwendet werden, man erhält $W_{BF} = 6.48$. Die exakte Permutationsverteilung ergibt den p-Wert p = 0.0035, so dass die Nullhypothese $H_0^{BF}: p = 1/2$ zum Niveau 5% verworfen werden kann.

Der Bootstrap-t-Test ergibt die Teststatistik $t_{BF} = 4.22$ und mit 20 000 Bootstrap-Stichproben den p-Wert 0.0052. Der von Manly & Francis (2002) vorgeschlagene D.O-Test führt ebenfalls zu einen sehr kleinen p-Wert: 0.0039. Die für diesen Test nötige Bootstrap-Validierung (mit 5 000 Bootstrap-Stichproben durchgeführt) schätzte das tatsächliche Niveau des Tests allerdings auf 7.2%. Dieser Wert ist signifikant größer als 5%, so dass die D.O-Testprozedur die Nullhypothese nicht ablehnen kann. Das Beispiel illustriert somit den Güteverlust der D.O-Testprozedur durch die Boostrap-Validierung.

Um die Gleichheit der Variabilitäten zu testen, wurden die Werte $\widetilde{Z}_{ij}$ bestimmt. Mit diesen Werten ergibt sich kein Hinweis auf Unterschiede. Der p-Wert des FPP-Tests nach dieser Levene-Transformation ist 1.

Insgesamt gibt es demnach Unterschiede zwischen den beiden Gruppen, allerdings nur bezüglich der Lage. Demnach ist das in Kapitel 2 besprochene Lokationsmodell für diesen Datensatz angemessen. Die dort vorgestellten Tests ergeben die folgenden Resultate:

$$
\begin{aligned}
\text{FPP-Test:} \quad & P = 24.5, \quad \text{p} = 0.0035, \\
\text{WMW-Test:} \quad & W = 74, \quad \text{p} = 0.0035, \\
\text{BWS-Test:} \quad & B = 5.17, \quad \text{p} = 0.0029.
\end{aligned}
$$

Im Lokationsmodell zeigen diese Resultate ebenfalls einen Lageunterschied. Konsistent mit den Simulationsergebnissen aus Abschnitt 2.4 deutet der kleinere p-Wert an, dass der BWS-Test vorteilhaft sein kann.

7.2 Eine klinische Studie

In einer klinischen Studie wurden 20 Personen per Randomisierung auf zwei Gruppen gleicher Größe aufgeteilt. In einer Gruppe wurde ein Medikament verabreicht, in der anderen Gruppe ein Placebo-Präparat. Es wurde die Reaktionszeit gemessen, die benötigt wurde, um auf ein visuelles Signal zu reagieren. Die Tabelle 7.2 zeigt die Daten dieser Studie (nach Sedlmeier & Renkewitz, 2008, S. 583).

Wie im vorigen Beispiel handelt es sich bei einer klinischen Studie in aller Regel nicht um Zufallsstichproben aus definierten Grundgesamtheiten. Da die Gruppen per Randomisierung gebildet werden, sind also auch hier das Randomisierungsmodell und somit Permutationstests angemessen.

Die Abbildung 7.2 zeigt den Boxplot für dieses Datenbeispiel. Es sind Unterschiede sowohl in der Lage als auch in der Variabilität zu erkennen. Dies zeigen auch die in Tabelle 7.2 mit aufgeführten Mittelwerte und empirische Varianzen. Daher ist es nicht verwunderlich, dass die Lokations-Skalen-Tests zum 5%-Niveau signifikant sind.

Tabelle 7.2: *Reaktionszeiten (in msec) in zwei Gruppen einer klinischen Studie (Sedlmeier & Renkewitz, 2008, S. 583)*

Placebo	aktives Medikament
154, 155, 158, 159, 161	171, 172, 178, 179, 184
163, 177, 183, 192, 219	185, 186, 194, 196, 223
Mittelwert: 172.1	Mittelwert: 186.8
Varianz: 437.2	Varianz: 229.5

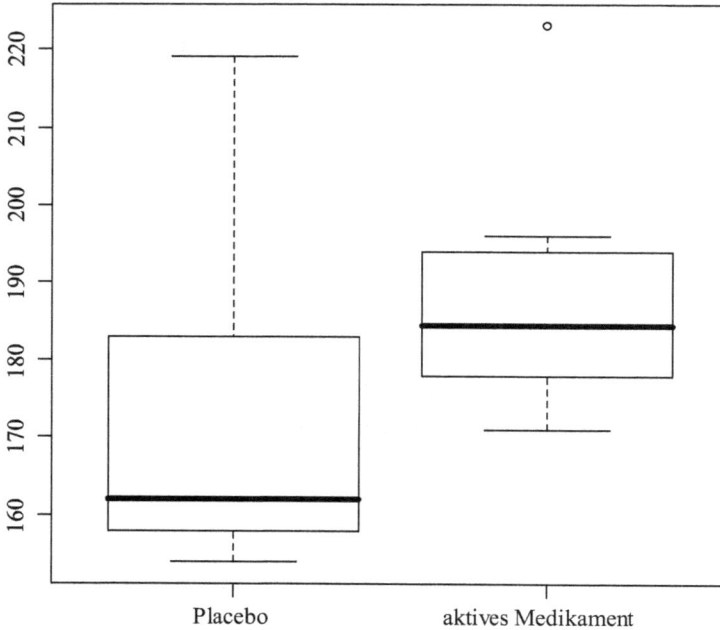

Abbildung 7.2: *Boxplot für die Sedlmeier & Renkewitz (2008)-Daten aus Tabelle 7.2*

Die Teststatistik des Lepage-Tests beträgt 6.3455. Bei Nutzung der asymptotischen Verteilung ergibt sich ein p-Wert von 0.0419, die Permutationsverteilung führt zu dem etwas kleineren p-Wert 0.0340. Wird der mittels der BWS-Statistik modifizierte Lepage-Test verwendet, erhält man $L_M = 8.3143$ und einen p-Wert von 0.0329. Der Cucconi-Test ergibt mit $C = 3.0404$ ebenfalls einen signifikanten p-Wert von 0.0387.

Daher kann auch in diesem Beispiel nun in einem zweiten Schritt separat auf Lage- und Variabilitätsunterschiede getestet werden. Testet man mit dem Brunner-Munzel-Test auf Lageunterschiede, so erhält man $W_{BF} = 2.45$. Die exakte Permutationsverteilung ergibt den p-Wert p $= 0.0345$, so dass die Nullhypothese H_0^{BF}: $p = 1/2$ zum Niveau 5% verworfen werden kann. Mit der approximativen t-Verteilung ergibt sich ein p-Wert von 0.0309. Konsistent mit der Signifikanz unterscheidet sich der geschätzte Wert des relativen Effekts deutlich von 0.5: $\hat{p} = 0.78$. Der Bootstrap-t-Test mit der Teststatistik t_{BF} und 20 000 Bootstrap-Stichproben ergibt jedoch zum 5%-Niveau keine Signifikanz, der p-Wert ist 0.0959. Einen p-Wert dieser Größenordnung erhält man auch mit dem Welch-t-Test.

Die Gleichheit der Variabilitäten kann mit Hilfe der $\widetilde{Z}_{ij}$-Werte getestet werden. Mit dem FPP-Test nach dieser Levene-Transformation ergibt sich ein p-Wert von 0.5135. Dies ist nicht signifikant, dennoch ist aufgrund der in Tabelle 7.2 und Abbildung 7.2 erkennbaren Varianzunterschiede das in Kapitel 2 besprochene Lokationsmodell für diesen Datensatz nicht angemessen. Die dort vorgestellten Tests werden nun dennoch vorgestellt. Im Falle von Signifikanzen kann dann jedoch nicht auf einen Lageunterschied, sondern nur auf allgemeine Unterschiede zwischen den Gruppen geschlossen werden.

Der WMW-Test ergibt einen ähnlichen p-Wert wie der Brunner-Munzel-Test: Der p-Wert des exakten Permutationstests ist 0.0355, der asymptotische Test liefert p = 0.0343. Der BWS-Test ergibt mit $B = 3.0466$ einen etwas kleineren exakten p-Wert: 0.0301. Da die Fallzahl immerhin 10 pro Gruppe beträgt und es in diesem Beispiel keine Bindungen gibt, ist auch der asymptotische BWS-Test anwendbar, dessen p-Wert lautet 0.0259. Der p-Wert des FPP-Tests ist dagegen mit p = 0.0919 deutlich größer. Dieser p-Wert ist jedoch ähnlich groß wie die der oben genannten Tests mit der Teststatistik t_{BF}. Auch mit dem klassischen t-Test erhält man einen p-Wert dieser Größenordnung, und zwar 0.0886.

7.3   Unterschiedliche Variabilitäten

Der folgende Beispieldatensatz enthält Bleikonzentrationen in Bodenproben aus zwei verschiedenen Bezirken von New Orleans. Berry et al. (2002) analysierten diese Daten, sie haben auch die hier in Tabelle 7.3 wiedergegebenen Rohdaten aufgelistet. Weitere Details zu der Studie sind bei Mielke et al. (1999) zu finden.

Im Bezirk 2 fallen extrem hohe Werte auf. Zudem deutet der Boxplot (Abbildung 7.3) auf Variabilitätsunterschiede hin. Die Lokations-Skalen-Tests sind jedoch nicht signifikant. Die Teststatistik des Lepage-Tests beträgt $L = 3.888$, die asymptotische χ^2-Verteilung (df = 2) liefert den p-Wert 0.143. Der p-Wert des Permutationstests ist 0.148. Der modifizierte Lepage-Test liefert ähnliche Resultate: $L_M = 3.819$, p = 0.114. Diese Permutationstests basieren auf jeweils 40 000 zufällig ausgewählten Permutationen. Aufgrund der Nicht-Signifikanz des Lokations-Skalen-Tests würde eine Abschlusstest-Prozedur stoppen. Trotzdem werden hier – zur Illustration der Methoden – weitere Tests vorgestellt.

Die Tests für das nichtparametrische Behrens-Fisher-Problem ergeben keine Hinweise auf Lokationsunterschiede. Mit dem Brunner-Munzel-Test erhält man $W_{BF} = 1.43$ und mit der t-Approximation (df = 28.97) den p-Wert 0.162. Ein Permutationstest mit 40 000 Permutationen liefert den etwas kleineren p-Wert 0.153. Der p-Wert des D.O-Tests ist ähnlich groß: p = 0.14. Da dieses Ergebnis nicht signifikant ist, ist die Boostrap-

Tabelle 7.3: *Bleikonzentrationen (in mg/kg) in jeweils 20 Bodenproben aus zwei verschiedenen Bezirken von New Orleans (Mielke et al., 1999; Berry et al., 2002, S. 498)*

Bezirk 1	Bezirk 2
16.0, 34.3, 34.6, 57.6, 63.1,	4.7, 10.8, 35.7, 53.1, 75.6,
88.2, 94.2, 111.8, 112.1, 139.0,	105.5, 200.4, 212.8, 212.9, 215.2,
165.6, 176.7, 216.2, 221.1, 276.7,	257.6, 347.4, 461.9, 566.0, 984.0,
362.8, 373.4, 387.1, 442.2, 706.0	1040.0, 1306.0, 1908.0, 3559.0, 21679.0

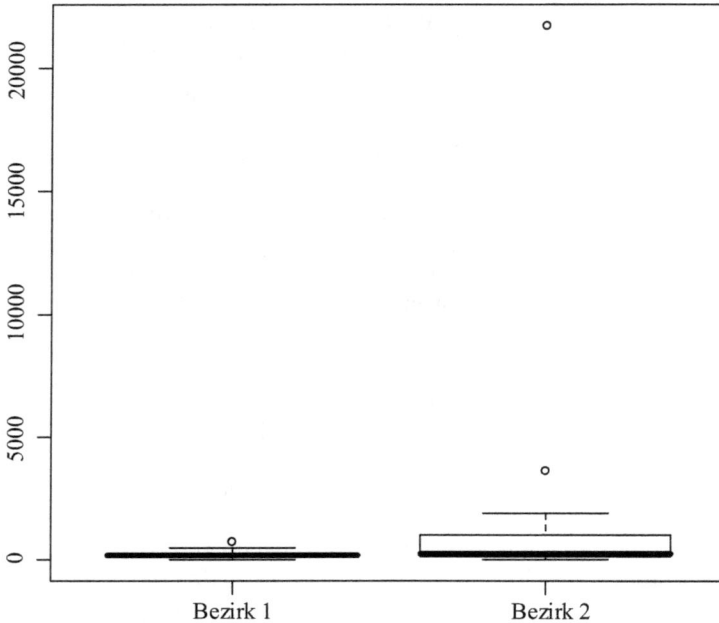

Abbildung 7.3: *Boxplot für die Mielke et al. (1999)-Daten aus Tabelle 7.3*

Validierung nicht erforderlich. Der Bootstrap-t-Test ergibt mit der Teststatistik $t_{BF} = 1.36$ und 20 000 Bootstrap-Stichproben einen größeren p-Wert: 0.382.

Die Gleichheit der Variabilitäten wurde mit den Werten $\widetilde{Z}_{ij}$ getestet. Damit ergab sich beim FPP-Test ein p-Wert von 0.0089. Dagegen würde ein t-Test mit den $\widetilde{Z}_{ij}$-Werten keine Signifikanz ergeben, nicht einmal zum Niveau 10% (Neuhäuser, 2007).

Dieses Beispiel zeigt eine Signifikanz im Variabilitätstest, obwohl die Lokations-Skalen-Tests nicht signifikant waren. Dies demonstriert, dass es sinnvoll ist, die Variabilitäts-tests direkt anzuwenden, sofern die primäre Fragestellung auf Variabilitätsunterschiede zielt.

Aufgrund der Variabilitätsunterschiede ist bei diesem Datenbeispiel das Lokationsmo-dell nicht angemessen.

7.4   Metrisch-diskrete Daten

Yezerinac et al. (1995) untersuchten außerpaarliche Vaterschaften in Bruten des Gold-waldsängers (*Dendroica petechia*) mit Hilfe von DNA-Fingerprinting. Der Goldwald-sänger ist eine sozial monogame Vogelart. Wie bei vielen anderen Vogelarten sind aber häufig Jungvögel zu finden, deren genetischer Vater nicht der soziale Partner der Mutter ist.

Yezerinac et al. (1995) nutzten den asymptotischen WMW-Test, um die Brutgrößen von Nestern mit und ohne außerpaarlichen Nachwuchs zu vergleichen. Dies ist ein extremes Beispiel für die Anwendung des WMW-Tests im Falle von Bindungen, da nur Bruten der Größen 3, 4 und 5 gefunden wurden. Die Tabelle 7.4 zeigt die Häufigkeiten der verschiedenen Brutgrößen. Die empirischen Verteilungsfunktionen sind in Abbildung 7.4 dargestellt. Man sieht, dass sich diese Funktionen schneiden. Der WMW-Test hat daher möglicherweise eine sehr geringe Trennschärfe (Horn, 1990). Die vielen Bindungen sprechen zudem gegen die Anwendung des asymptotischen WMW-Tests.

Tabelle 7.4: *Die Häufigkeiten verschiedener Brutgrößen des Goldwaldsängers bei Bruten mit und ohne außerpaarliche Vaterschaften (Yezerinac et al., 1995, S. 184)*

Bruten	Brutgröße				Mittel-	Standard-
	3	4	5	n_i	wert	abweichung
ohne außerpaarliche Jungvögel	10	10	17	37	4.19	0.84
mit außerpaarlichen Jungvögeln	4	27	22	53	4.34	0.62

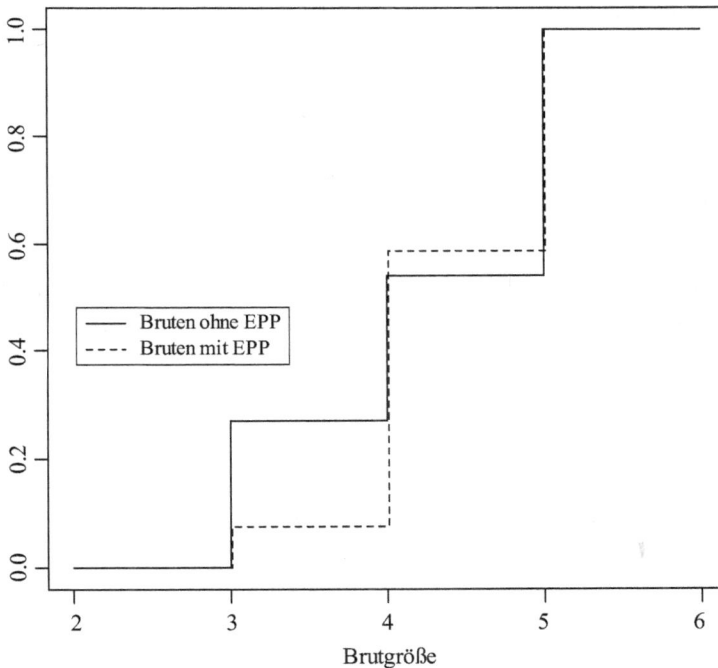

Abbildung 7.4: *Die empirischen Verteilungsfunktionen für die in Tabelle 7.4 dargestellten Daten (EPP: extra-pair paternity = außerpaarliche Vaterschaft)*

Der Zweigruppenvergleich ergibt die Rangsumme $W = 2\,483$. Diese ist nicht signifikant, weder bei einem asymptotischen Test (p = 0.52) noch bei einem exakten Permutationstest (p = 0.49). Der FPP-Test ist ebenfalls nicht signifikant (p = 0.37). Die Teststatistik des Brunner-Munzel-Tests lautet für dieses Beispiel $W_{BF} = 0.6$, mit 40 000 zufällig ausgewählten Permutationen ergibt sich ein p-Wert von 0.58. Konsistent mit diesem nichtsignifikanten Ergebnis ist der Schätzer für den relativen Effekt mit $\hat{p} = 0.54$ relativ nahe bei 0.5, dem unter der Nullhypothese geltenden Wert.

Die Tabelle 7.4 zeigt, dass der Unterschied zwischen den Mittelwerten bei diesem Beispiel relativ gering ist. Daher ist es nicht überraschend, dass die drei im obigen Abschnitt besprochenen Tests nicht zu einer Ablehnung der Nullhypothese führen. Der BWS-Test reagiert jedoch auch auf andere Unterschiede. Die BWS-Statistik beträgt $B = 16.27$, der zugehörige exakte p-Wert ist 0.041. Der exakte BWS-Test ergibt demnach einen signifikanten Unterschied zwischen den Bruten mit und ohne außerpaarlichen Nachwuchs. Relativ kleine exakte p-Werte des Smirnow-Tests (p = 0.066) sowie des χ^2-Tests (p = 0.014) deuten ebenfalls auf gewisse Unterschiede zwischen den Gruppen.

7.5 Fall-Kontroll-Daten

Als weiteres Beispiel wird nun die „German Multicenter Atopy Study" (Liu et al., 2000) betrachtet. Hierbei handelt es sich um eine Fall-Kontroll-Studie (siehe Kapitel 5) zur Untersuchung eines möglichen Zusammenhangs zwischen Neurodermitis und einer Punktmutation im sogenannten *IL13*-Gen auf Chromosom 5. Das Normalallel kodiert für die Aminosäure Glutamin, das mutierte Allel für Arginin. Daher werden in Tabelle 7.5 wie bei Liu et al. (2000) die Allele mit G und A bezeichnet.

Im Kontext einer derartigen Fall-Kontroll-Studie ist die Nullhypothese die Gleichheit der Penetranzen $f_0 = f_1 = f_2$; eine Penetranz ist die (bedingte) Wahrscheinlichkeit, bei gegebenem Genotyp zu erkranken (siehe z. B. Sham, 1998). Diese Nullhypothese ist der in Kapitel 4 genannten Nullhypothese $\pi_1 = \pi_2$ (Gleichheit der beiden Multinomialverteilungen) äquivalent (Freidlin et al., 2002). Hier ist die einseitige Alternative $f_0 \le f_1 \le f_2$ mit $f_0 < f_2$ angemessen. Der Grund ist die Annahme, dass das Erkrankungsrisiko für Homozygote (Genotyp AA) nicht zwischen den Risiken für Heterozygote (Genotyp GA) und dem Risiko beim Genotyp GG liegen kann (Sasieni, 1997). Demzufolge kann die in Abschnitt 2.5 vorgestellte Modifikation B^* verwendet werden (Neuhäuser, 2002d).

Tabelle 7.5: *Fall-Kontroll-Daten zum Zusammenhang zwischen Neurodermitis (atopische Dermatitis = AD) und einer Punktmutation (A) („German Multicenter Atopy Study", Liu et al., 2000, S. 169)*

	GG	GA	AA
Fälle (mit AD)	105	72	10
Kontrollen (ohne AD)	68	24	6

In diesem Beispiel handelt es sich um recht große Stichproben aus definierten und unterschiedlichen Populationen. Das Randomisierungsmodell liegt nicht vor. Trotzdem ist aufgrund der vielen Bindungen ein Permutationstest in Erwägung zu ziehen. Wird der Armitage-Test mit äquidistanten Scores (siehe Kapitel 5) durchgeführt, erhält man die Teststatistik $Z = 1.6664$. Basierend auf der asymptotischen Standard-Normalverteilung ergibt sich p = 0.0478 (einseitig). Der p-Wert des exakten Permutationstests, der in diesem Fall mit dem FPP-Test übereinstimmt (siehe Kapitel 5), lautet jedoch 0.0581 (einseitig).

Der Armitage-Test, auch Cochran-Armitage-Trendtest genannt, kann wie folgt mit der SAS-Prozedur FREQ durchgeführt werden:

```
DATA ad_study;
   INPUT gruppe resultat anzahl;
CARDS;
1 1 105
1 2 72
1 3 10
2 1 68
2 2 24
2 3 6
;

PROC FREQ;
   TABLES gruppe*resultat;
   WEIGHT anzahl;
   EXACT TREND;
RUN;
```

Für den FPP-Test bietet sich die SAS-Prozedur NPAR1WAY an (siehe Kapitel 2.1). Das folgende Programm liefert ebenfalls den einseitigen p-Wert von 0.0581:

```
PROC NPAR1WAY SCORES=DATA;
   CLASS gruppe;
   VAR resultat;
   EXACT;
   FREQ anzahl;
RUN;
```

Mit den Mittel-Rängen $R_1 = \cdots = R_{68} = H_1 = \cdots = H_{105} = 87$, $R_{69} = \cdots = R_{92} = H_{106} = \cdots = H_{177} = 221.5$ und $R_{93} = \cdots = R_{98} = H_{178} = \cdots = H_{187} = 277.5$ erhält man $B^* = 63.52$. Der zugehörige exakte p-Wert des einseitigen BWS-Tests ist 0.0498.

In Simulationen wurde bestätigt, dass für die Analyse von Fall-Kontroll-Daten der einseitige BWS-Test trennschärfer sein kann als der einseitige FPP- bzw. Armitage-Test (Neuhäuser, 2002d). Zudem ist der BWS-Test deutlich weniger konservativ. Der Powervergleich zwischen dem exakten BWS- und dem asymptotischen Armitage-Test zeigt keinen Gewinner. Der BWS-Test hat jedoch den Vorteil, das Niveau stets zu garantieren.

Der Armitage-Test ist der Standard-Trendtest für binomialverteilte Daten (Corcoran et al., 2000). In dieser Situation liegt ebenfalls eine 2xk-Kontingenztafel vor. Nun bezeichnet aber k die Anzahl der Gruppen, während die Zeilen die Anzahlen der Erfolge bzw. der Misserfolge enthalten. Die Gruppenvariable muss ordinal sein, so dass ein Trendtest überprüfen kann, ob die Erfolgswahrscheinlichkeiten ansteigen bzw. abfallen. Alternativ zum Armitage-Test kann in dieser Situation ein auf der BWS-Statistik B^* basierender Test angewandt werden (Neuhäuser, 2006). Da dies jedoch kein nichtparametrischer Zweistichproben-Vergleich ist, sei dies hier lediglich erwähnt.

8 Einstichproben-Tests und Tests für gepaarte Beobachtungen

Charles Darwin (1876) experimentierte mit Maispflanzen der Art *Zea mays*. Darwin hatte 15 Paare, die Pflanzen in jedem Paar hatten genau das gleiche Alter, wuchsen unter identischen Bedingungen und stammten von den gleichen Eltern ab. Von jedem Paar wurde eine Pflanze zufällig ausgewählt und fremdbestäubt, die andere Pflanze wurde selbstbestäubt. Später wurde die Höhe der so entstandenen Pflanzen bestimmt, diese Werte sind in Tabelle 8.1 angegeben (nach Hand et al., 1994).

Die Daten dieses Beispiels können nicht wie in den bisher besprochenen Tests permutiert werden. Es handelt sich um gepaarte Werte. Die Zugehörigkeit zu einem Paar muss erhalten bleiben, dies schränkt die möglichen Permutationen stark ein. Die einzige Möglichkeit Werte zu permutieren, ist das Vertauschen der beiden Werte eines Paares. Eine dadurch erzeugte Permutation ist – wenn es keinen Unterschied in der Höhe zwischen den fremd- und den selbstbestäubten Pflanzen gibt – genauso wahrscheinlich wie die beobachtete Anordnung der Werte.

Es sind also je Paar zwei Permutationen möglich, so dass sich bei 15 Paaren insgesamt $2^{15} = 32\,768$ verschiedene Permutationen ergeben. Wenn es sich um zwei unabhängige Gruppen handeln würde und man dann die 30 Werte frei permutieren könnte, gäbe es deutlich mehr Permutationen: $\binom{30}{15} \approx 155$ Mio.

Als nächstes stellt sich die Frage, welche Teststatistik sinnvoll ist. Auch dabei sollte die Zugehörigkeit zu einem Paar berücksichtigt werden. Die in Kapitel 2 vorgestellten Statistiken tun dies nicht und sind daher nicht zu empfehlen. Wegen der Paarung der Beobachtungen kann für jedes Paar eine Differenz berechnet werden, diese ist in Tabelle 8.1 bereits angegeben. Mit diesen Differenzen kann nun eine Teststatistik berechnet werden. Wenn keine gepaarten Daten, sondern nur eine Stichprobe vorliegt, können die Werte dieser einen Stichprobe genauso wie die Differenzen ausgewertet werden. Es wird angenommen, dass die Differenzen – bzw. die Werte der einen Stichprobe – unabhängig und identisch verteilt sind.

8.1 Der Vorzeichen-Test

Wenn es keine Unterschiede zwischen den fremd- und den selbstbestäubten Nachkommen gäbe, wäre die Wahrscheinlichkeit für eine positive Differenz gleich der Wahrscheinlichkeit für eine negative Differenz. Diese Gleichheit der Wahrscheinlichkeiten ist die Nullhypothese.

Tabelle 8.1: Höhe (in Inch) der Maispflanzen in Charles Darwins Experiment (nach Hand et al., 1994, S. 2f.)

Paar	fremd-bestäubt	selbst-bestäubt	Differenz	Ränge (mit Vorzeichen)
1	23.5	17.4	6.1	11
2	12.0	20.4	−8.4	−14
3	21.0	20.0	1.0	2
4	22.0	20.0	2.0	4
5	19.1	18.4	0.7	1
6	21.5	18.6	2.9	5
7	22.1	18.6	3.5	7
8	20.4	15.3	5.1	9
9	18.3	16.5	1.8	3
10	21.6	18.0	3.6	8
11	23.3	16.3	7.0	12
12	21.0	18.0	3.0	6
13	22.1	12.8	9.3	15
14	23.0	15.5	7.5	13
15	12.0	18.0	−6.0	−10

Nehmen wir zunächst an, dass keine einzelne Differenz den Wert Null annimmt. In dieser Situation kann man die Anzahl der positiven mit der Anzahl der negativen Differenzen vergleichen. Bei insgesamt n Differenzen, sollte man unter der Nullhypothese $n/2$ positive Differenzen erwarten. Die Anzahl der positiven Differenzen sei N_+ und wird nun als Teststatistik verwendet. Im Beipiel gilt $n = 15$ und es gibt 13 positive Differenzen.

Bildet man alle $2^{15} = 32\,768$ möglichen und unter der Nullhypothese gleichwahrscheinlichen Permutationen, ergibt sich die in Tabelle 8.2 aufgeführte Permutationsverteilung der Teststatistik N_+. Die dort gelisteten Wahrscheinlichkeiten können auch mit Hilfe der Binomialverteilung mit $n = 15$ und $p = 0.5$ berechnet werden.

Der beobachtete Wert der Teststatistik N_+ ist $n_+ = 13$. Daher sind zum einen die Wahrscheinlichkeiten für $N_+ \geq 13$ für den p-Wert zu berücksichtigen. Im zweiseitigen Test kommen die Wahrscheinlichkeiten für $N_+ \leq 2$ hinzu. Denn diese Werte sind genauso weit von $n/2$ (hier 7.5), dem Erwartungswert von N_+ unter der Nullhypothese, entfernt. Als zweiseitiger p-Wert ergibt sich daher $2(0.0003 + 0.00046 + 0.00320) = 0.0074$. Selbstverständlich kann der Vorzeichen-Test auch einseitig durchgeführt werden.

Da die Wahrscheinlichkeiten für die einzelnen Ausprägungen von N_+ mit der Binomialverteilung berechnet werden können, ist ein exakter Vorzeichentest auch für relativ große Fallzahlen möglich. Allgemein erhält man den zweiseitigen p-Wert gemäß folgen-

Tabelle 8.2: *Die exakte Permutationsverteilung der Anzahl N_+ positiver Differenzen für das Beispiel von Darwin mit $n = 15$ (siehe Tab. 8.1)*

Mögliche Aus-prägung von N_+	Wahrscheinlichkeit (= relative Häufigkeit innerhalb der 32 768 Permutationen)
0	0.00003
1	0.00046
2	0.00320
3	0.01389
4	0.04166
5	0.09164
6	0.15274
7	0.19638
8	0.19638
9	0.15274
10	0.09164
11	0.04166
12	0.01389
13	0.00320
14	0.00046
15	0.00003

der Formel:

$$
\text{p} - \text{Wert} =
\begin{cases}
2P(N_+ \geq n_+) = 2 \sum_{i=n_+}^{n} \binom{n}{i} 0.5^n & \text{für} \quad n_+ > n/2 \\
1 & \text{für} \quad n_+ = n/2 \\
2P(N_+ \leq n_+) = 2 \sum_{i=0}^{n_+} \binom{n}{i} 0.5^n & \text{für} \quad n_+ < n/2 \,,
\end{cases}
$$

wobei n_+ den beobachteten Wert der Teststatistik bezeichne.

Bei großen Fallzahlen ist auch eine Approximation mit der Normalverteilung möglich. Unter der Nullhypothese gilt $E_0(N_+) = n/2$ und $\text{Var}_0(N_+) = n/4$, so dass $(2N_+ - n)/\sqrt{n}$ asymptotisch standard-normalverteilt ist. Im Beispiel gilt $(2n_+ - n)/\sqrt{n} = 2.84$, der zugehörige zweiseitige asymptotische p-Wert ist 0.0045.

Im Beispiel war keine Differenz genau gleich Null. Wenn nun eine oder mehrere Differenzen den Wert Null annehmen, muss berücksichtigt werden, dass nicht alle $n - n_+$ Differenzen negativ sind. Der übliche Ansatz (siehe z. B. Sokal & Rohlf, 1995, S. 444; Hollander & Wolfe 1999, S. 62) ist es, die Null-Differenzen zu ignorieren und n als die Anzahl der von Null verschiedenen Differenzen zu definieren. Dieses Vorgehen ist akzeptabel, wenn die Nullhypothese wie oben besagt, dass die Wahrscheinlichkeit für eine positive Differenz gleich der Wahrscheinlichkeit für eine negative Differenz ist.

Die Nullhypothese könnte aber auch aussagen, dass der (Populations-)Median der Differenzen Null ist. In diesem Fall dürfen die Null-Differenzen nicht einfach ignoriert werden (Larocque & Randles, 2008). Man würde ansonsten ja genau die Beobachtungen eliminieren, die stark für die Nullhypothese sprechen.

Wird die Nullhypothese, dass der Median der Differenzen 0 ist, gegen die zweiseitige Alternative Median $\neq 0$ getestet, kann der p-Wert eines modifizierten Vorzeichentests nach Fong et al. (2003) wie folgt berechnet werden:

$$P\left(N \geq \max\left(n_-, n_+\right)\right) / P\left(N \geq \left[\frac{n - n_0 + 1}{2}\right]\right).$$

Hierbei bezeichne n erneut die Gesamtfallzahl, N eine mit den Parametern n und $p = 0.5$ binomialverteilte Zufallsvariable, n_0 die Anzahl an Null-Differenzen, und n_- bzw. n_+ die beobachteten Anzahlen an negativen bzw. positiven Differenzen. Zudem bezeichne $[x]$ die Gaußklammer, also die größte ganze Zahl, die $\leq x$ ist.

Im Beispiel gilt $n_0 = 0$ und $\max\left(n_-, n_+\right) = n_+ = 13$, so dass sich wegen $P(N \geq 8) = 0.5$ unverändert ein exakter zweiseitiger p-Wert von 0.0074 ergibt. Der gewöhnliche Vorzeichen-Test ist hier also ein Spezialfall des modifizierten Vorzeichen-Tests nach Fong et al. (2003). Dies gilt jedoch nur, wenn n ungerade ist. Für gerades n ergibt sich ein kleiner Unterschied (Fong et al., 2003).

Durchführung in SAS

Da sich die in Tabelle 8.2 aufgelisteten Wahrscheinlichkeiten aus der Binomialverteilung ergeben, kann der Binomialtest genutzt werden, um den Vorzeichentest durchzuführen. Der Binomialtest testet Hypothesen über die Erfolgswahrscheinlichkeit einer Binomialverteilung und ist in der SAS-Prozedur FREQ implementiert. Das folgende SAS-Programm führt den Test für das Beispiel mit 13 positiven und zwei negativen Differenzen durch:

```
DATA bsp8_1;
INPUT diff anzahl;
CARDS;
-1 2
1 13
;

PROC FREQ;
 TABLES diff;
 WEIGHT anzahl;
 EXACT BINOMIAL;
RUN;
```

In der Praxis stünde in aller Regel ein Datensatz mit den Originalwerten aus Tabelle 8.1 zur Verfügung. Dann könnten die Differenzen und die Anzahlen an positiven und negativen Differenzen in SAS berechnet werden, statt die Anzahlen 2 und 13 wie oben direkt einzugeben.

Obiges Programm liefert den folgenden Output (gekürzt):

```
The FREQ Procedure

                                 Cumulative    Cumulative
diff      Frequency     Percent   Frequency      Percent
-----------------------------------------------------------
 -1           2         13.33         2          13.33
  1          13         86.67        15         100.00


Binomial Proportion for diff = -1
------------------------------------
Proportion (P)              0.1333

   Test of H0: Proportion = 0.5

Z                          -2.8402
One-sided Pr <  Z           0.0023
Two-sided Pr > |Z|          0.0045

Exact Test
One-sided Pr <=  P          0.0037
Two-sided = 2 * One-sided   0.0074

Sample Size = 15
```

Im Output findet sich die Schätzung für die Wahrscheinlichkeit einer negativen Differenz $2/15 = 0.1333$. Es wird (gemäß SAS-Voreinstellung) getestet, ob diese Wahrscheinlichkeit gleich 0.5 ist. In der hier vorliegenden Situation, dass es keine Null-Differenzen gibt, entspricht diese Nullhypothese der Gleichheit der Wahrscheinlichkeiten für eine positive und eine negative Differenz. Der exakte zweiseitige p-Wert ist wie oben angegeben 0.0074.

Der Vorzeichentest kann alternativ zur Prozedur FREQ auch mit der SAS-Prozedur UNIVARIATE durchgeführt werden:

```
PROC UNIVARIATE LOCCOUNT;
 VAR differenz;
RUN;
```

Die Variable **differenz** muss hier die Werte der Differenzen enthalten. Diese Prozedur führt neben dem Vorzeichentest (engl. Sign Test) den Wilcoxon-Vorzeichen-Rangtest (engl. Signed Rank Test, siehe das folgende Kapitel 8.2) und den Einstichproben-t-Test durch. Der entsprechende Teil des Outputs lautet:

```
              Tests for Location: Mu0=0

Test                  -Statistic-      -----p Value------

Student's t       t   2.142152     Pr > |t|    0.0502
Sign              M         5.5     Pr >= |M|   0.0074
Signed Rank       S          36     Pr >= |S|   0.0413


Location Counts: Mu0=0.00

Count                       Value

Num Obs > Mu0                  13
Num Obs ^= Mu0                 15
Num Obs < Mu0                   2
```

Die Teststatistik wird hier als $M = 5.5$ angegeben. Diese wird als $M = 0.5(n_+ - n_-)$ berechnet. Durch die Option LOCCOUNT wird erreicht, dass die Werte von n_+, $n - n_0$ und n_- als „Location Counts" angegeben werden. Null-Differenzen werden bei dieser Prozedur ignoriert. Mit der Prozedur UNIVARIATE wird der Vorzeichentest exakt durchgeführt, der p-Wert wird wie oben beschrieben mit Hilfe der Binomialverteilung bestimmt.

Wenn nicht zwischen positiven und negativen Differenzen unterschieden werden soll, sondern n_+ und n_- die Anzahlen der Differenzen größer bzw. kleiner als z. B. 10 sein sollen, kann dies durch die Option MU0=10 im PROC UNIVARIATE-Statement erreicht werden. Per Voreinstellung gilt MU0=0.

8.2   Der Wilcoxon-Vorzeichen-Rangtest

Beim Vorzeichen-Test wird lediglich gezählt, wie viele Differenzen positiv sind. Die Größe der einzelnen Werte spielt keine Rolle. Nun soll die Größe der Werte zumindest über die Ränge in die Teststatistik eingehen. Zunächst gehen wir wieder davon aus, dass keine Null-Differenzen vorliegen.

Nun werden die Vorzeichen der Differenzen zunächst ignoriert und Ränge gebildet. Die betragsmäßig kleinste Differenz bekommt also den Rang 1 usw. Falls Bindungen auftreten, können Mittelränge vergeben werden. Die Teststatistik ist dann R_+, die Summe der Ränge der positiven Differenzen. Für das Beispiel sind die Ränge in Tabelle 8.1 angegeben. Die Summe R_+ der positiven Ränge beträgt 96.

Die Nullhypothese besagt, dass der Median der Differenzen, bzw. der Werte einer Stichprobe, gleich 0 ist. Zudem muss für den Wilcoxon-Vorzeichen-Rangtest angenommen werden, dass die Verteilung der Differenzen symmetrisch ist. Für Differenzen ist diese Voraussetzung in der Regel erfüllt. Vickers (2005) zeigte, dass Differenzen oft auch dann symmetrisch verteilt sind, wenn die Ausgangsvariablen schief verteilt sind. Zudem ist – wie bereits in Kapitel 2.4 erwähnt wurde – die Differenz zweier austauschbarer Zufallsvariablen symmetrisch verteilt (Randles & Wolfe, 1979, S. 58).

Wie beim Vorzeichen-Test können nun alle 2^n möglichen Permutationen betrachtet werden, um den Test exakt durchzuführen. Im Beispiel mit $n = 15$ und 13 positiven Differenzen gilt unter der Nullhypothese $P_0(R_+ \geq 96) = 0.0206$.

Wird der Test zweiseitig durchgeführt, sprechen auch sehr kleine Werte von R_+ gegen die Nullhypothese. Der Erwartungswert $E_0(R_+)$ ist gleich $n(n+1)/4$, also im Beispiel 60. Werte der Teststatistik, die kleiner oder gleich $60 - (96 - 60) = 24$ sind, müssen daher wie die Ausprägungen ≥ 96 für den p-Wert berücksichtigt werden. Aufgrund der Symmetrie der Verteilung von R_+ (im Falle keiner Bindung) ist der zweiseitige exakte p-Wert daher $P(R_+ \leq 24) + P(R_+ \geq 96) = 2P(R_+ \geq 96) = 0.0413$. Wäre der beobachtete Wert von R_+ 24, würde man den gleichen zweiseitigen p-Wert erhalten.

Der Wilcoxon-Vorzeichen-Rangtest nutzt – im Gegensatz zum Vorzeichen-Test – die Größenordnung der Werte aus. Daher mag erstaunen, dass der p-Wert des Wilcoxon-Vorzeichen-Rangtests im Beispiel deutlich größer ist. Der Grund ist, dass die beiden negativen Werte betragsmäßig relativ groß sind, was vom Vorzeichen-Test ja komplett ignoriert wird.

Bei größen Fallzahlen kann der p-Wert asymptotisch mit Hilfe der Normalverteilung bestimmt werden. Unter der Nullhypothese gilt $E_0(R_+) = n(n+1)/4$ und $\mathrm{Var}_0(R_+) = n(n+1)(2n+1)/24$, bzw. falls Bindungen vorliegen

$$\mathrm{Var}_0(R_+) = \frac{1}{24} \cdot \left(n(n+1)(2n+1) - \frac{1}{2} \sum_{j=1}^{g} t_j \, (t_j - 1) \, (t_j + 1) \right),$$

wobei g die Anzahl der Bindungsgruppen und t_i die Anzahl der Beobachtungen in der Bindungsgruppe i bezeichnen. Ein nicht an andere Beobachtungen gebundener Wert wird als „Bindungsgruppe" mit $t_i = 1$ aufgefasst (Hollander & Wolfe, 1999, S. 38). Im Beispiel ergibt sich die standardisierte Teststatistik $(96 - 60)/\sqrt{310} = 2.04$ und somit ein zweiseitiger asymptotischer p-Wert von 0.0409.

Mit Bindungen sind hier nur Bindungen innerhalb der Nicht-Null-Differenzen gemeint. Wie oben erwähnt, wurde zunächst ausgeschlossen, dass Differenzen gleich Null sind. In den Anwendungen werden diese wie beim Vorzeichen-Test in der Regel ignoriert. Eine von Pratt (1959) vorgeschlagene Alternative besteht darin, allen Null-Differenzen den Rang 0 zuzuordnen, dann aber dem betragsmäßig kleinsten (von 0 abweichenden) Wert nicht den Rang 1, sondern den Rang $n_0 + 1$ zuzuordnen, usw. Der betragsmäßig größte Wert bekommt schließlich den Rang n. Hierbei bezeichne n_0 wie oben die Anzahl der Null-Differenzen. Im Beispieldatensatz von Charles Darwin gibt es keine Null-Differenzen, so dass sich der p-Wert durch die Anwendung der Pratt-Modifikation nicht ändert.

Durch die Modifikation von Pratt (1959) ändert sich der Erwartungswert der Teststatistik: Statt $n(n+1)/4$ erhält man (Buck, 1979)

$$\frac{n(n+1) - n_0(n_0+1)}{4}.$$

Die standardisierte Teststatistik ist weiterhin unter der Nullhypothese asymptotisch standard-normalverteilt (Buck, 1979).

Wie oben in Abschnitt 8.1 erwähnt, kann der Wilcoxon-Vorzeichen-Rangtest mit der SAS-Prozedur UNIVARIATE durchgeführt werden. Dabei wird der p-Wert für eine Fallzahl von $n \leq 20$ exakt bestimmt, ansonsten wird eine Approximation mit einer t-Verteilung genutzt. Die im SAS-Output angegebene Teststatistik S ist wie folgt definiert: $S = R_+ - (n - n_0)(n - n_0 + 1)/4$.

Mit der SAS-Prozedur UNIVARIATE und der Option MU0= kann die Nullhypothese getestet werden, dass der Median der Differenzen μ_0 beträgt. Alternativ zur Nutzung dieser Option MU0 kann das Testverfahren wie oben beschrieben durchgeführt werden, wobei dann vor der Testdurchführung der Wert μ_0 von jeder Differenz zu subtrahieren ist (Hollander & Wolfe, 1999, S. 42).

Ein SAS-Programm, mit dem der Wilcoxon-Vorzeichen-Rangtest auch für $n > 20$ exakt durchgeführt werden kann, findet sich im folgenden Kapitel 8.3. Das dort angegebene Programm berechnet auch den Test von Pratt (1959). Für extrem große Fallzahlen kann natürlich auch in der Einstichproben-Situation ein approximativer Permutationstest angewandt werden.

Vergleich des Vorzeichentests mit dem Wilcoxon-Vorzeichen-Rangtest

Der Wilcoxon-Vorzeichen-Rangtest benötigt mit der Symmetrie der Verteilung eine zusätzliche Voraussetzung, nutzt aber im Gegensatz zum Vorzeichentest die Größenordnung der Differenzen. Dennoch ist der Vorzeichen-Rangtests nicht immer, wenn Symmetrie angenommen werden kann, auch besser. Die asymptotische relative Effizienz zeigt, dass es für jeden der beiden Test vorteilhafte Situationen gibt. So ist der Vorzeichentest bei einer Normalverteilung weniger effizient, die asymptotische relative Effizienz zum Wilcoxon-Vorzeichen-Rangtest beträgt dann $2/3$. Bei einer Cauchy-Verteilung ist die asymptotische relative Effizienz dagegen mit einem Wert von 1.3 größer als 1, so dass der Vorzeichen-Test vorteilhaft ist (Higgins, 2004, S. 127).

8.3   Ein Permutationstest mit den Originalwerten

Wie beim FPP-Test in der Zweistichproben-Situation kann auch hier ein Permutationstest mit den Originalwerten durchgeführt werden. Statt die Rangsumme der positiven Differenzen zu berechnen, wird dabei direkt die Summe der positiven Differenzen als Teststatistik verwendet. Im Beispiel ergibt sich somit $6.1 + 1.0 + \cdots + 7.5 = 53.5$ als beobachteter Wert der Teststatistik.

Nun sind alle $2^{15} = 32\,768$ Permutationen zu bilden. Als zweiseitigen exakten p-Wert erhält man 0.0529. Im Gegensatz zu den beiden Tests aus den Kapiteln 8.1 und 8.2 ist die Signifikanz zum Niveau $\alpha = 0.05$ nicht mehr vorhanden. Aber die betragsmäßig relativ großen negativen Differenzen werden bei diesem Test mit ihren originalen hohen Werten berücksichtigt.

Dieser Test überprüft wie der Wilcoxon-Vorzeichen-Rangtest die Nullhypothese, dass der Median der Differenzen gleich 0 ist. Auch für diesen Test ist die Annahme erforderlich, dass die Verteilung der Differenzen symmetrisch ist. Implementiert ist dieser Permutationstest in StatXact.

Durchführung in SAS

Der Permutationstest mit den Originalwerten, aber auch der Wilcoxon-Vorzeichen-Rangtest sowie die Modifikation von Pratt (1959) können als exakte Permutations-tests mit dem folgenden SAS-Makro (Leuchs & Neuhäuser, 2010) durchgeführt werden. Dieses Makro nutzt einen von Munzel & Brunner (2002) vorgeschlagenen Algorith-mus. Beim Aufruf des Makros steht `daten` für den SAS-Datensatz, `label_diff` für die Variable (Differenz), die auszuwerten ist, `test` für den durchzuführenden Test und `alternative` für die gewählte Alternative. Als Test können `signed` für den Wilcoxon-Vorzeichen-Rangtest, `pratt` für die Modifikation nach Pratt (1959) und `original` für den Permutationstest mit den Originalwerten gewählt werden. Als Alternative sind `two` für den zweiseitigen Test oder `less` bzw. `greater` für die einseitigen Tests möglich. Zudem können mit `all` alle drei p-Werte berechnet werden. Mit `round` kann die Anzahl der Nachkommastellen angegeben werden, auf die gerundet wird, als Default ist der Wert 4 eingetragen.

```
%MACRO signedrank(daten, label_diff, test, alternative, round=4);

data daten;
set &daten(rename=(&label_diff=obs_diff));
diff_abs=abs(obs_diff);
keep diff_abs obs_diff;
run;

proc sql noprint;
select count(*) into :diff0 from daten where diff_abs=0;
select count(*) into :n_all from daten;
quit;

*Abbruch, wenn alle Differenzen null sind;
%IF &n_all=&diff0 %Then %DO;
%put NOTE: all differences are zero;
%RETURN;
%END;

*Vergabe der Raenge fuer Differenzen ungleich null;
proc rank data=daten out=daten;
where obs_diff<>0;
var diff_abs;
ranks rank_diff;
run;

*Raenge mit Vorzeichen;
```

```
data daten;
set daten;
rank_sign=rank_diff*sign(obs_diff);
run;

proc iml;
use daten;
*Wilcoxon-Vorzeichen-Rangtest;
if &test='signed' then do;
read all var {rank_sign} into d;   *Raenge mit Vorzeichen;
end;
*Pratts Modifikation des Wilcoxon-Vorzeichen-Rangtests;
if &test='pratt' then do;
read all var {rank_sign} into  d; *Raenge mit Vorzeichen;
d=(abs(d)+&diff0)#sign(d);
  *Rangvergabe entsprechend Pratts Modifikation;
end;
*Test basierend auf Originaldaten;
if &test='original' then do;
read all var {obs_diff} into d;
*Rundung;
d=round((10**&round)*d);
end;
*Berechnung der Teststatistik;
tstat = sum(d#(d>=0));

*Shift-Algorithmus;
start shift(d);
    n=NROW(d);
    *Fuer den Shift-Algorithmus muessen die Werte in d ganzzahlig sein;
potenz=0;
do while (sum(d^=int(d))^=0);
d=10*d;
potenz=potenz+1;
end;
ad = abs(d); *Betraege;
*Bestimmung des groessten gemeinsamen Teilers;
ggt=0;
k = min(ad + (d=0)#max(ad)); *kleinstes |d| <> 0;
do while (ggt = 0 & k>=1);
if d/k = int(d/k) then ggt=k;
else k=k-1;
end;
*benoetigte Konstanten;
adshort = ad/ggt;
lng = sum(adshort);
values = ((0:lng)*ggt)'; *moegliche Werte der Teststatistik;
```

```
*Algorithmus;
if lng <> 0 then do;
prob = 1 // j(lng,1,0);
do k=1 to n;
if adshort[k] <> 0 then do;
shift = j(adshort[k],1,0) // prob[1:lng+1-adshort[k]];
prob = prob + shift;
end;
else prob = 2*prob; *Differenz kann null sein;
end;
prob = prob/(2**n);
*Inversion des Prozesses, der die Werte in d zu Ganzzahlen
gemacht hat (dies wurde fuer die Anwendung des Shift-Algorithmus
benoetigt);
values=values/(10**potenz);
*resultierende Verteilung
(1. Spalte: Statistik -- 2. Spalte: Wahrscheinlichkeit);
dist = values || prob;
end;
d=d*10**(-1*potenz);
  return (dist);
 finish;

 dist=shift(d);

 *Berechnung der p-Werte;
 *einseitig;
 pvalue_gr=sum(dist[,2]#(dist[,1]>=tstat));
 pvalue_less=sum(dist[,2]#(dist[,1]<=tstat));

 *zweiseitig;
 tstatOUT=tstat; *Output-Statistik;
 if (&test='signed') then do;
  ew=(&n_all-&diff0)*((&n_all-&diff0)+1)/4;
 end;
 else if (&test='pratt') then do;
ew=((&n_all*(&n_all+1)-(&diff0*(&diff0+1))))/4;
 end;
 else if (&test='original') then do;
  tstatOUT=tstat/(10**&round);
  ew=sum(abs(d))/2;
 end;
 if (tstat<ew) then do;
d=-1*d;
tstat=sum(d#(d>=0));
 end;
 lower=ew-(tstat-ew);
```

```
  pvalue_two=sum(dist[,2]#(dist[,1]<=lower | dist[,1]>=tstat));

 *OUTPUT;
 if &alternative='all' then do;
label={'n' 'n_nonzero' 'statistic' 'pvalue_gr' 'pvalue_less'
   'pvalue_two'};
out= &n_all || &n_all-&diff0 || tstatOUT || pvalue_gr ||
   pvalue_less || pvalue_two;
 end;

 if &alternative='greater' then do;
label={'n' 'n_nonzero' 'statistic' 'pvalue_gr' };
out= &n_all || &n_all-&diff0 || tstatOUT || pvalue_gr;
 end;

 if (&alternative='less') then do;
label={'n' 'n_nonzero' 'statistic' 'pvalue_less'};
out= &n_all|| &n_all-&diff0 || tstatOUT || pvalue_less;
 end;

 if &alternative='two' then do;
label={'n' 'n_nonzero' 'statistic' 'pvalue_two'};
out= &n_all|| &n_all-&diff0 || tstatOUT || pvalue_two;
 end;

 create output from out [colname=label];
 append from out;
 quit;

 data output; set output; test=&test; run;

%IF &alternative='all' %THEN %DO;
 proc report data=output nowd headline;
 column test n n_nonzero statistic pvalue_less pvalue_gr pvalue_two;
 define n / display 'n';
 define n_nonzero   / display 'n (nonzero)';
 define statistic   / display 'statistic';
 define pvalue_less / display 'p-value (less)';
 define pvalue_gr   / display 'p-value (greater)';
 define pvalue_two  / display 'p-value (two-sided)';
 run;
%END;

%IF &alternative='less' %THEN %DO;
   proc report data=output nowd headline;
 column test n n_nonzero statistic pvalue_less;
 define n / display 'n';
```

```
 define n_nonzero   / display 'n (nonzero)';
 define statistic   / display 'statistic';
 define pvalue_less / display 'p-value (less)';
 run;
%END;
%IF &alternative='greater' %THEN %DO;
 proc report data=output nowd headline;
 column test n n_nonzero statistic pvalue_gr;
 define n / display 'n';
 define n_nonzero   / display 'n (nonzero)';
 define statistic   / display 'statistic';
 define pvalue_gr / display 'p-value (greater)';
 run;
%END;

%IF &alternative='two' %THEN %DO;
 proc report data=output nowd headline;
 column test n n_nonzero statistic pvalue_two;
 define n / display 'n';
 define n_nonzero   / display 'n (nonzero)';
 define statistic   / display 'statistic';
 define pvalue_two / display 'p-value (twosided)';
 run;
%END;

%MEND;
```

Die Beispieldaten von Charles Darwin können nun wie folgt mit dem Permutationstest mit den Originalwerten ausgewertet werden:

```
DATA darwin;
 INPUT differenz @@;
CARDS;
6.1 -8.4 1.0 2.0 0.7 2.9 3.5 5.1 1.8 3.6 7.0 3.0 9.3 7.5 -6.0
;
RUN;

%signedrank(darwin, differenz, 'original', 'all');
```

Als Output erhält man:

test	n	n (notnull)	statistic	p-value (less)	p-value (greater)	p-value (two-sided)
original	15	15	53.5	0.9742126	0.0264282	0.0528564

Für die zweiseitige Modifikation von Pratt (1959) lautet der Makroaufruf

```
%signedrank(darwin, differenz, 'pratt', 'two');
```

Als Output erhält man:

```
                      n                 p-value
test      n    (notnull)  statistic  (two-sided)

pratt     15         15          96  0.0412598
```

8.4   Einstichproben-Bootstrap-Tests

Mit Hilfe des Bootstrap-Verfahrens kann auch ein Einstichproben-Test durchgeführt werden. Nehmen wir an, es liegt eine Stichprobe $x_1, \ldots, x_n$ vom Umfang n vor, die zugrundeliegende Verteilung sei unbekannt. Diese eine Stichprobe könnte natürlich auch aus Differenzen bestehen. Zu testen ist die Nullhypothese, dass der Erwartungswert μ der Differenzen, bzw. der Stichprobenwerte, gleich μ_0 ist. Bei einer symmetrischen Verteilung ist dann natürlich auch der Median gleich μ_0.

Als Teststatistik kann zum Beispiel die Einstichproben-t-Statistik $t = \sqrt{n}(\bar{x} - \mu_0)/S$ verwendet werden, wobei $\bar{x}$ den Mittelwert der Stichprobenwerte bezeichne und $S^2 = \sum_{i=1}^{n}(x_i - \bar{x})^2/(n-1)$ gilt.

Da die Verteilung von t unter der Nullhypothese $\mu = \mu_0$ benötigt wird, sind die Daten so zu transformieren, dass der Mittelwert der transformierten Werte μ_0 beträgt: $\widetilde{x_i} = x_i - \bar{x} + \mu_0$. Dann können B unabhängige Bootstrap-Stichproben mit Zurücklegen aus $\widetilde{x_1}, \ldots, \widetilde{x_n}$ gezogen werden. Für jede Bootstrap-Stichprobe ist die Teststatistik zu berechnen, so dass die Null-Verteilung der Teststatistik geschätzt werden kann.

Im Beispiel mit den Daten von Charles Darwin (Tabelle 8.1) erhält man $t = 2.14$ für $\mu_0 = 0$ und mit 20 000 Bootstrap-Stichproben einen zweiseitigen p-Wert in Höhe von 0.0744. Dieser Test kann mit Hilfe der Prozedur MULTTEST – analog zum Vorgehen in Kapitel 3.3 – durchgeführt werden:

```
DATA darwin;
 INPUT differenz dummy1 @@;
 dummy2=1;
CARDS;
6.1 1 -8.4 1 1.0 1 2.0 1 0.7 1 2.9 1 3.5 1 5.1 2 1.8 2 3.6 2 7.0 2
3.0 2 9.3 2 7.5 2 -6.0 2
;
RUN;

PROC MEANS MEAN NOPRINT;
```

```
 VAR differenz;
 OUTPUT OUT=m MEAN=mittelw;
RUN;

DATA _null_;
 SET m;
 CALL SYMPUT ('mittelw',mittelw);
RUN;

DATA all1;
 SET darwin;
 trans_x=differenz-&mittelw;
RUN;

PROC MULTTEST DATA=all1 BOOTSTRAP NOCENTER N=20000 OUTSAMP=all2 NOPRINT;
 CLASS dummy1;
 TEST MEAN(trans_x);
 CONTRAST "1 vs. 2" -1 1;
RUN;

*Einstichproben-t-Teststatistik fuer die Bootstrap-Stichproben berechnen;
ODS OUTPUT TTESTS=s3;
ODS LISTING CLOSE;
PROC TTEST DATA=all2;
 BY _sample_;
 VAR trans_x;
RUN;
ODS LISTING;

*Einstichproben-t-Test fuer die Originalwerte;
ODS OUTPUT TTESTS=origwert;
PROC TTEST DATA=darwin;
 VAR differenz;
RUN;

DATA _null_;
 SET origwert;
 CALL SYMPUT ('t_orig',tvalue);
RUN;

DATA all4;
 SET s3;
 t_orig=&t_orig;
RUN;

DATA all4;
 SET all4;
```

```
p_wert=(ABS(tvalue)>ABS(t_orig))/20000;
RUN;

PROC MEANS SUM DATA=all4;
 VAR p_wert;
RUN;
```

Statt der t-Statistik können selbstverständlich auch andere Teststatistiken in einem Bootstrap-Test verwendet werden. Es können zudem auch andere Nullhypothesen überprüft werden. Beispiele sind ein Test für die Varianz (Good, 2001, S. 77) und ein Test auf Multimodalität (Efron & Tibshirani, 1993, S. 227ff.), bei dem getestet wird, ob eine Verteilung einen Modalwert, d. h. ein Maximum, besitzt oder mehrere.

8.5   Der McNemar-Test

Bei gepaarten dichotomen Daten können sich positive und negative Differenzen in ihrer Größe nicht unterscheiden. Daher bietet sich von den bisher in diesem Kapitel besprochenen Tests nur der Vorzeichentest an. Betrachten wir ein Beispiel: Bei 300 Personen, die an einer Gesundheitskampagne teilgenommen haben, soll in einem „Vorher-Nachher"-Vergleich untersucht werden, inwiefern die Kampagne Einfluss auf das Rauchverhalten hat (Duller, 2008, S. 206). Die Tabelle 8.3 zeigt die Daten.

Die 70 Personen mit Änderungen sind mit den beobachteten Anzahlen 49 bzw. 21 ungleich auf die Kategorien „ja-nein" und „nein-ja" verteilt. Ignoriert man die 230 Personen ohne Änderung (Null-Differenzen), ergibt sich im Vorzeichentest ein zweiseitiger exakter p-Wert von 0.0011.

Führt man für die Vierfeldertafel aus Tabelle 8.3 einen χ^2-Test durch, ist bei der Berechnung der unter der Nullhypothese zu erwartenden Häufigkeiten zu beachten, dass es sich um gepaarte Werte handelt. Daher ergeben sich für die Kategorien „ja-ja" und „nein-nein" genau die beobachteten Häufigkeiten als erwartete Häufigkeiten. Die Teststatistik reduziert sich dadurch im Beispiel auf

$$\frac{(49 - 70/2)^2}{70/2} + \frac{(21 - 70/2)^2}{70/2} = \frac{(49 - 21)^2}{49 + 21} = 11.2\ .$$

Tabelle 8.3: *Das Rauchverhalten von 300 Personen vor und nach eine Gesundheitskampagne (Duller, 2008, S. 206)*

		Rauchverhalten vorher		
		nein	ja	Summe
Rauchverhalten	nein	132	49	181
nacher	ja	21	98	119
	Summe	153	147	300

Diese Teststatistik ist unter dem Namen Mc-Nemar-Test bekannt. Allgemein lautet die Teststatistik $X^2 = (b-c)^2/(b+c)$, wobei b und c durch die folgende Vierfeldertafel definiert sind:

	$X = 0$	$X = 1$
$Y = 0$	a	b
$Y = 1$	c	d

Durchführung in SAS

Der exakte McNemar-Test kann mit der SAS-Prozedur FREQ wir folgt durchgeführt werden:

```
DATA rauch_bsp;
 INPUT vorher $ nachher $ anzahl;
 CARDS;
 nein nein 132
 nein ja 21
 ja nein 49
 ja ja 98
 ;
RUN;

PROC FREQ;
 TABLES vorher*nachher;
 WEIGHT anzahl;
 EXACT MCNEM;
RUN;
```

Im Output findet sich neben dem Wert der Teststatistik 11.2 der asymptotische (0.0008) wie auch der exakte p-Wert (0.0011). Da dieser Test dem Vorzeichentest entspricht, kann er auch mit der SAS-Prozedur UNIVARIATE durchgeführt werden. Dazu sind jedoch bei den Variablen „vorher" und „nachher" Zahlencodes für die Ausprägungen ja und nein zu verwenden, so dass die Differenz „vorher-nachher" berechnet werden kann. Als Teststatistik findet sich im PROC UNIVARIATE-Output dann nicht die Teststatistik $X^2 = 11.2$, sondern $M = 0.5(n_+ - n_-) = 0.5(49 - 21) = 14$ (siehe Kapitel 8.1).

9 Tests für mehr als zwei Gruppen

9.1 Der Kruskal-Wallis-Test und der F-Permutationstest

Das Prinzip von Permutations- und Bootstrap-Tests kann auch bei mehr als zwei Gruppen angewandt werden. Im einfachsten Fall eines vollständig randomisierten Designs mit k unabhängigen Gruppen sind die Permutationen die möglichen Aufteilungen der Beobachtungen auf die k Gruppen. Als Teststatistik lässt sich die auf Rängen basierende Kruskal-Wallis-Teststatistik oder auch die F-Statistik der einfaktoriellen Varianzanalyse verwenden. Analog zum Fisher-Pitman-Permutationstest kann die F-Statistik für jede Permutation berechnet werden, so dass die Testentscheidung auf der Permutationsverteilung statt auf der F-Verteilung beruht. Für diesen Permutationstest können statt der F-Statistik auch andere Statistiken verwendet werden. Zum Beispiel reicht es aus, die mittlere Quadratsumme zwischen den Gruppen, also den Zähler der F-Statistik, als Teststatistik des Permutationstests zu nutzen (Manly, 2007, S. 136).

Bei wachsender Gruppenanzahl k wächst die Anzahl der möglichen Permutationen, $N!/\prod_{i=1}^{k} n_i!$, sehr stark. Dann kann der Permutationstest ggf. lediglich approximativ durchgeführt werden. Es sei jedoch erwähnt, dass es Algorithmen wie z.B. den Netzwerkalgorithmus von Mehta & Patel (1983) gibt, die deutlich weniger Rechenzeit benötigen als das „naive" Abzählen der Permutationen.

Wir betrachten hier folgendes Modell: Der Stichprobenumfang in der Gruppe i sei mit n_i bezeichnet, $i = 1, \ldots, k$. Die Gesamtfallzahl aller k Gruppen sei N. Die Beobachtungen X_{ij} in den k Gruppen seien unabhängig voneinander und gemäß einer Verteilungsfunktion F_i verteilt:

$$X_{ij} \sim F_i, \quad i = 1, 2, \ldots, k, \ j = 1, 2, \ldots, n_i.$$

Häufig wird wie in Kapitel 2 in einem Lokationsmodell unterstellt, dass sich die Verteilungen der einzelnen Gruppen allenfalls durch Lokationsverschiebungen unterscheiden. Das bedeutet, dass die Verteilungsfunktionen $F_1, \ldots, F_k$ dieselbe Gestalt haben, sich aber bezüglich eines Lageparameters ϑ_i unterscheiden können:

$$F_i(t) = F(t - \vartheta_i),$$

wobei F eine Verteilungsfunktion bezeichne. Die Nullhypothese ist die Gleichheit der Verteilungen aller k Gruppen, es bestehen also keine Lageunterschiede zwischen den Verteilungen:

$$H_0 : \vartheta_1 = \vartheta_2 = \cdots = \vartheta_k.$$

Unter der Alternative gibt es Unterschiede zwischen zwei oder mehr Gruppen. Die Alternative „es gibt i, j mit $\vartheta_i \neq \vartheta_j$" besagt, dass es irgendeinen Lageunterschied gibt. In dieser Situation kann der Kruskal-Wallis-Test angewandt werden. Die Teststatistik H des Kruskal-Wallis-Tests (siehe z.B. Duller, 2008, S. 215) lautet:

$$H = \frac{12}{N(N+1)} \sum_{i=1}^{k} \frac{1}{n_i} \left(R_i - \frac{n_i(N+1)}{2} \right)^2$$
$$= \left(\frac{12}{N(N+1)} \sum_{i=1}^{k} \frac{R_i^2}{n_i} \right) - 3(N+1),$$

wobei R_i die Rangsumme in Gruppe i bezeichne, $i = 1, \ldots, k$. Für die Bildung der Ränge werden alle N Werte gepoolt.

Die Rangsumme R_i hat unter der Nullhypothese den Erwartungswert $n_i(N+1)/2$. Die Kruskal-Wallis-Teststatistik kumuliert daher die Unterschiede zwischen den Rangsummen der einzelnen Gruppen und ihren Erwartungswerten. Da diese Unterschiede quadriert werden, ist der Kruskal-Wallis-Test ein zweiseitiger Test.

Da wir hier keine stetigen Verteilungen voraussetzen, sind Bindungen möglich. Die Statistik H wird bei Bindungen wie folgt modifiziert (siehe z.B. Duller, 2008, S. 215):

$$H^* = \frac{H}{C} \quad \text{mit} \quad C = 1 - \frac{\sum_{i=1}^{g} (t_i^3 - t_i)}{N^3 - N}.$$

Wie bereits in Kapitel 2 bezeichne g die Anzahl der Bindungsgruppen und t_i die Anzahl der Beobachtungen in der Bindungsgruppe i. Ein nicht an andere Beobachtungen gebundener Wert wird als „Bindungsgruppe" mit $t_i = 1$ aufgefasst.

Mit der Teststatistik H^* kann ein exakter Permutationstest, ein approximativer Permutationstest basierend auf einer Zufallsstichprobe von Permutationen, oder ein asymptotischer Test durchgeführt werden. Letzterer ist möglich, da H^* für große Fallzahlen n_i approximativ χ^2-verteilt ist mit $k - 1$ Freiheitsgraden. Ein Permutationstest kann natürlich auch im Falle von Bindungen direkt mit H durchgeführt werden, da der Korrekturfaktor C für alle Permutationen gleich ist.

Betrachten wir ein von Zöfel (1992) beschriebenes Beispiel: Vier Gruppen von Versuchspersonen machten einen Konzentrationsleistungstest und wurden dabei unterschiedlich motiviert, z.B. mit einem Lob oder Geldpreis. Die Kontrollgruppe wurde nicht zusätzlich motiviert. Die Tabelle 9.1 zeigt die erzielten Punktwerte.

Zunächst sind die Ränge der insgesamt $N = 28$ Beobachtungen zu bilden. Für die Bindungen werden Mittelränge vergeben, damit ergeben sich für die Gruppe A die Ränge 6, 15.5, 1, 2.5, 6, 6 und 11 und somit die Rangsumme 48. Die anderen drei Rangsummen betragen 81.5, 115.5 und 161. Daraus folgt $H = 14.78$.

In diesem Beispieldatensatz gibt es eine Vielzahl von Bindungen, nur fünf der 28 Werte sind nicht gebunden. Dennoch weicht die Statistik C nicht stark von 1 ab, es gilt

Tabelle 9.1: *Bei unterschiedlicher Motivation in einem Konzentrationsleistungstest erzielte Punkte (Zöfel, 1992, S. 37)*

Gruppe (Motivationsart)	Punktwert						
A (Kontrollgruppe)	9	11	7	8	9	9	10
B	11	12	8	9	10	11	10
C	12	13	11	9	10	12	12
D	15	17	15	10	16	14	12

$C = 0.98$. Damit erhält man $H^* = 14.78/0.98 = 15.07$. Basierend auf der χ^2-Verteilung mit $k - 1 = 3$ Freiheitsgraden ergibt sich 0.0018 als asymptotischer p-Wert. Wegen der kleinen Fallzahlen und der Vielzahl der Bindungen sollte hier aber ein Permutationstest durchgeführt werden. Insgesamt gibt es $N!/\prod_{i=1}^{k} n_i! = 28!/7!^4 = 472$ Billionen Permutationen. Trotz dieser enormen Anzahl an Permutationen kann ein exakter Permutationstest durchgeführt werden, und zwar mit Hilfe effizienter Algorithmen. Der resultierende p-Wert lautet 0.0003. Alternativ bietet sich hier ein approximativer Permutationstest an.

Durchführung in SAS

Der Kruskal-Wallis-Test kann wie der Wilcoxon-Mann-Whitney (WMW)-Test (siehe Kapitel 2.2) mit der SAS-Prozedur NPAR1WAY und der Option WILCOXON durchgeführt werden:

```
PROC NPAR1WAY WILCOXON;
 CLASS gruppe
 VAR wert;
 EXACT;
RUN;
```

Nun muss die CLASS-Variable mehr als zwei Kategorien aufweisen. Durch das EXACT-Statement wird der Kruskal-Wallis-Test als exakter Permutationstest durchgeführt. Der Output zeigt die Wilcoxon-Scores (= Rangsummen) der einzelnen Gruppen sowie das Ergebnis des Kruskal-Wallis-Tests, sowohl asymptotisch als auch exakt:

```
The NPAR1WAY Procedure

Wilcoxon Scores (Rank Sums) for Variable anzahl
        Classified by Variable gruppe

                    Sum of      Expected    Std Dev         Mean
```

gruppe	N	Scores	Under H0	Under H0	Score
1	7	48.00	101.50	18.661458	6.857143
2	7	81.50	101.50	18.661458	11.642857
3	7	115.50	101.50	18.661458	16.500000
4	7	161.00	101.50	18.661458	23.000000

```
            Average scores were used for ties.

        Kruskal-Wallis Test

Chi-Square                        15.0721
DF                                      3
Asymptotic Pr  >  Chi-Square       0.0018
Exact        Pr >= Chi-Square    2.807E-04
```

Ersetzt man die Option WILCOXON durch SCORES=DATA, wird statt des Rangtests ein Test, der auf den Originaldaten basiert, durchgeführt. Dabei wird aber nicht die oben erwähnte F-Statistik als Teststatistik verwendet, sondern die folgende Statistik T:

$$T = \frac{1}{S^2} \sum_{i=1}^{k} n_i (\bar{X}_i - \bar{X})^2 \, ,$$

wobei $\bar{X}_i$ den Mittelwert in Gruppe i und $\bar{X}$ den Gesamtmittelwert bezeichnen. Zudem gelte

$$S^2 = \frac{1}{N-1} \sum_{i=1}^{k} \sum_{j=1}^{n_i} (X_{ij} - \bar{X})^2 \, .$$

Die Statistik T ist unter der Nullhypothese, dass es keinen Unterschied zwischen den k Gruppen gibt, asymptotisch χ^2-verteilt mit $k-1$ Freiheitsgraden. Der asymptotische Test entspricht daher nicht dem F-Test. Der Permutationstest mit T entspricht jedoch dem Permutationstest mit der F-Statistik: Die beiden Statistiken T und F sind bezüglich des Permutationstests äquivalent (Cytel, 2007, S. 358). Dieser Test wird auch im Fall von mehr als 2 Gruppen als Fisher-Pitman-Permutationstest bezeichnet (Neuhäuser & Manly, 2004).

Für das Beispiel aus Tabelle 9.1 gilt $T = 16.30$, der asymptotische p-Wert basierend auf der χ^2-Verteilung mit 3 Freiheitsgraden lautet 0.0010, der exakte Permutationstest liefert den auf vier Nachkommastellen gerundeten p-Wert 0.0001, wie der folgende SAS-Output zeigt:

```
        Data Scores One-Way Analysis

Chi-Square                        16.3002
DF                                      3
Asymptotic Pr  >  Chi-Square       0.0010
Exact        Pr >= Chi-Square    8.306E-05
```

Hat man die Nullhypothese der Gleichheit aller k Gruppen verwerfen können, ist in der Regel die Frage, zwischen welchen Gruppen ein Unterschied besteht, von Interesse. Für die dazu nötigen Paarvergleiche können die in den vorigen Kapiteln vorgestellten Zweistichproben-Tests verwendet werden. Schumacher (1999) bietet im Internet (www.uni-hohenheim.de/inst110/mitarbeiter/Permutationstests.htm) zwei SAS-Makros an, die neben dem globalen Permutationstest multiple paarweise Vergleiche durchführen können. Ein SAS-Makro kann beim hier behandelten vollständig randomisierten Design angewandt werden. Das andere SAS-Makro von Schumacher (1999) bietet Permutationstests im „Randomised complete block design" an. In diesem Fall sind alle möglichen Permutationen getrennt für jeden Block zu erfassen. Als Rangtest bietet sich dann der Friedman-Test (siehe Kapitel 9.3) an. Ausführliche Informationen zu diesen Makros finden sich bei Schumacher (1999).

Es gibt eine Vielzahl weiterer Tests für den Vergleich von k unabhängigen Gruppen. Selbstverständlich sind auch in dieser Situation Bootstrap-Tests möglich (siehe z.B. Wilcox, 2003, S. 309ff.). Zudem kann man sich von der restriktiven Annahme eines Lokationsmodell lösen. Dann ist ein Lokations-Skalen-Test, der in Kapitel 3.1 für die Zweistichproben-Situation vorgestellt wurde, ebenfalls möglich. Die Lepage-Statistik kann für mehr als 2 Gruppen verallgemeinert werden, indem zum Beispiel die Kruskal-Wallis-Statistik mit einer Verallgemeinerung des Ansari-Bradley-Tests kombiniert wird. Details zu dieser k-Stichproben-Lepage-Statistik sind bei Murakami (2008) zu finden. Erwähnt sei auch, dass es als Alternative zum Kruskal-Wallis-Test eine dem Brunner-Munzel-Test (siehe Kapitel 3.2) vergleichbare Methode gibt, die bei ungleichen Varianzen auf Lokationsunterschiede testet. Dieses auf Brunner et al. (1997) beruhende Verfahren wird von Wilcox (2003, S. 568ff.) im Detail beschrieben.

9.2 Trendtests

Die im vorigen Abschnitt diskutierten Tests können beliebige Lokationsunterschiede zwischen den Gruppen nachweisen. Wenn das Merkmal „Gruppe" ein mindestens ordinales Skalenniveau hat, ist es aber oft sinnvoll, die Alternative genauer zu spezifizieren. Diese Situation liegt zum Beispiel dann vor, wenn die Gruppen sich in der Dosierung einer Behandlung unterscheiden, und angenommen werden kann, dass der Effekt mit steigender Dosierung zumindest nicht fällt.

Betrachten wir ein Beispiel. Der Ames-Assay ist ein Mutagenitätstest, der zum Erkennen chemisch induzierter Genmutationen verwendet wird (Göggelmann, 1993). Das heißt, man kann die mutagene und damit oft auch kanzerogene Wirkung einer chemischen Substanz nachweisen. Beim Ames-Test werden Histidin auxotrophe (abhängige) Bakterien mit der zu testenden Substanz auf histidinfreie Agarplatten gegeben. Bei einigen Bakterien kommt es zur Rückmutation zum Wildtyp. Diese Revertanten sind nicht mehr von Histidin abhängig und bilden sichtbare Kolonien. Die nicht mutierten Bakterien können auf dem Histidin-Mangelagar nicht wachsen. Das Verteilungsverhalten des Endpunktes „Anzahl der Revertanten bzw. Kolonien" ist unklar, daher sind nichtparametrische Tests angezeigt. Die Daten der Tabelle 9.2 stammen von Hothorn (1990, S. 201).

Tabelle 9.2: *Anzahlen an beobachteten Mutationen (Revertanten) in einem Ames-Assay (Hothorn, 1990, S. 201)*

Dosis (in µg)	Anzahl		
0	101	117	111
10	91	90	107
30	103	133	121
100	136	140	144
300	190	161	201
1000	146	120	116

Die Dosis ist hier eine quantitative Variable. Es ist daher möglich, den Wert der Dosis zum Beispiel in einer Regressionsanalyse zu nutzen. Die Dosis wird jedoch häufig nur wie eine qualitative ordinale Variable behandelt. Dieser „Varianzanalyse-Ansatz" ist nach Ruberg (1995) vor allem dann sinnvoll, wenn nur relative wenige Dosierungen untersucht werden und daher kein Modell spezifiziert werden soll.

Wie in Kapitel 9.1 erwähnt, besagt die größtmögliche Alternative „$\exists\ i, j$ mit $\vartheta_i \neq \vartheta_j$", dass es irgendeinen Lageunterschied gibt. Bei der Fragestellung, ob ein Trend vorliegt, ist diese Alternative aber nicht angemessen. Bei einem Trendtest beschränkt man sich auf eine einseitige und geordnete Alternative:

$$\mathrm{H}_1^T : \vartheta_1 \leq \vartheta_2 \leq \cdots \leq \vartheta_k \quad \text{mit} \quad \vartheta_1 < \vartheta_k \, .$$

Solch eine geordnete Alternative kann unter anderem dann sinnvoll sein, wenn die Gruppen – wie in dem oben genannten Beispiel – ansteigende Dosierungen der gleichen Substanz sind. Die Alternative kann analog für einen Abfall definiert werden, es ergibt sich dann $\vartheta_1 \geq \cdots \geq \vartheta_k$ mit $\vartheta_1 > \vartheta_k$. Dieser Fall wird hier nicht gesondert betrachtet, er ist analog dem ansteigenden Trend. Wenn man $-X_{ij}$ statt X_{ij} analysiert, ändert sich die Richtung des Trends. Es können auch zweiseitige Trendalternativen formuliert werden, diese sind aber für die Praxis in der Regel nicht relevant.

Das nichtparametrische Standardverfahren bei einer geordneten Alternative ist der Trendtest nach Jonckheere (1954) und Terpstra (1952). Die Teststatistik ist eine Summe von Mann-Whitney-Scores. Der Mann-Whitney-Score bezüglich der Gruppen i und j ist wie folgt definiert

$$U_{ij} = \sum_{t=1}^{n_i} \sum_{s=1}^{n_j} \phi(Y_{it}, Y_{js}) \quad \text{mit} \quad \phi(a, b) = \begin{cases} 1 & \text{falls} \quad a < b \\ 0.5 & \text{falls} \quad a = b \\ 0 & \text{falls} \quad a > b \, . \end{cases}$$

Bei Bindungen wird ϕ gleich $1/2$ gesetzt, wie von Hollander und Wolfe (1999, S. 203) vorgeschlagen.

Die Teststatistik des Jonckheere-Terpstra-Tests lautet

$$T_{JT} = \sum_{i=1}^{k-1} \sum_{j=i+1}^{k} U_{ij} \; .$$

Dieser Test lehnt bei großen Werten der Teststatistik die Nullhypothese zugunsten von H_1^T ab. Mit T_{JT} kann ein exakter wie auch ein approximativer Permutationstest durchgeführt werden. Bei großen Fallzahlen kann zudem statt der exakten Verteilung die asymptotische Normalität der Teststatistik herangezogen werden. Mit $N = \sum_{i=1}^{k} n_i$ ist die standardisierte Statistik

$$\frac{\left(T_{JT} - \frac{N^2 - \sum_{i=1}^{k} n_i^2}{4} \right)}{\sqrt{\mathrm{Var}_0(T_{JT})}}$$

$$\text{mit } \mathrm{Var}_0(T_{JT}) = \frac{N^2(2N+3) - \sum_{i=1}^{k} n_i^2(2n_i+3)}{72}$$

unter der Nullhypothese asymptotisch (d.h. für $\min\{n_1, n_2, \ldots, n_k\} \to \infty$) standardnormalverteilt (Hollander und Wolfe, 1999, S. 203). Die Nullhypothese wird somit im asymptotischen Test zum Niveau α verworfen, wenn die oben genannte standardisierte Teststatistik größer ist als das $(1-\alpha)$-Quantil der Standardnormalverteilung.

Die obige Standardisierung von T_{JT} gilt nur, falls keine Bindungen vorliegen. Im Falle von Bindungen reduziert sich die Varianz zu

$$\mathrm{Var}_0(T_{JT}) = \frac{1}{72}[N(N-1)(2N+5)$$

$$- \sum_{i=1}^{k} n_i(n_i-1)(2n_i+5) - \sum_{j=1}^{g} t_j(t_j-1)(2t_j+5)]$$

$$+ \frac{1}{36N(N-1)(N-2)} \left(\sum_{i=1}^{k} n_i(n_i-1)(n_i-2) \right) \left(\sum_{j=1}^{g} t_j(t_j-1)(t_j-2) \right)$$

$$+ \frac{1}{8N(N-1)} \left(\sum_{i=1}^{k} n_i(n_i-1) \right) \left(\sum_{j=1}^{g} t_j(t_j-1) \right) \; .$$

Erneut bezeichne g die Anzahl der Bindungsgruppen und t_i die Anzahl der Beobachtungen in der Bindungsgruppe i. Falls keine Bindungen vorliegen, gilt $t_i = 1$ für alle i und man erhält die zuvor genannte Varianz (Hollander & Wolfe, 1999, S. 212).

Für die Beispieldaten aus Tabelle 9.2 gilt $T_{JT} = 104$, so dass sich eine standardisierte Teststatistik von $(104 - 67.5)/12.99 = 2.81$ ergibt. Der asymptotische einseitige p-Wert ist daher 0.0025, der aber bei der Fallzahl $n_i = 3$ sicherlich nicht angemessen ist. Der exakte einseitige p-Wert ist $P_0(T_{JT} \geq 104) = 0.0022$.

Nach einem signifikanten Trendtest sind weitere Tests möglich. Jedoch macht es aufgrund der Ordnungsrestriktion keinen Sinn, alle Paarvergleiche zwischen zwei Gruppen durchzuführen. Stattdessen kann die folgende von Lüdin (1985) vorgeschlagene Prozedur verwendet werden, um die minimale effektive (minimale wirksame) Dosis zu finden: Zunächst ist der Jonckheere-Terpstra-Test mit allen Gruppen durchzuführen. Falls dieser signifikant ist, ist zumindest die höchste Dosis wirksam. Der Test wird daher nun ohne diese höchste Dosis wiederholt. Falls dieser zweite Trendtest erneut signifikant ist, ist auch die Wirksamkeit der zweithöchsten Dosis gezeigt und diese Dosis wird im folgenden Test nicht mehr verwendet, usw. Bei einer Nichtsignifikanz stoppt das Verfahren. Die höchste Dosis im letzten signifikanten Trendtest ist die geschätzte minimale effektive Dosis. Da es sich hierbei um einen Abschlusstest handelt, kann jeder einzelne Trendtest zum vollen Niveau α durchgeführt werden. Falls der Test mit nur noch zwei Gruppen durchgeführt wird, ergibt sich der einseitige WMW-Test als Spezialfall des Jonckheere-Terpstra-Tests.

Im Beispiel sind die folgenden drei exakten Jonckheere-Terpstra-Tests zum Niveau 5% signifikant: mit allen sechs Gruppen aus Tabelle 9.2 (einseitiger p-Wert: 0.0022), mit den Dosen bis 300 µg (p-Wert: 0.0001) und mit den Dosen bis 100 µg (p-Wert: 0.0123). Der Test mit den Dosen 0, 10 und 30 µg ist jedoch nicht mehr signifikant (p-Wert: 0.3339), daher stoppt die Prozedur. Die Wirksamkeit (Mutagenität) konnte daher bis zur Dosis 100 µg nachgewiesen werden. Hier ist allerdings zu berücksichtigen, dass die Fallzahlen und damit auch die Güte der Tests sehr gering sind. Mit größeren Fallzahlen wäre vielleicht auch der Test mit den drei Gruppen bis 30 µg signifikant geworden.

Durchführung in SAS

Der Jonckheere-Terpstra-Test kann wie folgt mit der Prozedur FREQ durchgeführt werden:

```
DATA ames;
 INPUT dosis anzahl @@;
 CARDS;
0 101 0 117 0 111
10 91 10 90 10 107
30 103 30 133 30 121
100 136 100 140 100 144
300 190 300 161 300 201
1000 146 1000 120 1000 116
;
RUN;

PROC FREQ;
 TABLES dosis*anzahl;
 EXACT JT;
RUN;
```

Das EXACT-Statement mit der Option JT fordert den exakten Permutationstest mit der Teststatistik T_{JT} an. Der asymptotische Test wird zusätzlich durchgeführt, wie der folgende Output zeigt:

```
Statistics for Table of dosis by anzahl

Jonckheere-Terpstra Test

Statistic (JT)              104.0000
Z                            2.8098


Asymptotic Test
One-sided Pr >   Z           0.0025
Two-sided Pr >  |Z|          0.0050


Exact Test
One-sided Pr >=   JT         0.0022
Two-sided Pr >=  |JT - Mean| 0.0043


Sample Size = 18
```

Vergleich des Jonckheere-Terpstra-Test mit anderen Tests

Für monoton steigende Profile $\vartheta_1 \leq \vartheta_2 \leq \cdots \leq \vartheta_k$ ist der Jonckheere-Terpstra-Test – wie zu erwarten – mächtiger als der Kruskal-Wallis-Test (Magel, 1986). Neben dem Jonckheere-Terpstra-Test gibt es aber auch eine Reihe weiterer nichtparametrischer Trendtests. Mahrer & Magel (1995) vergleichen den Jonckheere-Terpstra-Test mit den Tests von Cuzick (1985) und Le (1988). Dabei erwiesen sich die drei Trendtests als ähnlich gut. Mahrer & Magel (1995, S. 870) schreiben: „the tests yielded similar powers for the detection of the trends under the alternative hypothesis. Since the powers are so close among the three tests, it seems reasonable to recommend that researchers employ the test they find easiest to use". Daher wurde hier der Jonckheere-Terpstra-Test vorgestellt, da dieser nach Budde & Bauer (1989) der am häufigsten angewandte nichtparametrische Trendtest ist. Zudem ist dieser Test auch dann empfehlenswert, wenn Anzahlen („count data") ausgewertet werden (Weller and Ryan, 1998).

Bei kleinen Fallzahlen kann es sinnvoll sein, die modifizierte Jonckheere-Terpstra-Statistik

$$T_{MJT} = \sum_{i=1}^{k-1} \sum_{j=i+1}^{k} (j-i)\, U_{ij}$$

zu verwenden, da diese weniger diskret ist (Neuhäuser et al., 1998).

Eine weitere rangbasierte Trendteststatistik wurde von Hettmansperger & Norton (1987) vorgeschlagen. Diese ist neben der Jonckheere-Terpstra-Statistik bei Brunner & Munzel (2002, S. 118ff.) beschrieben. Alternativ kann auch ein Maximum-Test verwendet werden, wenn keine einzelne Teststatistik ausgewählt werden kann (für Details siehe Neuhäuser et al., 2000).

Für dichotome Daten ist der bereits in Kapitel 5 vorgestellte Armitage-Test der in der Regel verwendete Trendtest (Corcoran et al., 2000). Es ist jedoch auch möglich, das Prinzip des Jonckheere-Tests auf dichotome Daten zu übertragen (Neuhäuser & Hothorn, 1998). Zudem kann mit der für einseitige Tests modifizierten BWS-Statistik (siehe Kapitel 2.5) ein Trendtest für dichotome Daten konstruiert werden (Neuhäuser, 2006).

Tests für Umbrella-Alternativen

Bei Hothorn (1990, S. 201) findet sich noch eine weitere, nicht in die Tabelle 9.2 aufgenommene Dosisgruppe. Bei einer Dosis von 3000 µg wurden die Anzahlen 92, 102 und 104 beobachtet. Die Revertanten-Anzahl scheint also bei einer sehr hohen Dosis wieder abzufallen. In dieser Situationen steigt das Profil erst und fällt dann wieder ab:

$$\vartheta_1 \leq \vartheta_2 \leq \cdots \leq \vartheta_u \geq \vartheta_{u+1} \geq \cdots \geq \vartheta_k$$
$$\text{mit} \quad \vartheta_1 < \vartheta_u > \vartheta_k \,.$$

Man spricht hier von einem Umbrella-Profil. Es tritt zum Beispiel im Ames-Assay auf, wenn die untersuchte Substanz nicht nur mutagen, sondern in hohen Dosen auch toxisch ist. Aufgrund der Toxizität können dann auch revertierte Bakterien keine Kolonien bilden.

Bezieht man die Werte der hohen Dosis in die Auswertung mit ein, ist der Jonckheere-Terpstra-Test nicht mehr signifikant, der exakte einseitige p-Wert ist dann 0.1376. Das Umbrella-Profil scheint bereits bei der Dosis 1000 µg zu beginnen, die mittlere Anzahl beträgt 127.3 im Vergleich zu 184.0 bei der Dosis 300 µg. Dieser Abfall ist aber vergleichsweise gering, so dass der Jonckheere-Terpstra-Test zu einer Signifikanz führt (siehe oben). Diese Signifikanz ist aber mit einem exakten einseitigen p-Wert von 0.0001 stärker ausgeprägt, wenn nur die Dosierungen 0 bis 300 µg in die Auswertung eingehen.

Für Umbrella-Profile gibt es spezielle Tests (Chen, 1991). Falls der „Peak" u bekannt ist, kann die folgende Teststatistik verwendet werden:

$$T_u = \sum_{i=1}^{u-1} \sum_{j=i+1}^{u} U_{ij} + \sum_{i=u}^{k-1} \sum_{j=i+1}^{k} U_{ji} \,.$$

Für die Dosisgruppen bis zum Peak wird also die gewöhnliche Jonckheere-Terpstra-Statistik verwendet. Ab dem Peak wird die Statistik U_{ji} statt U_{ij} verwendet. Der Peak ist in der Praxis allerdings in aller Regel unbekannt. Dann können die Statistiken T_u für alle möglichen Werte von u berechnet werden, und das Maximum wird als Teststatistik verwendet:

$$T_{CW} = \max(T_1, \ldots, T_k).$$

Mit dieser von Chen & Wolfe (1990) vorgeschlagenen Statistik T_{CW} kann ein Permutationstest durchgeführt werden. Ein asymptotischer Test ist ebenfalls möglich, da T_{CW}

asymptotisch normal verteilt ist (Chen, 1991). Die zur Standardisierung nötigen Formeln für den Erwartungswert und die Varianz von T_{CW} finden sich bei Chen (1991).

Die Tests basierend auf den Statistiken T_u oder T_{CW} haben einen gravierenden Nachteil: Sie können zu einer Signifikanz führen, wenn es gar keinen Anstieg bis zum Peak gibt. Der Abfall ab der Dosis u genügt für die Ablehnung der Nullhypothese. Im Extremfall kann sogar $u = 1$ gelten, so dass nur ein Abfall ohne einen vorherigen Anstieg vorliegt. Der Fall $\vartheta_1 \geq \cdots \geq \vartheta_k$ mit $\vartheta_1 > \vartheta_k$ gehört also mit zur Alternative. Das ist häufig nicht angemessen, zum Beispiel dann, wenn der Abfall im Ames-Assay durch eine Toxizität bei hohen Dosen verursacht wurde. Ähnliches gilt bei landwirtschaftlichen Feldversuchen, wenn der Ertrag aufgrund von Überdüngung bei hohen Dosierungen eines Düngemittels fällt.

Die Alternative kann stattdessen für $u \leq k$ wie folgt definiert werden:

$$\vartheta_1 \leq \vartheta_2 \leq \cdots \leq \vartheta_u \quad \text{mit} \quad \vartheta_1 < \vartheta_u \,, \quad u \geq 2.$$

Das Profil der Gruppen $u + 1$ bis k interessiert hier nicht. Was nach dem Anstieg passiert, ist irrelevant. Entscheidend ist, dass es zunächst einen ansteigenden Trend bis zur Gruppe u gibt. Danach gibt es keine Restriktion. Diese Formulierung des Testproblems nennen Bretz & Hothorn (2001) „protected trend alternative". Die Teststatistik kann dann wie folgt definiert werden:

$$T_{PT} = \max(\widetilde{T}_2, \ldots, \widetilde{T}_k).$$
$$\text{mit} \quad \widetilde{T}_u = \sum_{i=1}^{u-1} \sum_{j=i+1}^{u} U_{ij} \,.$$

In T_{PT} taucht keine Statistik $\widetilde{T}_1$ auf, da ja mindestens von Dosis 1 zu Dosis 2 ein Anstieg erfolgen muss. Es sind aber auch weitere Restriktionen möglich, so dass das Maximum in T_{PT} nicht von 2 bis k, sondern von f bis g laufen kann, wobei dann $2 \leq f \leq u \leq g \leq k$ gelten muss.

Selbstverständlich kann ein Permutationstest mit T_{PT} durchgeführt werden. Die für einen asymptotischen Test nötigen Werte für den Erwartungswert und die Varianz von T_{PT} können mit Hilfe der Ergebnisse von Tryon and Hettmansperger (1973) sowie Chen (1991) hergeleitet werden.

9.3 Tests für k gepaarte Gruppen

Nun liegen k gepaarte Gruppen vor. Wie in der Situation von zwei verbundenen Gruppen (siehe Kapitel 8) sind nicht alle Permutationen möglich. Nur separat für die einzelnen Versuchseinheiten können die k Werte permutiert werden.

Für einen Rangtest werden separat für jeden Block, das heißt separat für jede Versuchseinheit, Ränge gebildet. Jeder Block ist zum Beispiel eine Person oder auch eine homogene Gruppe von Personen. Die Reihenfolge der Behandlungen für die einzelnen Blöcke ist idealerweise randomisiert.

Für die einzelnen Behandlungsgruppen sind die Rangsummen R_i zu bilden. Die Gesamtsumme der Ränge für alle n Versuchseinheiten und alle k Gruppen beträgt $nk(k+1)/2$. Unter der Nullhypothese, dass es keinen Unterschied zwischen den Gruppen gibt, lautet der Erwartungswert der Rangsumme für jede Gruppe daher $n(k+1)/2$. Die Teststatistik des Friedman-Tests summiert nun die Abweichungsquadrate zwischen den Rangsummen und ihren Erwartungswerten (siehe z.B. Hollander & Wolfe, 1999, S. 273; Duller, 2008, S. 226):

$$F = \frac{12}{nk(k+1)} \sum_{i=1}^{k} \left(R_i - \frac{n(k+1)}{2} \right)^2$$

$$= \left(\frac{12}{nk(k+1)} \sum_{i=1}^{k} R_i^2 \right) - 3n(k+1) \, .$$

Im Falle von Bindungen wird der Nenner von F wie folgt korrigiert (Hollander & Wolfe, 1999, S. 274):

$$F^* = \frac{12 \sum_{i=1}^{k} R_i^2 - 3n^2 k(k+1)^2}{nk(k+1) + (1/(k-1)) \sum_{i=1}^{n} (k - \sum_{j=1}^{g_i} t_{i,j}^3)} \, .$$

Hier bezeichne g_i die Anzahl der Bindungsgruppen im Block i und $t_{i,j}$ die Anzahl der Beobachtungen in der j-ten Bindungsgruppe des i-ten Blocks. Gibt es keinerlei Bindungen innerhalb der Blöcke gilt $t_{i,j} = 1$ für alle i und j und somit $g_i = k$, so dass in diesem Fall $F = F^*$ gilt.

Diese Teststatistik F bzw. F^* ist für große Fallzahlen unter der Nullhypothese approximativ χ^2-verteilt mit $k-1$ Freiheitsgraden, so dass ein asymptotischer Test möglich ist. Mit der Teststatistik F oder F^* kann zudem ein exakter Permutationstest – oder ein approximativer Permutationstest – durchgeführt werden. Dabei ist natürlich zu beachten, dass nur innerhalb der Blöcke permutiert werden kann. Daher gibt es insgesamt $(k!)^n$ Permutationen.

Zur Illustration des Tests betrachten wir erneut das Datenbeispiel aus Tabelle 9.1, wobei nun angenommen wird, dass bei jeder einzelnen Person alle vier Motivationsarten untersucht wurden. Die Werte der einzelnen Spalten seien die verbundenen Werte der Personen. Es gilt daher dann $k = 4$ und $n = 7$; die vier Rangsummen lauten $R_1 = 7.5$, $R_2 = 14.5$, $R_3 = 20.5$ und $R_4 = 27.5$.

Es ergibt sich $F = 18.69$. Wegen der Bindungen wird aber die Statistik F^* berechnet, man erhält $F^* = 19.82$, und damit für den asymptotischen Test einen p-Wert von 0.0002 (basierend auf der χ^2-Verteilung mit df = 3). Für den p-Wert des exakten Permutationstests gilt p $\leq$ 0.0001.

Bei dichotomen Daten kann die Teststatistik des Friedman-Tests vereinfacht werden. Der resultierende Test wird als Q-Test von Cochran bezeichnet. Inhaltlich entspricht der Test jedoch dem Friedman-Test und auch die Durchführung mit SAS (siehe unten) ist identisch (Duller, 2008, S. 230ff.).

Wenn der Faktor ordinal ist, sich also die einzelnen Faktorstufen ordnen lassen, bietet sich erneut ein Trendtest an. Wie beim Friedman-Test werden die Ränge innerhalb der Blöcke ermittelt und die k Rangsummen R_i berechnet.

Die Teststatistik des Page-Trendtests lautet dann (Hollander & Wolfe, 1999, S. 285):

$$L = \sum_{i=1}^{k} iR_i \,.$$

Erwartet man unter der Alternative größere Werte mit steigendem Gruppenindex, so sprechen große Werte von L gegen die Nullhypothese.

Mit der Page-Statistik L kann ein Permutationstest durchgeführt werden – basierend auf den insgesamt $(k!)^n$ möglichen Permutationen oder einer Zufallsauswahl. Für einen asymptotischen Test ist L zu standardisieren. Und zwar gilt (Hollander & Wolfe, 1999, S. 285):

$$\mathrm{E}_0(L) = \frac{nk(k+1)^2}{4} \quad \text{und} \quad \mathrm{Var}_0(L) = \frac{nk^2(k+1)(k^2-1)}{144}\,.$$

Die standardisierte Statistik $(L - \mathrm{E}_0(L))/\sqrt{\mathrm{Var}_0(L)}$ ist asymptotisch standard-normalverteilt.

Betrachten wir zur Illustration das Beispiel des Ames-Assays aus Tabelle 9.2. Wie bei der Anwendung des Friedman-Tests seien die Spalten der Tabelle die einzelnen Blöcke. Die verschiedenen Dosierungen nutzen wir wie in Kapitel 9.2 nicht quantitativ, sondern nur ordinal. Es gilt in diesem Beispiel $k = 6$ und $n = 3$. Die Rangsummen R_i betragen 6, 3, 11, 14, 18 und 11, so dass man $L = 257$ erhält. Zudem gilt $\mathrm{E}_0(L) = 220.5$ und $\mathrm{Var}_0(L) = 183.75$. Die standardisierte Teststatistik nimmt daher den Wert $(257 - 220.5)/\sqrt{183.75} = 2.69$ an. Der (einseitige) asymptotische p-Werte beträgt daher 0.0035. Der Permutationstest liefert in diesem Beispiel einen etwas kleineren p-Wert: 0.0023.

Bei Bindungen innerhalb der Blöcke können Mittelränge verwendet werden. Derartige Bindungen reduzieren die Varianz der Statistik L, im Beispiel gibt es aber keine Bindungen. Würde man trotz vorliegender Bindungen $nk^2(k+1)(k^2-1)/144$ als Varianz $\mathrm{Var}_0(L)$ für die Standardisierung der Teststatistik nutzen, so verkleinert man die Teststatistik und somit die Wahrscheinlichkeit, die Nullhypothese zu verwerfen. Das heißt, der p-Wert des Tests mit der unkorrigierten Varianz ist etwas zu groß, so dass ein Verzicht auf eine Korrektur der Varianz das Niveau nicht verletzt. Weitere Details zur Verteilung von L bei Stichproben mit oder ohne Bindungen sind bei van de Wiel & Di Bucchianico (2001) zu finden.

Durchführung in SAS

Der asymptotische Friedman-Test kann mit der SAS-Prozedur FREQ durchgeführt werden. Im TABLES-Statement sind die Variablen in der folgenden Reihenfolge aufzulisten: Block- (Stratifizierungs-)Variable, Gruppe (Behandlung), Werte. Zudem sind die Optionen CMH2 und SCORES=RANK anzugeben.

```
DATA tab9_1;
INPUT person gruppe punkte @@;
CARDS;
1 1 9 2 1 11 3 1 7 4 1 8 5 1 9 6 1 9 7 1 10
1 2 11 2 2 12 3 2 8 4 2 9 5 2 10 6 2 11 7 2 10
1 3 12 2 3 13 3 3 11 4 3 9 5 3 10 6 3 12 7 3 12
1 4 15 2 4 17 3 4 15 4 4 10 5 4 16 6 4 14 7 4 12
;
RUN;

PROC FREQ;
 TABLES person*gruppe*punkte / CMH2 SCORES=RANK;
run;
```

Im Output ist die Friedman-Statistik in der Zeile „Row Mean Scores Differ" zu finden. Der Wert der Teststatistik ist in der Spalte „Value" genannt und der asymptotische p-Wert in der Spalte „Prob".

```
Summary Statistics for gruppe by punkte
Controlling for person

    Cochran-Mantel-Haenszel Statistics (Based on Rank Scores)

Statistic    Alternative Hypothesis      DF       Value       Prob

    1        Nonzero Correlation          1      19.8000     <.0001
    2        Row Mean Scores Differ       3      19.8182     0.0002

Total Sample Size = 28
```

Ein SAS-Programm, das einen approximativen Permutationstest mit der Friedman-Statistik durchführen kann, findet sich im Internet unter www.webpages.uidaho.edu/ $\sim$chrisw/stat514/ch4rcbcandy2.sas. Mit diesem Programm kann auch der Page-Test durchgeführt werden.

10 Unabhängigkeit und Korrelation

10.1 Der χ^2-Test

Wenn zwei Variablen X und Y erhoben werden, stellt sich häufig die Frage, ob X und Y unabhängig sind. Ist zum Beispiel das Geschlecht unabhängig vom Wählerverhalten? Die Daten werden dazu in einer Kontingenztafel dargestellt. Falls X oder Y stetig sind, muss kategorisiert werden. Dann kann der bereits in Kapitel 5 für eine 2xk-Kontingenztafel vorgestellte χ^2-Test nach Pearson angewandt werden. Die Nullhypothese besagt, dass die beiden Variablen X und Y unabhängig sind. Unter der Alternative liegt eine Abhängigkeit vor.

Nun betrachten wir allgemein eine mxk-Kontingenztafel, die Notation wird in Tabelle 10.1 erklärt. Die Teststatistik des χ^2-Tests lautet

$$X^2 = \sum_{i=1}^{m}\sum_{j=1}^{k} \frac{\left(x_{ij} - \frac{n_{i.}n_{.j}}{N}\right)^2}{\frac{n_{i.}n_{.j}}{N}}.$$

Diese Teststatistik vergleicht die beobachteten Werte x_{ij} mit den unter Unabhängigkeit zu erwartenden Häufigkeiten. Denn unter der Nullhypothese gilt folgendes: Die Wahrscheinlichkeit für die Ausprägung i des Merkmals X kann mit $n_{i.}/N$ geschätzt werden. Analog gilt für die Ausprägung j des Merkmals Y die Wahrscheinlichkeit $n_{.j}/N$. Die Wahrscheinlichkeit für die Kombination (i, j) ergibt sich bei Unabhängigkeit als Produkt der beiden Wahrscheinlichkeiten. Um die erwartete Anzahl für die Kombination (i, j) zu bestimmen, muss dieses Produkt dann noch mit der Fallzahl N multipliziert werden. Damit ergibt sich $n_{i.}n_{.j}/N$ als erwartete Häufigkeit.

Die Teststatistik X^2 ist unter der Nullhypothese asymptotisch χ^2-verteilt mit $(m-1)(k-1)$ Freiheitsgraden. In einem asymptotischen Test kann die Unabhängigkeit daher abgelehnt werden, sofern X^2 mindestens so groß wie das $(1-\alpha)$-Quantil dieser χ^2-Verteilung ist. Alternativ kann ein exakter Test durchgeführt werden. Dazu können wie zuvor (siehe Kapitel 5) die Randsummen $n_{i.}$ und $n_{.j}$ in einem bedingten Test konstant gehalten werden.

Als Beispiel betrachten wir wie in Kapitel 7.4 außerpaarliche Vaterschaften bei Jungvögeln. Saino et al. (1999) bestimmten bei 74 Rauchschwalben (*Hirundo rustica*) das Geschlecht und die Vaterschaft. Die Ergebnisse finden sich in Tabelle 10.2. Getestet werden soll die Unabhängigkeit zwischen dem Geschlecht und der Eigenschaft „außerpaarlich". Die Teststatistik X^2 beträgt bei diesen Daten 0.323. Da alle erwarteten Häufigkeiten größer als 5 sind, ist der asymptotische Test gemäß der in Kapitel 5 genannten Faustregel akzeptabel. Bei einem Freiheitsgrad ergibt sich der p-Wert 0.5701. Der p-Wert des exakten Permutationstests lautet 0.6271.

Tabelle 10.1: *Notation für eine mxk-Kontingenztafel*

	Ausprägung der Variable Y				
Variable X	1	2	...	k	Gesamtzahl
Ausprägung 1	x_{11}	x_{12}	...	x_{1k}	$n_{1.}$
Ausprägung 2	x_{21}	x_{22}	...	x_{2k}	$n_{2.}$
...					
Ausprägung m	x_{m1}	x_{m2}	...	x_{mk}	$n_{m.}$
Gesamtzahl	$n_{.1}$	$n_{.2}$	...	$n_{.k}$	N

Tabelle 10.2: *Eine 2x2-Kontingenztafel (Vierfeldertafel): Geschlecht und Vaterschaft bei jungen Rauchschwalben (Saino et al., 1999)*

	Geschlecht		
Vaterschaft	männlich	weiblich	Gesamtzahl
außerpaarlich	26	23	49
nicht außerpaarlich	15	10	25
Gesamtzahl	41	33	74

In SAS kann der χ^2-Test mit der Prozedur FREQ durchgeführt werden (siehe Kapitel 5). Bei Ablehnung der Nullhypothese kann auf eine Abhängigkeit geschlossen werden. Es sei jedoch erwähnt, dass man damit keinen kausalen Zusammenhang nachweisen kann. In Kapitel 5 wurde der χ^2-Test genutzt, um auf eine Homogenität von zwei Verteilungen zu testen. Die Durchführung eines derartigen Homogenitätstests entspricht – auch bei mehr als zwei Gruppen – dem hier beschriebenen Unabhängigkeitstest.

10.2 Der Likelihood-Quotienten-Test G

Der Likelihood-Quotienten-Test G ist eine Alternative zum χ^2-Test. Die Teststatistik G ist wie folgt definiert (siehe z. B. Zar, 2010, S. 509):

$$G = 2 \sum_{i=1}^{m} \sum_{j=1}^{k} x_{ij} \ln \left(\frac{x_{ij}}{e_{ij}} \right) ,$$

wobei e_{ij} die unter der Nullhypothese erwartete Häufigkeit bezeichne. Hier gilt daher $e_{ij} = (n_{i.} n_{.j})/N$.

Wie beim χ^2-Test kann mit der Statistik G ein exakter Test oder ein asymptotischer Test durchgeführt werden. Genau wie X^2 ist G unter der Nullhypothese asymptotisch χ^2-verteilt mit $(m-1)(k-1)$ Freiheitsgraden.

Im Beispiel aus Tabelle 10.2 erhält man $G = 0.3240$, so dass der asymptotische p-Wert 0.5692 ist. Der p-Wert des exakten Permutationstests lautet 0.6271.

Wird bei der SAS-Prozedur FREQ mit dem Statement EXACT CHISQ der exakte χ^2-Test angefordert, wird im Output zusätzlich auch der exakte Likelihood-Quotienten-Test G ausgegeben:

```
        Pearson Chi-Square Test

Chi-Square                      0.3226
DF                                   1
Asymptotic Pr >  ChiSq          0.5701
Exact       Pr >= ChiSq         0.6271


        Likelihood Ratio Chi-Square Test

Chi-Square                      0.3240
DF                                   1
Asymptotic Pr >  ChiSq          0.5692
Exact       Pr >= ChiSq         0.6271
```

Wenn mindestens eine Zelle gar nicht besetzt ist, also $x_{ij} = 0$ gilt, kann die Statistik G nicht berechnet werden, da der Logarithmus von 0 nicht definiert ist. Falls alle x_{ij} positiv sind, stehen beide Tests, der χ^2-Test und der Likelihood-Quotienten-Test zur Verfügung. In der Frage, welcher Test dann angewandt werden sollte, ist die Literatur uneinheitlich (siehe z. B. Zar, 2010, S. 510). Mögliche Stetigkeitskorrekturen werden hier nicht vorgestellt, da die Tests bei kleinen Fallzahlen exakt durchgeführt werden sollten.

10.3 Korrelationskoeffizienten

Die Korrelation ist ein Maß für den Grad des Zusammenhangs zwischen zwei Variablen X und Y. Werden die einzelnen Werte mit x_i und y_i, $i = 1, \ldots, n$, und die Mittelwerte mit $\bar{x}$ und $\bar{y}$ bezeichnet, so gilt für den gewöhnlichen Korrelationskoeffizienten r

$$r = \frac{\sum_{i=1}^{n}(x_i - \bar{x})(y_i - \bar{y})}{\sqrt{\sum_{i=1}^{n}(x_i - \bar{x})^2 \sum_{i=1}^{n}(y_i - \bar{y})^2}}.$$

Der Korrelationskoeffizient r wird auch Korrelationskoeffizient nach Bravais-Pearson genannt, er kann nur Werte im Intervall von -1 bis 1 annehmen. Falls zwischen zwei Merkmalen keine Korrelation besteht, nimmt r den Wert Null an. Positive Werte von r deuten auf einen Gleichklang der beiden Variablen. So ist zum Beispiel die Körpergröße positiv mit dem Körpergewicht korreliert, denn mit steigender' Größe steigt auch das Gewicht – zumindest im Durchschnitt. Je größer der Gleichklang zwischen den beiden Merkmalen ist, um so größer wird auch der Wert r. Wenn eine negative Korrelation besteht, das heißt das eine Merkmale wird kleiner, wenn das andere größer wird, wird der Korrelationskoeffizient negativ. Eine negative Korrelation besteht zum Beispiel zwischen erzielten und eingefangenen Toren beim Fußball. Gute Mannschaften schießen in aller Regel viele Tore, kassieren aber nur relativ wenige Gegentore. Bei schlechten Teams ist es genau umgekehrt.

Mit dem Korrelationskoeffizienten nach Bravais-Pearson wird lediglich ein linearer Zusammenhang gemessen. Wenn ein Zusammenhang zwischen zwei Merkmalen besteht, dieser aber nicht linear ist, kann r sehr klein und sogar null werden.

Über eine Kausalität sagt der Korrelationskoeffizient nichts aus. Selbst ein betragsmäßig sehr hoher Wert von r bedeutet nicht, dass die Größe des einen Merkmals die Ursache für die Größe des anderen ist. Zwar besteht bei Vorliegen einer Korrelation oft auch eine kausale Beziehung, dies muss aber nicht der Fall sein. Ein Beispiel nennt Krämer (1992, S. 146): Bei Männern besteht eine negative Korrelation zwischen der Dichte des Kopfhaares und dem Einkommen. Dies ist eine Scheinkorrelation: Beide Variablen hängen von einem dritten Merkmal ab, dem Alter.

Mit dem Konzept der partiellen Korrelation kann die Korrelation bestimmt werden, die ohne den Einfluss der dritten Variable vorhanden ist. Die partielle Korrelation ist daher die Korrelation zwischen zwei Variablen X und Y unter Partialisierung der dritten Variable U (Hartung et al., 2009, S. 561). Berechnet werden kann diese partielle Korrelation $r_{XY|U}$ wie folgt mit Hilfe der gewöhnlichen Korrelationskoeffizienten:

$$r_{XY|U} = \frac{r_{XY} - r_{XU}r_{YU}}{\sqrt{(1 - r_{XU}^2)(1 - r_{YU}^2)}} \, ,$$

wobei der Index beim Korrelationkoeffizienten die Variablen angibt; r_{XU} bezeichnet also z. B. den Korrelationskoeffizienten zwischen den Variablen X und U.

Wenn getestet werden soll, ob eine Korrelation zwischen zwei Variablen vorliegt, kann die Nullhypothese, dass die Korrelation 0 ist, überprüft werden. Dies ist in einem Permutationstest möglich. Wie bei einem Vergleich von verbundenen Gruppen liegen gepaarte Werte vor. Jetzt gibt es aber keinen Sinn, wie z. B. beim Wilcoxon-Vorzeichen-Rangtest die beiden Werte eines Paares zu permutieren. Denn die beiden Werte sind ja jetzt in der Regel die Werte verschiedener Variablen. Stattdessen wird eine Variable, z. B. die x_i-Werte, unverändert belassen, und die Werte der anderen Variablen werden permutiert. Das heißt, nun wird jeder einzelne y_i-Wert jedem x_i-Wert einmal zugeordnet. Denn unter der Nullhypothese besteht keine Korrelation, und demzufolge könnte jeder y-Wert mit gleich hoher Wahrscheinlichkeit zu jedem x-Wert passen. Es gibt also $n!$ verschiedene Permutationen.

Für jede Permutation ist die Teststatistik r zu berechnen. Beim zweiseitigen Test ist der p-Wert dann der Anteil der Permutationen, für die r im Betrag mindestens so groß ist wie für die beobachteten Daten.

Tabelle 10.3: Karotingehalt von Gras in Abhängigkeit von der Lagerungsdauer (Steger & Püschel, 1960; zitiert nach Rasch & Verdooren, 2004, S. 16)

Lagerungsdauer (in Tagen)	Karotingehalt (in mg/100g)
1	31.25
60	28.71
124	23.67
223	18.13
303	15.53

Der Korrelationskoeffizient r kann auch wie folgt dargestellt werden:

$$r = \frac{\sum\limits_{i=1}^{n} x_i y_i - n\bar{x}\bar{y}}{\sqrt{\left(\sum\limits_{i=1}^{n} x_i^2 - n\bar{x}^2\right)\left(\sum\limits_{i=1}^{n} y_i^2 - n\bar{y}^2\right)}}.$$

Bis auf $\sum\limits_{i=1}^{n} x_i y_i$ sind die Terme dieser Formel über alle Permutationen konstant. Daher kann diese Summe $\sum\limits_{i=1}^{n} x_i y_i$ als Teststatistik für den Permutationstest verwendet werden.

Die in Kapitel 9.3 vorgestellte Teststatistik L des Page-Trendtests ist ein Spezialfall dieser Summe $\sum x_i y_i$. Um L zu erhalten, werden die x_i auf die Werte 1, 2, ..., k gesetzt, und die y_i entsprechen den Rangsummen R_i (Higgins, 2004, S. 151).

Als Beispiel werden nun Daten zum Karotingehalt von Gras in Abhängigkeit von der Lagerungsdauer betrachtet (Steger & Püschel, 1960) (siehe Tabelle 10.3). Für diese Daten gilt $n = 5$ und $r = -0.9923$. Es liegt also eine starke negative Korrelation vor. Für den Permutationstest sind nun $n! = 5! = 120$ Permutationen zu bilden. Die resultierende Permutationsverteilung von r ist in Tabelle 10.4 zu finden. Die Beobachtungen entsprechen einer extremen Permutation, ein kleinerer Wert als -0.9923 ist bei keiner Permutation möglich. Zudem sind die Werte von $|r|$ für alle anderen Permutationen kleiner. Die Permutationsverteilung ist nicht symmetrisch, es gibt keine Permutation mit einer positiven Korrelation in Höhe von 0.9923. Der zweiseitige p-Wert ist daher $1/120 = 0.0083$ und entspricht der Wahrscheinlichkeit $P_0(|r| \geq 0.9923)$. Die Nullhypothese, dass die Korrelation 0 ist, kann also zum Niveau $\alpha = 0.05$ abgelehnt werden.

Für einen asymptotischen Test kann die Teststatistik $\sqrt{(n-2)/(1-r^2)}\, r$ verwendet werden. Falls die Variablen X und Y bivariat normalverteilt sind, hat diese Teststatistik unter der Nullhypothese eine t-Verteilung mit $n-2$ Freiheitsgraden (siehe z. B. Higgins, 2004, S. 146). Im Beispiel erhalten wir -13.85 als Wert der Teststatistik, was einen zweiseitigen p-Wert von 0.0008 ergibt.

Tabelle 10.4: *Die exakte Permutationsverteilung von r für das Beispiel von Steger &*
Püschel (1960), siehe Tabelle 10.3

Mögliche Aus-prägung von r	Wahrscheinlichkeit (= relative Häufigkeit innerhalb der 120 Permutationen)
−0.9923	1/120
−0.9464	1/120
−0.9286	1/120
−0.8935	1/120
−0.8827	1/120
. . .	. . .
0.8799	1/120
0.8806	1/120
0.9269	1/120
0.9422	1/120
0.9891	1/120

Wenn der gewöhnliche Korrelationskoeffizient r nach Bravais-Pearson mit den Rang-zahlen berechnet wird, spricht man vom Rangkorrelationskoeffizienten nach Spearman. Dieser kann nicht nur für quantitative, sondern auch für ordinale Daten ermittelt wer-den. Für den Rangkorrelationskoeffizienten r_S sind zunächst die Ränge für die x_i und separat die Ränge für die y_i-Werte zu bestimmen. Dann werden die Ränge in die obige Formel für r eingesetzt, um den Rangkorrelationskoeffizienten nach Spearman zu er-halten. Bei Bindungen innerhalb der x_i bzw. innerhalb der y_i-Werte sind Mittelränge (Durschnittsränge) zu vergeben. Gibt es keine Bindungen vereinfacht sich r_S zu

$$ r_S = 1 - \frac{6 \sum_{i=1}^{n} d_i^2}{(n-1)n(n+1)}, $$

wobei d_i die Differenz Rang von x_i − Rang von y_i ist (siehe z. B. Büning & Trenkler, 1994, S. 232f.).

Wie der Korrelationskoeffizient r kann auch der Spearmansche Rangkorrelationskoeffi-zient r_S Werte von -1 bis 1 annehmen. Der Rangkorrelationskoeffizient nimmt jedoch nicht nur bei einem streng linearen Zusammenhang im Betrag den Wert 1 an, sondern auch dann, wenn der Gleichklang in den Daten zumindest monoton ist. Der Grund für dieses Erkennen eines nicht-linearen Zusammenhangs ist die Rangtransformation, denn auch wenn der Zusammenhang für die Originaldaten nicht linear ist, so kann es der Zusammenhang zwischen den Rängen dieser Werte doch sein.

Eine solche Monotonie liegt in den Beispieldaten aus Tabelle 10.3 vor, daher gilt $r_S = -1$. Der oben beschriebene Permutationstest kann nun natürlich auch mit r_S als Test-statistik durchgeführt werden. Im Beispiel gilt auch bei dieser Teststatistik, dass die Beobachtungen einer extremen Permutation entsprechen. Nun gibt es jedoch auch eine

Tabelle 10.5: *Die exakte Permutationsverteilung von r_S für das Beispiel von Steger &*
Püschel (1960), siehe Tabelle 10.3

Mögliche Aus- prägung von r_S	Wahrscheinlichkeit (= relative Häufigkeit innerhalb der 120 Permutationen)
−1	1/120
−0.9	4/120
−0.8	3/120
−0.7	6/120
−0.6	7/120
−0.5	6/120
−0.4	4/120
−0.3	10/120
−0.2	6/120
−0.1	10/120
0	6/120
0.1	10/120
0.2	6/120
0.3	10/120
0.4	4/120
0.5	6/120
0.6	7/120
0.7	6/120
0.8	3/120
0.9	4/120
1	1/120

Permutation mit $r_S = 1$ (siehe Tabelle 10.5), denn die Verteilung von r_S ist unter der
Nullhypothese symmetrisch (Hollander & Wolfe, 1999, S. 400). Der zweiseitige p-Wert
nimmt daher den Wert $P_0(|r_S| \geq 1) = 2/120 = 0.0167$ an. Es wird also auch mit r_S
zum Niveau 0.05 auf eine Korrelation zwischen den beiden Variablen geschlossen.

Bei einer großen Fallzahl kann dieser Permutationstest auch approximativ mit einer
Zufallsauswahl an Permutationen durchgeführt werden. Zudem kann in einem asymptotischen Test genutzt werden, dass $\sqrt{n-1}\, r_S$ unter der Nullhypothese asymptotisch
für $n \to \infty$ standard-normalverteilt ist (siehe z. B. Hollander & Wolfe, 1999, S. 395).

Durchführung in SAS

In SAS können die Korrelationskoeffizienten r und r_S mit der Prozedur CORR berechnet
werden. Um den Permutationstest durchzuführen, ist jedoch die Prozedur FREQ zu
wählen, bei der der auf r basierende exakte Test mit dem Statement EXACT PCORR
angefordert werden kann:

```
PROC FREQ;
  TABLES lagerungsdauer*karotingehalt;
  EXACT PCORR;
RUN;
```

Der hier gekürzt dargestellte Output enthält dann unter anderem den Korrelationskoeffizienten r sowie das Ergebnis des exakten Tests:

```
Pearson Correlation Coefficient

Correlation (r)           -0.9923
ASE                        0.0034
95% Lower Conf Limit      -0.9990
95% Upper Conf Limit      -0.9856

  Test of HO: Correlation = 0

Exact Test
One-sided Pr <=  r         0.0083
Two-sided Pr >= |r|        0.0083
```

Soll der Permutationstest mit r_S durchgeführt werden, ist das Statement EXACT SCORR
zu verwenden.

11 Stratifizierte Studien und Kombination von p-Werten

11.1 Der Test von van Elteren

Klinische Studien sind häufig multizentrisch, das heißt Patienten werden in mehreren Zentren (Praxen oder Kliniken) rekrutiert. Auf diese Weise lässt sich unter anderem eine größere Fallzahl erreichen. Ein Nachteil ist jedoch, dass es Unterschiede zwischen den Zentren geben kann. Daher ist es sinnvoll, separat für jedes Zentrum zu randomisieren. Auf diese Weise ist die Aufteilung der Patienten auf die zu vergleichenden Behandlungen in allen Zentren ähnlich. Für die statistische Auswertung ergibt sich dann die Konsequenz, die Stratifizierung auf die verschiedenen Zentren zu berücksichtigen (EMEA, 2003).

In einer Kovarianzanalyse könnte das Zentrum als zusätzlicher Faktor aufgenommen werden. Eine sehr allgemein anwendbare Alternative besteht darin, die Teststatistik für jeden Wert des Faktors, also hier für jedes Zentrum, separat zu berechnen und die Summe der einzelnen Teststatistiken zu bilden (Mehta et al., 1992). Ein derartiger stratifizierter Test ist zum Beispiel mit der Wilcoxon-Rangsumme als Teststatistik möglich. Diesen stratifizierten Wilcoxon-Test nennt man auch den Test von van Elteren (1960).

Im Test von van Elteren werden die Wilcoxon-Rangsummen separat für jedes Zentrum (bzw. im allgemeinen für jede Schicht bei einem stratifizierten Design) berechnet und aufaddiert. Die Anzahl der Zentren sei k. Die Verteilungsfunktion für Zentrum i, $i = 1, \ldots, k$, und Behandlung (Gruppe) j, $j = 1, 2$, sei $F[(x - \theta_{ij})/\theta_i]$, wobei der Shift-Parameter θ_{ij} vom Zentrum und von der Behandlung abhängen kann. Der Skalierungsparameter θ_i hängt dagegen nur vom Zentrum ab. Das bedeutet, dass es Lokationsunterschiede zwischen den Behandlungen geben kann. Das Ausmaß dieser Lokationsunterschiede kann sich zwischen den Zentren unterscheiden. Zudem können sich die Varianzen zwischen den Zentren unterscheiden, innerhalb eines Zentrums sind die Varianzen aber für beide Behandlungen gleich.

Die zu testende Nullhypothese ist $\theta_{i1} = \theta_{i2}$ für alle i. Es gibt also in keinem Zentrum einen Lokationsunterschied zwischen den beiden Behandlungen. Eine mögliche einseitige Alternative verlangt $\theta_{i1} \leq \theta_{i2}$ für alle i und $\theta_{i1} < \theta_{i2}$ für mindestens ein Zentrum.

Wie erwähnt werden die Wilcoxon-Rangsummen separat für jedes Zentrum berechnet, diese seien mit W_i, $i = 1, \ldots, k$, bezeichnet. Die Summe dieser Wilcoxon-Rangsummen aller Zentren ist dann $T = \sum\limits_{i=1}^{k} W_i$, die Teststatistik des van Elteren-Tests. Die Erwartungswerte und Varianzen der W_i unter der Nullhypothese seien mit $\mathrm{E}_0(W_i)$ und

$\mathrm{Var}_0(W_i)$ bezeichnet, sie ergeben sich gemäß der Formeln aus Kapitel 2.2. Wegen der Unabhängigkeit der Zentren können der Erwartungswert und die Varianz von T als Summe berechnet werden:

$$\mathrm{E}_0(T) = \sum_{i=1}^{k} \mathrm{E}_0(W_i) \quad \text{und} \quad \mathrm{Var}_0(T) = \sum_{i=1}^{k} \mathrm{Var}_0(W_i)\,.$$

Die standardisierte Statistik $(T - \mathrm{E}_0(T))/\sqrt{\mathrm{Var}_0(T)}$ ist asymptotisch standard-normalverteilt.

Mit der Statistik T kann auch ein Permutationstest durchgeführt werden. Die Anzahl der Permutationen ist bei einem stratifizierten Design allerdings sehr groß. Die Referenzmenge für den Permutationstest ist das kartesische Produkt der Mengen für die einzelnen Zentren. Daher gibt es $\prod_{i=1}^{k} \binom{N_i}{n_{1i}}$ Permutationen, wobei n_{1i} die Fallzahl in Gruppe 1 und Zentrum i und N_i die Gesamtfallzahl in Zentrum i bezeichnen. Wegen der Vielzahl an möglichen Permutationen ist ein Permutationstest im stratifizierten Design in der Regel nur mit Hilfe effizienter Algorithmen (siehe Mehta et al., 1992) möglich.

Beispiel

Als Beispiel betrachten wir eine klinische Studie, die in neun Zentren ein Placebopräparat mit einem neuen Medikament zur Behandlung von Psoriasis (Schuppenflechte) verglich. Die Zielvariable ist kategoriell mit den Scores 1 bis 5, wobei der Score 1 das schlechteste Ergebnis und der Score 5 das beste Ergebnis bezeichne. Die Rohdaten sind bei Boos & Brownie (1992) und hier in der Tabelle 11.1 aufgeführt. Die Tabelle 11.1 gibt auch die Wilcoxon-Rangsummen W_i an, wobei jeweils die Ränge für die neue Behandlung (Verum) aufsummiert wurden.

Als Summe $T = \sum_{i=1}^{9} W_i$ erhält man 643. Mit $\mathrm{E}_0(T) = 556$ und $\mathrm{Var}_0(T) = 701.98$ ergibt sich die standardisierte Statistik $(T - \mathrm{E}_0(T))/\sqrt{\mathrm{Var}_0(T)} = 3.2837$ und somit ein asymptotischer p-Wert $1 - \Phi(3.2837) = 0.0005$ für den einseitigen Test, dessen Alternativhypothese aussagt, dass die Scores unter Verum größer sind.

Weitere Details zum van Elteren-Test sowie modifizierte Verfahren, die einige Vorteile bieten, finden sich in Thangavelu & Brunner (2007).

11.2   Kombinationstests

Der van Elteren-Test kombiniert Teststatistiken. Dagegen fassen Kombinationstests p-Werte unabhängiger Tests zusammen. Nehmen wir an, dass die k Nullhypothesen H_{0i} jeweils gegen die Alternativen H_{1i} getestet werden, $i = 1, \ldots, k$. Die k p-Werte seien mit $p_1, \ldots, p_k$ bezeichnet. Diese basieren auf k unabhängigen Tests, zum Beispiel kann es sich um k verschiedene Studien handeln. Der Kombinationstest überprüft nun die Globalnullhypothese, dass alle k Nullhypothesen H_{0i} wahr sind, gegen die Alternative, dass zumindest eine Alternative H_{1i} zutrifft. Natürlich ist es möglich, dass alle einzelnen Nullhypothesen identisch sind.

Tabelle 11.1: *Eine multizentrische klinische Studie zur Behandlung von Psoriasis: Rohdaten (absolute Häufigkeiten für die einzelnen Ausprägungen des Scores) sowie die Wilcoxon-Rangsummen W_i und ihre Erwartungswerte und Standardabweichungen für die einzelnen Zentren (Rohdaten nach Boos & Brownie, 1992, S. 68)*

Zentrum	Gruppe	1	2	3	4	5	W_i	$E_0(W_i)$	$\sqrt{\mathrm{Var}_0(W_i)}$
1	Placebo	1	3	4	2	0			
	Verum	0	1	5	4	0	123.5	105	12.38
2	Placebo	0	2	2	1	0			
	Verum	0	1	2	1	0	21.5	20	3.82
3	Placebo	0	3	2	3	0			
	Verum	0	0	0	5	3	92.5	68	8.85
4	Placebo	0	1	5	3	0			
	Verum	0	2	3	3	0	70	72	9.58
5	Placebo	0	3	3	5	0			
	Verum	0	3	4	3	1	125	126.5	14.46
6	Placebo	0	1	6	0	0			
	Verum	0	1	4	1	2	73.5	64	7.24
7	Placebo	0	1	2	0	0			
	Verum	0	2	1	0	0	9	10.5	2.01
8	Placebo	0	4	4	0	0			
	Verum	0	0	2	6	0	96	68	8.94
9	Placebo	0	2	4	0	0			
	Verum	0	0	1	3	0	32	22	4.32

(Spaltenüberschrift: — Score — / Rangsumme)

Kombinationstests nutzen aus, dass ein p-Wert unter der Nullhypothese auf dem Intervall $[0, 1]$ gleichverteilt ist, sofern die zugrundeliegende Teststatistik stetig verteilt ist. Dieses Resultat gilt unabhängig von der konkreten Form der Teststatistik, dem zugrundeliegenden Testproblem und der Verteilung der Rohdaten (Hartung et al., 2008, S. 25).

Ein einfacher Kombinationstest basiert auf dem Minimum der k p-Werte. Diese Methode nach Tippett verwirft die Globalnullhypothese zum Niveau α, falls

$$\min(p_1, \ldots, p_k) \leq 1 - (1 - \alpha)^{1/k} \, .$$

Bei der *Inverse Normal*-Methode wird ausgenutzt, dass $z(p_i) = \Phi^{-1}(p_i)$ unter der Nullhypothese standard-normalverteilt ist. Da die Tests und somit die p-Werte unabhängig sind, folgt, dass die Summe $\sum_{i=1}^{k} z(p_i)/\sqrt{k}$ ebenfalls standard-normalverteilt ist. Die *Inverse Normal*-Methode verwirft demnach die Globalnullhypothese zum Niveau α, falls

$$\frac{1}{\sqrt{k}} \sum_{i=1}^{k} \Phi^{-1}(p_i) \leq -z_\alpha \, .$$

Die Summe muss hier für eine Signifikanz klein sein, da kleine p-Werte kleine Werte für $z(p_i)$ zur Folge haben.

Betrachten wir den Spezialfall, dass es keine Bindungen gibt und die beiden zu vergleichenden Gruppen in allen Schichten (Zentren) die gleichen Fallzahlen aufweisen. Dann ist $(T - E_0(T))/\sqrt{Var_0(T)}$, die Teststatistik des van Elteren-Tests, gleich der Summe der standardisierten Statistiken geteilt durch $\sqrt{k}$, also gleich

$$\frac{1}{\sqrt{k}} \sum_{i=1}^{k} \frac{(W_i - E_0(W_i))}{\sqrt{Var_0(W_i)}} \ .$$

In dieser Situation entspricht der van Elteren-Test der *Inverse Normal*-Methode, die beiden Verfahren führen zu identischen Resultaten (Neuhäuser & Senske, 2009).

Fishers Kombinationstest ist ein Verfahren, das bereits van Elteren (1960) als Alternative nannte. Aus der Gleichverteilung von p_i auf [0, 1] folgt, dass $-2 \ln p_i$ mit zwei Freiheitsgraden χ^2-verteilt ist. Wegen der Unabhängigkeit ist dann $-2 \sum_{i=1}^{k} \ln p_i$ χ^2-verteilt mit df $= 2k$. Daher kann die Globalnullhypothese zum Niveau α verworfen werden, falls

$$-2 \sum_{i=1}^{k} \ln p_i \geq \chi^2_{2k,1-\alpha} \ ,$$

wobei $\chi^2_{2k,1-\alpha}$ das $(1 - \alpha)$-Quantil der χ^2-Verteilung mit $2k$ Freiheitsgraden bezeichne. Die Entscheidungsregel kann auch in Abhängigkeit des Produkts der p-Werte dargestellt werden. Die Globalnullhypothese wird zum Niveau α verworfen werden, falls

$$\prod_{i=1}^{k} p_i \leq \exp\left(-\frac{\chi^2_{2k,1-\alpha}}{2}\right) \ .$$

Für $k = 2$ und $\alpha = 0.05$ ergibt sich mit $\chi^2_{4,0.95} = 9.4877$, dass das Produkt $p_1 p_2$ für eine Signifikanz nicht größer als 0.0087 sein darf. Dies ist zum Beispiel für $p_1 = p_2 = 0.09$ der Fall: $p_1 p_2 = 0.0081 < 0.0087$. Es können demnach auch zwei – einzeln betrachtet – zum Niveau 5% nicht-signifikante Tests im Kombinationstest eine Signifikanz ergeben. Dies ist kein Widerspruch. Man kann hier nicht argumentieren, dass das nicht-signifikante Ergebnis des ersten Tests durch das nicht-signifikante Ergebnis des zweiten Tests reproduziert und bestätigt wurde. Eine Nicht-Signifikanz ist ohnehin kein abgesichertes Ergebnis, man hat lediglich die Nullhypothese zum gewählten Niveau nicht ablehnen können. Und die beiden p-Werte von 0.09 deuten schon auf gewisse Abweichungen von der Nullhypothese hin, es hat nur in den beiden einzelnen Tests nicht ausgereicht, eine Signifikanz zum Niveau 5% zu erreichen. Zusammen ergibt sich aber eine stärkere Evidenz gegen die Nullhypothese, was in diesem Fall ausreicht, um einen signifikanten Kombinationstest zu erhalten.

Neben diesen drei Methoden gibt es eine Vielzahl weiterer Kombinationstest, hier wird auf Hartung et al. (2008, Kap. 3) verwiesen. Kein Kombinationsverfahren kann allgemein empfohlen werden. Nach Hartung et al. (2008, S. 28) finden sich in den Sozialwissenschaften viele Anwendungen der *Inverse Normal*-Methode. Bei dieser Methode neutralisieren sich zwei p-Werte mit $p_i = 1 - p_j$, da $\Phi^{-1}(p_i) + \Phi^{-1}(1 - p_i) = 0$ gilt. Bei Fishers Test können dagegen einzelne kleine p-Werte auch dann zu einem signifikanten Kombinationstest führen, wenn andere p-Werte sehr groß sind. Zum Beispiel ergeben im Fall $k = 2$ die beiden p-Werte $p_1 = 0.005$ und $p_2 = 0.995$ einen signifikanten Kombinationstest, da $p_1 p_2 = 0.0050 < 0.0087$ – obwohl auch hier $p_1 = 1 - p_2$ gilt. Fishers Kombinationstest hat also eine größere Sensitivität für Daten, die eine Nullhypothese ablehnen, als für Daten, die sie unterstützen (Rice, 1990). Dies kann vorteilhaft sein. Für die Situation, dass keine spezielle Alternative vorliegt, kann Fishers Kombinationstest empfohlen werden (siehe Hartung et al., 2008, sowie dort genannte Zitate).

Beispiel

Betrachten wir die vier p-Werte $p_1 = 0.0042$, $p_2 = 0.0150$, $p_3 = 0.5740$ und $p_4 = 0.1127$ als Beispiel. Es handelt sich hierbei um die p-Werte von Wilcoxon-Rangsummentests bei einer multizentrischen klinischen Studie zum Vergleich von Sulpirid und Placebo (Rüther et al., 1999; Neuhäuser & Senske, 2009).

Für die *Inverse Normal*-Methode sind nun zunächst die Quantile $z(p_i) = \Phi^{-1}(p_i)$ zu berechnen. Es gilt $z(p_1) = \Phi^{-1}(0.0042) = -2.6356$, $z(p_2) = -2.1701$, $z(p_3) = 0.1866$ und $z(p_4) = -1.2123$. Somit gilt für die Summe $\sum_{i^1}^{k} z(p_i)/\sqrt{k} = -2.9157$, so dass die *Inverse Normal*-Methode den p-Wert $\Phi(-2.9157) = 0.0018$ ergibt.

Für Fishers Kombinationstest ist $-2 \sum_{i=1}^{k} \ln p_i$ zu berechnen, man erhält den Wert 24.8211, so dass aufgrund der χ^2-Verteilung (df = 8) der p-Wert 0.0017 resultiert. Zum Vergleich sei erwähnt, dass man mit dem van Elteren-Test den p-Wert 0.0023 erhält (Neuhäuser & Senske, 2009).

In SAS kann Fishers Kombinationstest mit der Prozedur PSMOOTH durchgeführt werden. Dazu ist im Prozeduraufruf die Option FISHER anzugeben. Zudem ist wie z.B. bei der Prozedur NPAR1WAY (siehe Kapitel 2.1) ein VAR-Statement nötig. Dieses VAR-Statement identifiziert nun die Variable, die die zu kombinierenden p-Werte enthält. Um die *Inverse Normal*-Methode durchzuführen, kann genutzt werden, dass die Funktion Φ^{-1} in SAS als PROBIT bezeichnet wird.

11.3 Ein Kombinationstest für diskrete Teststatistiken

Fishers Kombinationstest kann auch für p-Werte, die mit diskreten Teststatistiken ermittelt wurden, verwendet werden. Der Kombinationstest ist in diesem Fall aber oft sehr konservativ (siehe Mielke et al., 2004, sowie dort genannte Zitate). Als Alternative schlagen Mielke et al. (2004) das im folgenden anhand eines Beispiels beschriebene Vorgehen vor.

Bei einer Multinomialverteilung mit drei möglichen Ausprägungen soll die Nullhypothese $\pi_1 = 0.1$, $\pi_2 = 0.35$ und $\pi_3 = 0.55$ überprüft werden, wobei π_i die Wahrschein-

Tabelle 11.2: *Mögliche Beobachtungsvektoren, Wahrscheinlichkeiten unter der Nullhypothese ($\pi_1 = 0.1$, $\pi_2 = 0.35$, $\pi_3 = 0.55$) und Werte der χ^2-Teststatistik bei einer Multinomialverteilung mit drei Ausprägungen und zwei Beobachtungen (nach Mielke, 2004, S. 452)*

Nummer	Beobachtungs-vektor	Wahrschein-lichkeit	χ^2-Statistik
1	$(0,0,2)$	0.3025	1.636
2	$(0,1,1)$	0.3850	0.338
3	$(0,2,0)$	0.1225	3.714
4	$(1,0,1)$	0.1100	3.909
5	$(1,1,0)$	0.0700	4.429
6	$(2,0,0)$	0.0100	18.00

lichkeit für die Kategorie i bezeichne. In einer ersten Studie mit zwei Beobachtungen tauchten je einmal die ersten beiden Ausprägungen auf. Der Vektor der Beobachtungen ist also $(1,1,0)$. Die unter der Nullhypothese erwarteten Häufigkeiten betragen $(2\pi_1, 2\pi_2, 2\pi_3) = (0.2, 0.7, 1.1)$. Als χ^2-Teststatistik ergibt sich daher

$$X_1^2 = \frac{(1-0.2)^2}{0.2} + \frac{(1-0.7)^2}{0.7} + \frac{(0-1.1)^2}{1.1} = 4.429 \ .$$

In einer zweiten Studie mit ebenfalls zwei Beobachtungen trat nur die erste Ausprägung auf, der Vektor der Beobachtungen ist also $(2,0,0)$. Die Teststatistik nimmt in diesem Fall den Wert $X_2^2 = 18$ an.

Neben den beiden realisierten Beobachtungsvektoren sind vier weitere möglich. Diese sind mit den Werten der Teststatistik und den Wahrscheinlichkeiten unter der Nullhypothese in Tabelle 11.2 aufgeführt. Man erkennt, dass in der zweiten Studie ein extremer Wert der Teststatistik beobachtet wurde. Der p-Wert des exakten χ^2-Tests für die zweite Studie entspricht also der Wahrscheinlichkeit 0.0100 für den Beobachtungsvektor $(2,0,0)$ (Nummer 6). In der ersten Studie wurde der Vektor 5, also $(1,1,0)$, beobachtet. Bei diesem Vektor nimmt die χ^2-Teststatistik den zweitgrößten Wert an. Der p-Wert des exakten χ^2-Tests für Studie 1 ist daher $0.0100 + 0.0700 = 0.0800$.

Wendet man den klassischen Kombinationstest von Fisher an, erhält man $-2(\ln(0.01) + \ln(0.08)) = 14.26$. Mit der χ^2-Verteilung mit 4 Freiheitsgraden ergibt sich ein p-Wert von 0.0065.

Für die von Mielke et al. (2004) vorgeschlagene Modifikation für diskrete Teststatistiken ist nun die Summe der χ^2-Teststatistiken über die Strata zu berechnen. Man erhält $4.429 + 18.00 = 22.429$. Um den p-Wert des Kombinationstests zu berechnen, sind nun alle Kombinationen zu ermitteln, die zu einer mindestens genauso großen Summe führen. Das sind in diesem Fall neben der beobachteten Kombination der Vektoren 5 und 6 lediglich die Kombinationen 6 und 5 sowie 6 und 6. Wegen der Unabhängigkeit der

Studien können die Wahrscheinlichkeiten für die Kombinationen als Produkt berechnet werden. Und zwar ist $0.07 \cdot 0.01 = 0.0007$ die Wahrscheinlichkeit für die Kombination 5 und 6. Die Kombination 6 und 5 hat die gleiche Wahrscheinlichkeit, während die Wahrscheinlichkeit für die Kombination 6 und 6 $0.01^2 = 0.0001$ beträgt. Die Summe dieser Wahrscheinlichkeiten, also 0.0015, ist der p-Wert des modifizierten Kombinationstests.

Dieses von Mielke et al. (2004) vorgeschlagene Analogon zu Fishers Kombinationstest für diskrete Teststatistiken ist also lediglich ein stratifizierter Test, bei dem wie üblich die Teststatistik als Summe über die Strata berechnet wird. Dieses Prinzip illustrieren wir anhand von zwei weiteren Beispielen. Zunächst wird eine Anwendung mit χ^2-Teststatistiken für zwei Strata betrachtet, die Neuhäuser (2003d) entnommen ist.

Untersucht wurde das Geschlecht des ältesten Jungtiers beim Kakapo (Eulenpapagei, *Strigops habroptilus*). Die Nullhypothese besagt, dass beide Geschlechter mit gleicher Wahrscheinlichkeit vorkommen. Es gibt zwei Schichten, die sich durch die Fütterung der Weibchen unterschieden. In der ersten Schicht gab es fünf und in der zweiten Schicht zwei Beobachtungen. In beiden Schichten wurden nur Jungtiere eines Geschlechts beobachtet, es liegen also in beiden Schichten extreme Tafeln vor. Die Tabelle 11.3 zeigt

Tabelle 11.3: *Beobachtete (fettgedruckt) und alle weiteren möglichen Tafeln, unter der Nullhypothese erwartete Häufigkeiten, Werte der χ^2-Teststatistik und Wahrscheinlichkeiten unter der Nullhypothese (nach Neuhäuser, 2003d, S. 222)*

Tafel (Nummer)	Erwartete Häufigkeiten		Wert der χ^2-Statistik	Wahrschein-lichkeit
Schicht 1				
5 0 (1)	**2.5**	**2.5**	**5.0**	**0.03125**
4 1 (2)	2.5	2.5	1.8	0.15625
3 2 (3)	2.5	2.5	0.2	0.3125
2 3 (4)	2.5	2.5	0.2	0.3125
1 4 (5)	2.5	2.5	1.8	0.15625
0 5 (6)	2.5	2.5	5.0	0.03125
Schicht 2				
2 0 (7)	1	1	2.0	0.25
1 1 (8)	1	1	0.0	0.5
0 2 (9)	**1**	**1**	**2.0**	**0.25**
Beobachteter Wert der stratifizierten Teststatistik			**5.0 + 2.0 = 7.0**	
Tafeln mit gleichem oder größerem Wert			(1, 7)	0.0078125[a]
der stratifizierten Teststatistik im			(1, 9)	0.0078125
Vergleich zur beobachteten Kombination (1, 9)			(6, 7)	0.0078125
(Nummern gemäß Spalte 3)			(6, 9)	0.0078125

[a] Produkt der Wahrscheinlichkeiten der beiden zugrundeliegenden Tafeln

alle möglichen Tafeln mit den gleichen Fallzahlen sowie die entsprechenden Werte der Teststatistik und die Wahrscheinlichkeiten. Der p-Wert des stratifizierten Tests wird berechnet als die Summe der Wahrscheinlichkeiten für die Kombinationen, bei denen die stratifizierte Teststatistik mindestens so groß ist wie bei der beobachteten Kombination. Daher sind die vier Kombinationen mit einer stratifizierten Teststatistik ≥ 7 zu berücksichtigen. Demzufolge ergibt sich ein p-Wert in Höhe von $4 \cdot 0.0078125 = 0.03125$, so dass zum Niveau 0.05 eine Signifikanz vorliegt.

Im diesem Beispiel wurden in beiden Schichten nur Jungtiere eines Geschlechts beobachtet. Allerdings unterscheidet sich das Geschlecht der Jungtiere zwischen den Schichten. Daher sind die Ergebnisse der beiden Schichten gegenläufig. Bei diesem Beispiel ist das genau die Situation, die erwartet werden konnte (siehe Neuhäuser, 2003d). In anderen Anwendungen kann es aber problematisch sein, wenn gegenläufige Effekte sich nicht neutralisieren, sondern in einem Kombinationstest kumulieren und signifikant werden können. Hierauf ist bei der Kombination von zweiseitigen Tests zu achten.

Im folgenden Beispiel werden in jeder Schicht drei Dosierungen untersucht, so dass ein Trendtest angewandt werden kann. Es handelt sich um eine präklinische Karzinogenitätsstudie (Lin & Ali, 1994, S. 33ff.). Bei dieser in vier Zeitintervalle aufgeteilten Studie werden drei Dosisgruppen untersucht: Kontrollgruppe ($d_0 = 0$), niedrige Dosis ($d_1 = 1$) und hohe Dosis ($d_2 = 2$). Die beobachteten Tumorhäufigkeiten sind in Tabelle 11.4 angegeben.

Um für einen möglichen Effekt der Kovariable „Zeit" zu adjustieren, ist ein stratifizierter Test mit den Zeitintervallen als Strata durchzuführen. Die Teststatistik des stratifizierten Tests ist die Summe der einzelnen Teststatistiken. Aufgrund der kleinen Fallzahlen

Tabelle 11.4: *Tumorhäufigkeiten verschiedener Zeitintervalle und Dosierungen in einer präklinischen Karzinogenitätsstudie (Lin & Ali, 1994, S. 33)*

Zeitintervall (Wochen)		Dosis d_i		
		0	1	2
0-50	Tumoren[a]	0	0	0
	Nekropsien[b]	1	3	3
51-80	Tumoren	0	0	0
	Nekropsien	4	5	7
81-104	Tumoren	0	0	2
	Nekropsien	10	12	15
„Terminal sacrifice"	Tumoren	0	1	0
	Nekropsien	35	30	25

[a] Anzahl der Tiere mit Tumor
[b] Anzahl der durchgeführten Nekropsien (= Anzahl der zum jeweiligen Zeitpunkt untersuchten Tiere)

und insbesondere der extrem kleinen Anzahlen an Tumoren ist ein exakter Test durchzuführen. Die Referenzmenge für den Permutationstest ist erneut das kartesische Produkt
der einzelnen Mengen. Wie bei Mehta et al. (1992) wird hier nur ein bedingter Test
betrachtet.

In den ersten beiden Intervallen wurden keine Tumoren beobachtet (siehe Tabelle 11.4),
daher tragen diese Intervalle nichts zur Gesamtteststatistik bei und können vernach-
lässigt werden. Für die beiden anderen Strata zeigt die Tabelle 11.5 die beobachteten
Tafeln sowie alle weiteren mit gleicher Tumorgesamtzahl. Jeweils werden die Werte der
Teststatistiken des von Lin & Ali (1994) verwendeten (nichtstandardisierten) Armitage-
Trendtests sowie die hypergeometrische Wahrscheinlichkeit der Tafel unter der Nullhypothese angegeben.

Die Teststatistik des stratifizierten Tests ist die Summe über die Strata, also $4 + 1 = 5$.
Zur Berechnung des einseitigen p-Wertes sind die Kombinationen zu betrachten, die zu
mindestens gleich großen Werten der Teststatistik führen. Dies sind die Kombinationen
der Tafeln (1, 7), (1, 8) und (4, 7). Mit den in Tabelle 11.5 angegebenen Wahrscheinlichkeiten ergibt sich daher ein einseitiger p-Wert von

$$0.15766 \cdot 0.27778 + 0.15766 \cdot 0.33333 + 0.27027 \cdot 0.27778 = 0.17142 \,.$$

Liegt für jede Schicht eine Vierfeldertafel vor, kann der Mantel-Haenszel-Test angewandt
werden. Auch bei diesem Test ist die Teststatistik eine Summe über die Strata. Der Test
kann exakt oder asymptotisch durchgeführt werden. Details sowie ein Beispiel finden
sich unter anderem bei Higgins (2004, Kapitel 5.7).

Tabelle 11.5: *Auswertung der Daten aus Tabelle 11.4: Beobachtete (in Fettdruck) sowie
alle weiteren Tafeln mit gleichen Tumorgesamtzahlen, Werte der Armitage-Teststatistik
und hypergeometrische Wahrscheinlichkeiten der einzelnen Tafeln unter der Nullhypothese (Lin & Ali, 1994, S. 34)*

Tafel (Nummer)		$T_{CA}{}^a$	Wahrscheinlichkeit
Schicht 1			
0 0 2	**(1)**	**4**	**0.15766**
0 2 0	(2)	2	0.09910
2 0 0	(3)	0	0.06757
0 1 1	(4)	3	0.27027
1 0 1	(5)	2	0.22523
1 1 0	(6)	1	0.18018
Schicht 2			
0 0 1	(7)	2	0.27778
0 1 0	**(8)**	**1**	**0.33333**
1 0 0	(9)	0	0.38889

[a] Teststatistik des nichtstandardisierten Armitage-Tests:
$$T_{CA} = d_0 \cdot R_0 + d_1 \cdot R_1 + d_2 \cdot R_2$$

12 Nicht-Standard-Situationen und komplexe Designs

Bei einem Permutations- oder Bootstrap-Test ist es nicht erforderlich, die theoretische Verteilung der Teststatistik zu ermitteln. Dadurch ergibt sich eine große Flexibilität. Es können zum einen Teststatistiken verwendet werden, die analytisch nur schwer oder gar nicht handhabbar sind. Zum anderen können auch komplizierte Versuchsdesigns ausgewertet werden, für die ebenfalls ein analytisches Herangehen kaum möglich ist. Daher bieten sich Permutations- oder Bootstrap-Test gerade auch für Nicht-Standard-Situationen und komplexe Designs an. Nach Manly (2007, S. 341) ist es einer der wichtigsten Vorteile von Computer-intensiven Methoden wie Bootstrap- und Permutationstests, dass diese auch in Situationen anwendbar sind, die nicht in eine der üblichen Kategorien passen. Manly (2007) präsentiert vier Beispiele. Darunter ist eine Studie von Cushman et al. (1993), in der untersucht wurde, ob die Größe von europäischen Ameisenarten vom Breitengrad beeinflusst wird (siehe Manly, 2007, S. 365ff.).

Es wurde angenommen, dass der Zusammenhang zwischen dem Erwartungswert der Größe, $E(Y)$, und dem Breitengrad X mit einer linearen Regressionsgleichung der Form $E(Y) = \alpha + \beta X$ modelliert werden kann. Insgesamt lagen 2 341 Datenpaare vor. Das Besondere an diesem Datensatz ist, dass es zum einen nur eine mittlere Größe für jede Art gibt, und dass es zum anderen eine Reihe von Arten gibt, die an verschiedenen Breitengraden vorkommen. Daher gibt es dann zahlreiche Wertepaare mit unterschiedlichen X-Werten, aber exakt gleichem Y-Wert.

Mit den beobachteten Werten wurde eine Steigung von $\hat{\beta} = 0.0673$ geschätzt. Um die Signifikanz dieser Steigung zu beurteilen, führten Cushman et al. (1993) einen approximativen Permutationstest durch. Dabei wurden die Größen zufällig den verschiedenen Arten zugeteilt. Die Breitengrade blieben für alle Arten unverändert. Unter 9 999 betrachteten Permutationen gab es nur 6 mit einer Steigung, die größer oder gleich 0.0673 waren. Wegen der Hinzunahme der Originaldaten ergibt sich damit ein einseitiger p-Wert von $7/10\,000 = 0.0007$, und demnach ein deutlich signifikanter Zusammenhang: Mit zunehmendem Breitengrad wächst die mittlere Größe der Ameisenarten.

In den folgenden Kapiteln 12.1 und 12.2 werden zwei weitere Nicht-Standard-Situationen vorgestellt. Erwähnt werden soll zudem, dass auch sogenannte Monte-Carlo-Tests insbesondere für Nicht-Standard-Situationen verwendet werden können. In einem Monte-Carlo-Test wird die Signifikanz einer beobachteten Teststatistik durch den Vergleich mit einer Stichprobe von Teststatistiken bestimmt, die unter einem angenommenen Modell simuliert werden. Permutations- und Bootstraptests können als Spezialfälle der Monte-Carlo-Tests betrachtet werden (Manly, 2007, S. 81).

Ein weiteres Beispiel für einen Monte-Carlo-Test ist ein Test auf Variabilitätsunterschiede. Wie in Kapitel 3.4 beschrieben, kann hier die Transformation von Levene verwendet werden. Nehmen wir an, dass eine bestimmte Verteilung für die beobachteten Daten vorausgesetzt werden kann, z.B. eine Normalverteilung. Dann kann die Verteilung einer Teststatistik, die nach der Levene-Transformation berechnet wird, durch Simulation bestimmt werden. Weitere Details zu diesem Beispiel eines Monte-Carlo-Tests finden sich bei Neuhäuser & Hothorn (2000).

Permutationstests können wie erwähnt auch bei komplexeren Designs angewandt werden. Es ist dann zum Beispiel möglich, Residuen zu permutieren (ter Braak, 1992). Hier sei auf Anderson (2001), eine Übersichtsarbeit zu Permutationstests bei komplexeren Designs, sowie auf Manly (2007) verwiesen. Mehrfaktorielle Designs werden bei Brunner & Munzel (2002, Kap. 3) ausführlich diskutiert. Dabei werden Verfahren sowohl für eine Kreuzklassifikation der Faktoren wie auch für hierarchische Versuchspläne vorgestellt, die auf einem von Akritas & Arnold (1994) vorgestelltem nichtparametrischen Modell beruhen.

12.1 Kontingenztafeln mit zwangsläufig leeren Zellen

Der Seggenrohrsänger (*Acrocephalus paludicola*) ist eine Vogelart, bei der es keine Paarbindung gibt. Das Männchen hilft weder beim Nestbau noch beim Bebrüten der Eier oder Füttern der Jungen. Die Jungvögel innerhalb einer Brut können von mehreren verschiedenen Vätern abstammen. In einer DNA-Fingerprinting-Studie wurden 70 Jungvögel in 18 Bruten untersucht (siehe Tabelle 12.1, Schulze-Hagen et al., 1993). Alle Weibchen waren die genetischen Mütter aller Jungtiere in ihren jeweiligen Nestern. Die Hälfte der 18 Bruten hatte genau einen Vater. In den anderen neun Bruten gab es zwei oder mehr verschiedene Väter. In allen Bruten mit fünf oder mehr Jungvögeln kamen multiple Vaterschaften vor. Die Daten deuten daher an, dass der Bruterfolg mit der Anzahl der Väter wächst.

Um die Frage zu beantworten, ob multiple Vaterschaften den Reproduktionerfolg der Weibchen erhöhen, kommt ein Trendtest in Frage, der überprüft, ob die Anzahl der Jungvögel mit der Anzahl der Väter steigt. Dabei gibt es jedoch ein Problem: Die Anzahl der Jungen in einem Nest kann nicht kleiner sein als die Anzahl der Väter. Die in Tabelle 12.1 mit einem Minuszeichen (statt einer Null) gekennzeichneten Zellen sind zwingend leer. Es ist nicht möglich, dass Beobachtungen in diese Zellen fallen. Diese Restriktion erzeugt einen „inhärenten" Trend, der zu einer Signifikanz führen kann, ohne dass es einen anderen Effekt gibt (Neuhäuser et al., 2003).

Daher ist der Trendtest zu ändern. Wegen der kleinen Fallzahlen und vielen Bindungen sollte ein Permutationstest durchgeführt werden. Jedoch dürfen jetzt nicht alle Tafeln mit identischen Zeilen- und Spaltensummen betrachtet werden. Ohne Einschränkung gäbe es 5 196 Tafeln mit den Zeilen- und Spaltensummen wie in Tabelle 12.1. Die Wahrscheinlichkeiten für diese Tafeln ergeben sich unter der Nullhypothese, dass es keinen

Tabelle 12.1: *Häufigkeiten multipler Vaterschaften in Bruten des Seggenrohrsängers (Schulze-Hagen et al., 1993, S. 148)*

Zahl der Väter	Zahl der Nestlinge pro Brut					
	1	2	3	4	5	6
1	0	2	5	2	0	0
2	-	0	1	0	0	0
3	-	-	1	0	3	1
4	-	-	-	2	1	0

Trend gibt, als

$$P_0(x_{11}, \ldots, x_{46}) = \frac{\prod\limits_{i=1}^{4} n_i! \prod\limits_{j=1}^{6} m_j!}{N! \prod\limits_{i=1}^{4} \prod\limits_{j=1}^{6} x_{ij}!}$$

wobei x_{ij} die Häufigkeit der Kombination i Väter und j Nestlinge sei. Zudem seien wie in Tabelle 5.2 die Zeilensummen mit n_i und die Spaltensummen mit m_j bezeichnet ($N = \sum n_i$).

Mit der Einschränkung, dass die Anzahl der Nestlinge nicht kleiner als die Anzahl der Väter sein kann, gilt $x_{ij} = 0$ für alle $i > j$. Dann verbleiben nur 486 der 5 196 Tafeln. Diese 486 Tafeln haben gemäß der oben genannten Formel für $P_0(x_{11}, \ldots, x_{46})$ eine Gesamtwahrscheinlichkeit von 0.0441176. Um im eingeschränkten Stichprobenraum der 486 Permutationen auf eine Gesamtwahrscheinlichkeit von 1 zu kommen, hat nun jede der 486 möglichen Permutationen die (bedingte) Wahrscheinlichkeit $P_0(x_{11}, \ldots, x_{46})/$ 0.0441176.

Zudem ist eine weitere Modifikation nötig (Neuhäuser et al., 2003): Für die Berechnung der Mann-Whitney-Statistiken werden nur die Beobachtungen verwendet, die in beiden Gruppen möglich sind. Daher werden zum Beispiel für die Berechnung von U_{23} alle Bruten mit bis zu zwei Nestlingen ignoriert. Mit diesen modifizierten Mann-Whitney-Statistiken und dem eingeschränkten Stichprobenraum kann nun ein Permutationstest durchgeführt werden. Mt der Teststatistik des Jonckheere-Terpstra-Tests erhält man einen p-Wert von 0.0725.

Würde der gewöhnliche Jonckheere-Terpstra-Test basierend auf allen 5 196 Tafeln angewandt, ergäbe sich eine deutliche Signifikanz mit einem p-Wert von 0.0042. Dieser kleine p-Wert ist aber durch den oben genannten inherenten Trend zumindest mit verursacht. Die in Kapitel 9.2 erwähnte modifizierte Jonckheere-Terpstra-Statistik T_{MJT} würde zu einem noch kleineren p-Wert führen: 0.0016. Diese modifizierte Teststatistik T_{MJT} kann natürlich auch mit den modifizierten Mann-Whitney-Statistiken und dem eingeschränkten Stichprobenraum angewandt werden. Dann erhält man zum 5%-Niveau eine Signifikanz, der p-Wert des Permutationstests beträgt 0.0470. Tests mit Umbrella-Alternativen führen sogar zu noch kleineren p-Werten (Neuhäuser et al., 2003).

12.2   Zusammengesetzte Teststatistiken

In Kapitel 3.1 wurde ein modifizierter Lepage-Test vorgestellt, der die BWS-Statistik statt Wilcoxons Rangsumme W nutzt. Die modifizierte Teststatistik L_M folgt keiner Standard-Verteilung, was für einen Permutationstest jedoch irrelevant ist. In diesem Kapitel wird ein anderer Test besprochen, der sich aus zwei Teststatistiken zusammensetzt.

In manchen Anwendungen finden sich viele Nullen neben einigen positiven Werten. Zum Beispiel ist die Schadenssumme pro Versichertem und Jahr häufig 0, weil bei vielen Versicherten kein Schaden auftritt. Bei einigen tritt jedoch ein Schaden ein, dann nimmt die Variable Schadenssumme einen positiven Wert an. Ein weiteres Beispiel nannte Lachenbruch (1976): 15 Tage nach der Transplantation von Zellen wurde die Anzahl der Zellen des neuen Typs, die auf die Transplantation zurückgehen, bestimmt. Bei einigen Versuchstieren wurden alle transplantierten Zellen abgestoßen, hier wird also eine Null beobachtet. Bei den übrigen Tieren konnten die Zellen des neuen Typs gezählt werden.

In dieser Situation können natürlich einige der bisher vorgestellten Tests verwendet werden, zum Beispiel im Zweistichproben-Problem der Wilcoxon-Mann-Whitney (WMW)-Test (siehe Kapitel 2.2). Man kann jedoch einen trennschärferen Test erreichen, wenn man die Nullen und die positiven Werte zunächst separat auswertet. Die Anzahlen an Nullen in den beiden Gruppen seien mit m_1 und m_2 bezeichnet. In einem ersten Test kann der Anteil der Nullen zwischen den beiden Gruppen verglichen werden, und zwar mit der folgenden χ^2-Statistik:

$$\chi^2 = \frac{(\hat{p_1} - \hat{p_2})^2}{\hat{p}(1 - \hat{p})\frac{n_1+n_2}{n_1 n_2}} \ ,$$

wobei $\hat{p_i} = m_i/n_i$ und $\hat{p} = (m_1 + m_2)/(n_1 + n_2)$ gelten. Unter der Nullhypothese der Gleichheit der beiden Gruppen ist diese Teststatistik asymptotisch χ^2-verteilt mit einem Freiheitsgrad. Falls $\hat{p} = 0$ oder 1 gilt, wird $\chi^2 = 0$ gesetzt.

In einem zweiten Test können die positiven Werte verglichen werden. Hierzu kann zum Beispiel der WMW-Test genutzt werden, wobei nun nur die $n_1 - m_1$ Nicht-Nullen aus Gruppe 1 und die $n_2 - m_2$ Nicht-Nullen aus Gruppe 2 in den Test einbezogen werden. Die standardisierte WMW-Teststatistik dieses Vergleichs sei W_s. Unter der Nullhypothese ist W_s^2 ebenfalls asymptotisch χ^2-verteilt mit einem Freiheitsgrad.

Lachenbruch (1976) hat vorgeschlagen, die beiden Teststatistiken in einem sogenannten „Two-part-Test" zu kombinieren. Und zwar wird die Summe $X^2 = \chi^2 + W_s^2$ als neue Teststatistik verwendet. Wenn man die beiden einzelnen Teststatistiken als unabhängig betrachten kann, wäre die Summe X^2 unter der Nullhypotheses asymptotisch χ^2-verteilt mit zwei Freiheitsgraden. Lachenbruch nutzt dies, er schreibt, die beiden Teststatistiken χ^2 und W_s seien „independent under the assumption of independent errors of the binomial and continuous parts of the distribution" (Lachenbruch, 2002, S. 299).

Die Allgemeingültigkeit dieser Unabhängigkeitsannahme ist aber sicherlich fraglich. Daher wurde von Neuhäuser et al. (2005) empfohlen, einen Permutationstest mit X^2 durchzuführen. Dieser Test wird als „Two-part-Permutationstest" bezeichnet. Falls bei einer Permutation in einer Gruppe kein positiver Wert vorhanden ist, wird $W_s = 0$ gesetzt.

Der Two-part-Permutationstest hat einige Vorteile (Neuhäuser et al., 2005): Wie bereits erwähnt ist keine Unabhängigkeitsannahme erforderlich. Zudem wird keine asymptotische Verteilung genutzt, so dass auch kleine Fallzahlen kein Problem darstellen. Ferner kann der Two-part-Permutationstest routinemäßig angewendet werden, unabhängig davon, ob tatsächlich Nullen auftreten. Denn falls es keine Nullen gibt, reduziert sich der Two-part-Permutationstest auf den WMW-Permutationstest. Darüber hinaus erwies sich der Two-part-Permutationstest in Simulationen häufig als trennschärfer als der asymptotische Test (Neuhäuser et al., 2005).

Insbesondere für den Vergleich der positiven Werte können im Permutationstest auch andere Teststatistiken verwendet werden. Lachenbruch (1976) betrachtete neben dem WMW-Test auch den parametrischen t-Test sowie den Smirnow-Test. Natürlich kann auch der BWS-Test im Two-part-Permutationstest genutzt werden.

Beispiel

Bei der DNA-Methylierung handelt es sich um eine Möglichkeit, mit der Gene reguliert werden. Bei Krebserkrankungen ist der Grad der DNA-Methylierung verändert, wobei es auch zwischen verschiedenen Tumortypen Unterschiede gibt. Bei der Messung der Methylierung gilt eine Genregion als „negativ", falls keine oder nur eine partielle Methylierung gefunden wird. Ansonsten kann die Methylierung quantifiziert werden. Die „negativen" Werte werden wie oben die „Nullen" behandelt.

Siegmund et al. (2004) verglichen kleinzelligen und nicht-kleinzelligen Lungenkrebs. In der ersten Gruppe befanden sich 41 und in der zweiten 46 Patienten. Die Tabelle 12.2 zeigt die Daten beispielhaft für die Genregion *MYODI*.

Tabelle 12.2: Daten zur DNA-Methylierung der Region MYODI bei Patienten mit Lungenkrebs (Siegmund et al., 2004, Supplementary Table 1)

Kleinzelliges Lungenkarzinom	Nicht-kleinzelliges Lungenkarzinom
$(n_1 = 41)$	$(n_2 = 46)$
25-mal negativ	16-mal negativ
positive Werte: 0.21, 0.29, 0.3, 0.48,	positive Werte: 0.12, 0.13, 0.17, 0.18, 0.38,
0.5, 0.67, 1.48, 2.39, 3.49, 4.03,	0.46, 0.56, 0.74, 0.99, 5.14, 6.15, 7.97,
6.37, 6.89, 8.21, 25.71, 33.52, 124.35	8.85, 9.83, 10.06, 14.27, 20.02, 21.43,
	21.6, 27.52, 51.77, 53.32, 63.89, 67.14,
	69.95, 70.78, 71.31, 79.25, 83.81, 135.7

Unterscheidet man nur negative und positive Werte ergibt sich mit den Daten der Tabelle 12.2 die folgende Vierfeldertafel:

$$
\begin{array}{c|c}
25 & 16 \\
\hline
16 & 30
\end{array}
$$

Mit diesen Daten erhält man die χ^2-Statistik 5.969. Wendet man nun auf die positiven Daten den WMW-Test an, gilt für die quadrierte standardisierte Rangsumme $W_s^2 = 2.681$. Die Summe X^2 ist daher $5.969 + 2.681 = 8.650$, so dass sich basierend auf der χ^2-Verteilung mit $df = 2$ ein asymptotischer p-Wert von 0.0132 ergibt. Der p-Wert eines auf 20 000 Permutationen basierenden approximativen Permutationstests lautet 0.0111 (Neuhäuser et al., 2005).

13 Schätzer und Konfidenzintervalle

Wie bereits in der Einleitung erwähnt, stehen statistische Tests im Fokus dieses Buches. Daher werden die Themen Schätzer und Konfidenzintervalle in nichtparametrischen Modellen nur relativ kurz behandelt. Weitere hier nicht vorgestellte nichtparametrische Konfidenzintervalle für das Ein- und das Zweistichproben-Problem werden zum Beispiel von Zhou (2005) untersucht.

13.1 Einstichproben-Situation

Eine Stichprobe von unabhängig und identisch verteilten Zufallsvariablen sei mit X_1, $\ldots$, X_n bezeichnet. Der Median der zugrunde liegenden stetigen Verteilung sei ϑ. Natürlich kann es sich bei dieser Stichprobe auch um Differenzen paariger Werte handeln. Ein Schätzer für ϑ ist der Stichproben-Median der X_i. Dies ist der zum Vorzeichen-Test passende Schätzer.

Bei symmetrischen Verteilungen ist der sogenannte Hodges-Lehmann-Schätzer eine weitere Alternative. Dieser Schätzer passt zum Wilcoxon-Vorzeichen-Rangtest (siehe Hollander & Wolfe, 1999, S. 51ff.). Um diesen zu berechnen, werden zunächst die $M = n(n+1)/2$ Mittelwerte $(X_i + X_j)/2$, $i \leq j = 1, \ldots, n$, berechnet. Der Median dieser Mittelwerte ist der Hodges-Lehmann-Schätzer $\hat{\vartheta}$. Im Gegensatz zum üblichen Vorgehen beim Vorzeichen- bzw. Wilcoxon-Vorzeichen-Rangtest werden X_i-Werte, die gleich 0 sind, für die Schätzung von ϑ berücksichtigt.

Um ein $(1-\alpha)$-Konfidenzintervall für ϑ zu bestimmen, benötigt man das $(1-\alpha/2)$-Quantil der Permutationsverteilung der Teststatistik R_+ des Wilcoxon-Vorzeichen-Rangtests unter der Nullhypothese. Dieses $(1-\alpha/2)$-Quantil sei mit $t_{1-\alpha/2}$ bezeichnet. Ferner seien $W_{(1)} \leq W_{(2)} \leq \cdots \leq W_{(M)}$ die geordneten Mittelwerte $(X_i + X_j)/2$. Ein $(1-\alpha)$-Konfidenzintervall für ϑ läuft dann von $W_{(C_\alpha)}$ bis $W_{(t_{1-\alpha/2})}$, wobei

$$C_\alpha = \frac{n(n+1)}{2} + 1 - t_{1-\alpha/2}$$

gilt. Wegen der Diskretheit der Verteilung von R_+ ist natürlich nicht jedes Konfidenzniveau erreichbar. Die Überdeckungswahrscheinlichkeit sollte aber auf jeden Fall mindestens $1 - \alpha$ betragen.

Dieses $(1-\alpha)$-Konfidenzintervall enthält genau die Werte ϑ_0, für die der zweiseitige Wilcoxon-Vorzeichen-Rangtest die Nullhypothese $\vartheta = \vartheta_0$ zum Niveau α nicht ablehnen kann. Diese Äquivalenz von Test und Konfidenzintervall geht verloren, wenn Nullen vorkommen und diese beim Konfidenzintervall berücksichtigt werden, bei der Testdurchführung jedoch herausfallen. Weitere Verallgemeinerungen für diskrete Verteilungen, bei denen es zu Bindungen unter den Nicht-Nullen kommen kann, sind bei Hollander & Wolfe (1999) zu finden.

Betrachten wir die Beispieldaten von Charles Darwin aus Tabelle 8.1. Die Fallzahl beträgt $n = 15$. Mit $\alpha = 0.05$ beträgt das $(1 - \alpha/2)$-Quantil der Permutationsverteilung von R_+ $t_{1-\alpha/2} = 95$. Denn es gilt $P_0(R_+ \geq 95) = 0.024$ und $P_0(R_+ \geq 94) > 0.025$. Daher gilt $C_\alpha = 26$. Nun sind die $M = 120$ Mittelwerte $(X_i + X_j)/2$ zu ordnen. Der Median dieser 120 Werte ist $\hat{\vartheta} = (W_{(60)} + W_{(61)})/2 = (3.05 + 3.20)/2 = 3.125$. Das 95%-Konfidenzintervall für ϑ ist $\left[W_{(26)}, W_{(95)}\right] = [0.45, 5.20]$.

Der zum Vorzeichen-Test passende Schätzer, der Median der X_i, ist 3.0. Das dazugehörende Konfidenzintervall kann wie folgt basierend auf Ordnungsstatistiken bestimmt werden: Das Konfidenzniveau für das Intervall $[X_{(d)}, X_{(n+1-d)}]$ beträgt $1 - 2P(B \leq d - 1)$, wobei B binomialverteilt ist mit n und $p = 0.5$. Dieses Konfidenzintervall kann auch für diskrete Verteilungen genutzt werden, das Konfidenzniveau wird dabei zumindest nicht überschritten (Larocque & Randles, 2008).

Dieses $(1 - \alpha)$-Konfidenzintervall enthält genau die Werte ϑ_0, für die der zweiseitige Vorzeichentest die Nullhypothese $\vartheta = \vartheta_0$ zum Niveau α nicht ablehnen kann. Auch hier geht die Äquivalenz von Vorzeichentest und Konfidenzintervall verloren, wenn Nullen vorkommen und diese beim Konfidenzintervall berücksichtigt werden, bei der Testdurchführung jedoch herausfallen.

Für $n = 15$ und $\alpha = 0.05$ gilt $1 - 2P(B \leq 3) = 0.9648$ und $1 - 2P(B \leq 4) = 0.8815$. Um ein Konfidenzintervall mit mindestens 95% Überdeckungswahrscheinlichkeit zu erhalten, ist demnach $d = 4$ zu wählen. Für die Beispieldaten von Charles Darwin spannen somit die geordneten Werte $X_{(4)} = 1.0$ und $X_{(12)} = 6.1$ ein 95%-Konfidenzintervall auf.

Dieses letztgenannte Konfidenzintervall kann mit der SAS-Prozedur CAPABILITY und der Option CIQUANTDF berechnet werden:

```
PROC CAPABILITY CIQUANTDF;
 VAR differenz;
RUN;
```

Im Output werden dann auch Konfidenzintervalle für weitere Quantile ausgegeben:

		95% Confidence Limits Distribution Free		-------Order Statistics-------		
Quantile	Estimate			LCL Rank	UCL Rank	Coverage
100% Max	9.3					
99%	9.3	.	.	.	.	.
95%	9.3	7.0	9.3	13	15	50.05
90%	7.5	6.1	9.3	12	15	73.86
75% Q3	6.1	3.0	9.3	8	15	96.93

50% Median	3.0	1.0	6.1	4	12	96.48
25% Q1	1.0	-8.4	3.0	1	8	96.93
10%	-6.0	-8.4	1.0	1	4	73.86
5%	-8.4	-8.4	0.7	1	3	50.05
1%	-8.4	.	.	.	.	.
0% Min	-8.4					

Neben den Schätzern und Konfidenzintervallen werden hier die Ränge der Werte, die die Intervallgrenzen bilden, angegeben. Zudem wird in der letzten Spalte die Überdeckungswahrscheinlichkeit aufgeführt. Diese kann mit der Option ALPHA= eingestellt werden. Die Überdeckungswahrscheinlichkeit beträgt dann (mindestens) $1 - \alpha$. Wird auf die Option verzichtet, gilt $\alpha = 0.05$.

13.2 Zweistichproben-Situation

Die beiden voneinander unabhängigen Stichproben seien wie zuvor mit $X_1, \ldots, X_{n_1}$ und $Y_1, \ldots, Y_{n_2}$ bezeichnet. Innerhalb der Gruppen sind die X_i bzw. Y_j unabhängig und identisch gemäß den stetigen Verteilungsfunktionen F und G verteilt. Hier betrachten wir zunächst erneut wie in Kapitel 2 das Lokations-Shift-Modell $F(t) = G(t - \theta)$ für alle t. Nun ist θ zu schätzen. Dazu werden alle $n_1 n_2$ Differenzen $Y_j - X_i$, $j = 1, \ldots, n_2$, $i = 1, \ldots, n_1$, gebildet. Ein Schätzer für θ ist dann der Median dieser $n_1 n_2$ Differenzen. Auch dieser Schätzer $\hat{\theta}$ wird als Hodges-Lehmann-Schätzer bezeichnet (Hollander & Wolfe, 1999, S. 125).

Betrachten wir die in Kapitel 7.2 vorgestellte klinische Studie als Beispiel. Wegen $n_1 = n_2 = 10$ gibt es 100 Differenzen $Y_j - X_i$. Die Werte der Placebogruppe seien mit Y_j bezeichnet. Dann ergibt sich als Hodges-Lehmann-Schätzer $\hat{\theta} = -17.5$.

Um ein symmetrisches $(1 - \alpha)$-Konfidenzintervall für θ zu erhalten, benötigt man das $(1 - \alpha/2)$-Quantil der Verteilung der Wilcoxon-Rangsumme unter H_0: $\theta = 0$, dieses Quantil sei mit $w_{1-\alpha/2}$ bezeichnet. Ferner sei

$$C_\alpha = \frac{n_1(2n_2 + n_1 + 1)}{2} + 1 - w_{1-\alpha/2}\,.$$

Um das Konfidenzintervall zu bestimmen, werden nun erneut die $n_1 n_2$ Differenzen $Y_j - X_i$ benötigt. Die untere Grenze des $(1-\alpha)$-Konfidenzintervalls ist der Wert der Differenz, die die Position C_α in der geordneten Liste der $n_1 n_2$ Differenzen annimmt. Die obere Grenze ist die Differenz an Position $n_1 n_2 + 1 - C_\alpha$. Dieses Konfidenzintervall nach Moses passt zum Wilcoxon-Rangsummentest. Das $(1-\alpha)$-Konfidenzintervall enthält genau die Werte θ_0, für die der zweiseitige Test die Hypothese $\theta = \theta_0$ zum Niveau α nicht ablehnen kann (Hollander & Wolfe, 1999, S. 132f.).

Für das Beispiel der klinischen Studie mit $n_1 = n_2 = 10$ gilt für $\alpha = 0.05$ $w_{1-\alpha/2} = w_{0.975} = 132$. Daher ergibt sich $C_{0.05} = 24$ und $n_1 n_2 + 1 - C_{0.05} = 77$, so dass man $[-31, -1]$ als 95%-Konfidenzintervall für θ erhält. Aufgrund der Diskretheit der Rangsumme beträgt die Überdeckungswahrscheinlichkeit bei diesem Intervall erneut nicht genau 95%, sondern ist $\geq 95\%$. Dieses Konfidenzintervall ist aber problematisch, da bei den verwendeten Daten das Lokationsmodell nicht angemessen erscheint (siehe Kapitel 7.2).

Insbesondere wenn die Variabilitäten der beiden zu vergleichenden Gruppen ungleich sein können, bietet es sich an, den relativen Effekt zu betrachten. Wie bereits erwähnt (Kapitel 3.2) ist

$$\hat{p} = \frac{1}{N} \left(\bar{R}_2 - \bar{R}_1 \right) + 0.5$$

ein erwartungstreuer Schätzer für den relativen Effekt p (Brunner & Munzel, 2000). Das dazugehörige $(1 - \alpha)$-Konfidenzintervall ist

$$\hat{p} \pm \frac{t_{\mathrm{df},1-\alpha/2}}{n_1 n_2} \sqrt{n_1 \tilde{S}_1^2 + n_2 \tilde{S}_2^2}\,,$$

wobei der Freiheitsgrad df des t-Quantils $t_{df,1-\alpha/2}$ und die Varianzschätzungen sich gemäß der Formeln aus Kapitel 3.2 berechnen. Für große Stichproben kann auch das $(1 - \alpha/2)$-Quantil der Standard-Normalverteilung genutzt werden (Brunner & Munzel, 2002, Kap. 2.1).

Als Beispiel betrachten wir weiterhin die in Kapitel 7.2 vorgestellte klinische Studie. Mit diesen Daten wird der relative Effekt als $\hat{p} = 0.78$ geschätzt. Die Varianzschätzer $\tilde{S}_i^{\,2}$ betragen 11.29 und 1.73, als Freiheitsgrad erhält man df $= 11.70$. Somit ergibt sich bei Anwendung der t-Verteilung das folgende 95%-Konfidenzintervall:

$$0.78 \pm \frac{2.1850}{100} \sqrt{10 \cdot 11.29 + 10 \cdot 1.73} = [0.531,\, 1.029]\,.$$

Der relative Effekt p ist eine Wahrscheinlichkeit und kann daher nur Werte zwischen 0 und 1 annehmen. In diesem Beispiel ragt das Konfidenzintervall jedoch mit der oberen Grenze 1.029 über diesen für p möglichen Bereich hinaus. Brunner & Munzel (2002, S. 83f.) empfehlen für eine derartige Situation die Anwendung der sogenannten δ-Methode mit der Transformation $g(\hat{p}) = \ln(\hat{p}/(1 - \hat{p}))$. Für $g(p)$ erhält man bei Anwendung der t-Verteilung die Grenzen

$$p_U^g = \ln \left(\frac{\hat{p}}{1 - \hat{p}} \right) - \frac{\hat{\sigma}_N \cdot t_{\mathrm{df},1-\alpha/2}}{\hat{p}(1 - \hat{p})\sqrt{N}} \quad \text{und}$$

$$p_O^g = \ln \left(\frac{\hat{p}}{1 - \hat{p}} \right) + \frac{\hat{\sigma}_N \cdot t_{\mathrm{df},1-\alpha/2}}{\hat{p}(1 - \hat{p})\sqrt{N}}\,,$$

wobei

$$\hat{\sigma}_N^2 = \frac{N}{n_1 n_2} \sum_{i=1}^{2} \frac{\tilde{S}_i^2}{N - n_i}$$

gelte. Mittels Rücktransformation ergibt sich dann das folgende $(1-\alpha)$-Konfidenzintervall für den relativen Effekt p:

$$\left[\frac{\exp(p_U^g)}{1 + \exp(p_U^g)},\ \frac{\exp(p_O^g)}{1 + \exp(p_O^g)} \right]\,.$$

Im Beispiel gilt $p_U^g = -0.187$ und $p_O^g = 2.719$, so dass man [0.453, 0.938] als 95%-Konfidenzintervall für den relativen Effekt p erhält.

Konfidenzintervalle für relative Effekte können auch im Fall eines Vergleichs von mehr als zwei Gruppen angegeben werden (siehe Brunner & Munzel, 2002, S. 124ff.).

Bei kleinen Fallzahlen sollte das Konfidenzintervall auf der Permutationsverteilung basieren. Dies ist mit dem allgemeinen Prinzip nach Bauer (1972) möglich. Dazu sind die Werte einer Gruppe um θ zu verschieben, d.h. man berechnet zum Beispiel $Y_j - \theta$ für alle Werte der Gruppe 2. Das $(1 - \alpha)$-Konfidenzintervall besteht dann aus den Werten von θ, für die der entsprechende Test zum Niveau α die Nullhypothese nicht verwerfen kann. Details und Beispielberechnungen hierfür finden sich bei Neubert (2006).

13.3 Bootstrap- und Jackknife-Schätzer

Das Bootstrap-Verfahren kann nicht nur zum Testen, sondern auch für Punkt- und Intervallschätzungen verwendet werden. Nehmen wir an, es liegt eine beobachtete Stichprobe $x_1, \ldots, x_n$ vom Umfang n vor, die zugrundeliegende Verteilung sei unbekannt. Ein Parameter θ wird nun durch $\hat{\theta} = \hat{\theta}(x_1, \ldots, x_n)$ geschätzt. Das Bootstrap-Verfahren wurde 1979 eingeführt, um den Standardfehler dieses Schätzers zu bestimmen (Efron & Tibshirani, 1993, S. 45). Falls $\hat{\theta} = \bar{X}$ gilt, ist die Wurzel aus $\sum_{i=1}^{n} (x_i - \bar{x})^2 / n(n - 1)$ ein Schätzer für den Standardfehler. Dieser Schätzer ist jedoch nicht mehr verwendbar, wenn θ zum Beispiel mit dem Median geschätzt wird. Mittels Bootstrap oder Jackknife ist es nun aber möglich, den Standardfehler bzw. die Varianz von $\hat{\theta}$ zu schätzen (Efron, 1982, S. 1f.). Beim Bootstrap kann dazu der folgende Algorithmus angewandt werden:

(a) Der Schätzer $\hat{\theta}$ wird für die beobachteten Werte berechnet.

(b) Ziehe aus den n Werten $x_1, \ldots, x_n$ B unabhängige Bootstrap-Zufallsstichproben vom Umfang n mit Zurücklegen.

(c) Berechne den Schätzer $\hat{\theta}$ für jede Bootstrap-Stichprobe, diese Schätzer seien mit $\hat{\theta}_1^*, \ldots, \hat{\theta}_B^*$ bezeichnet.

(d) Schätze die Varianz von $\hat{\theta}$ durch die empirische Varianz der B Bootstrap-Schätzer $\hat{\theta}_1^*, \ldots, \hat{\theta}_B^*$, d.h.

$$\widehat{Var}(\hat{\theta}) = \frac{1}{B-1} \sum_{b=1}^{B} \left(\hat{\theta}_b^* - \hat{\theta}^* \right)^2$$

mit $\hat{\theta}^* = \sum_{b=1}^{B} \hat{\theta}_b^* / B$.

Bei sehr kleiner Stichprobengröße n können ggf. alle $\binom{2n-1}{n}$ möglichen Bootstrap-Stichproben berücksichtigt werden – und nicht nur B zufällig ausgewählte Bootstrap-Stichproben.

Das Prinzip des obigen Algorithmus kann natürlich analog auch verwendet werden, um andere Parameter statt der Varianz zu schätzen. Efron & Tibshirani (1993, S. 49ff.) besprechen z.B. die Schätzung eines Korrelationskoeffizienten. Da die Schätzung auf den n Beobachtungen und damit auf der empirischen Verteilungsfunktion beruht, spricht man von einem nichtparametrischen Bootstrap-Schätzer. Für einem parametrischen Bootstrap-Schätzer sind zusätzliche Annahmen nötig, siehe Efron & Tibshirani (1993) für weitere Details.

Auch für die Ermittlung von Bootstrap-Konfidenzintervallen gibt es verschiedene Möglichkeiten (siehe Efron & Tibshirani, 1993), hier wird zur Illustration die sogenannte Perzentil-Methode vorgestellt. Sei $\hat{\theta}_B^{*(\alpha)}$ das empirische α-Perzentil (α-Quantil) der Bootstrap-Schätzer $\hat{\theta}_1^*, \ldots, \hat{\theta}_B^*$. Gilt z.B. $B = 2000$ und $\alpha = 0.05$, so ist $\hat{\theta}_B^{*(\alpha)}$ der $B\alpha$ = 100ste Wert in der geordneten Liste der B Bootstrap-Schätzer. Entsprechend ist $\hat{\theta}_B^{*(1-\alpha)}$ das empirische $(1-\alpha)$-Quantil der Bootstrap-Schätzer $\hat{\theta}_1^*, \ldots, \hat{\theta}_B^*$. Das $(1-2\alpha)$-Bootstrap-Konfidenzintervall gemäß der Perzentil-Methode ist dann $\left[\hat{\theta}_B^{*(\alpha)}, \hat{\theta}_B^{*(1-\alpha)}\right]$. Für den Fall, dass $B\alpha$ keine ganze Zahl ist, schlagen Efron & Tibshirani (1993, S. 160f.) vor, wie folgt zu verfahren: Es kann vorausgesetzt werden, dass $\alpha \leq 0.5$ gilt, ferner sei k die größte ganze Zahl, für die $k \leq (B+1)\alpha$ gilt. Das α- bzw. das $(1-\alpha)$-Quantil sei dann definiert als der k-te bzw. der $(B+1-k)$-te Wert in der geordneten Liste der B Bootstrap-Schätzer.

Beim Jackknife-Verfahren handelt es sich wie beim Bootstrap um ein sogenanntes Resampling-Verfahren. Nun werden keine neuen Stichproben gezogen, sondern es wird jeweils eine Beobachtung eliminiert. Als Resampling-Verfahren ist auch der Jackknife eine Computer-intensive Methode. Vorgeschlagen wurde das Jackknife-Verfahren bereits Mitte des zwanzigsten Jahrhunderts. Details finden sich bei Efron (1982) und Efron & Tibshirani (1993, Kap. 11).

Nehmen wir an, dass die Zufallsvariablen $X_1, X_2, \ldots, X_n$ unabhängig und identisch gemäß der Verteilungsfunktion F verteilt sind. Ein Parameter θ wird durch $\hat{\theta} = \hat{\theta}(X_1, X_2, \ldots, X_n)$ geschätzt. Nun ist natürlich auch

$$\hat{\theta}_{-i} = \hat{\theta}(X_1, \ldots, X_{i-1}, X_{i+1}, \ldots, X_n)$$

ein Schätzer für θ.

Ferner heißen

$$J_i(\hat{\theta}) = \hat{\theta} + (n-1)\left(\hat{\theta} - \hat{\theta}_{-i}\right), \ i = 1, \ldots, n,$$

Pseudowerte und

$$J(\hat{\theta}) = \frac{1}{n}\sum_{i=1}^n J_i(\hat{\theta})$$

der Jackknife-Schätzer für θ basierend auf $\hat{\theta}$.

Dieser Jackknife-Schätzer $J(\hat{\theta})$ ist in vielen Fällen weniger stark verzerrt als der Schätzer $\hat{\theta}$, auf den das Jackknife-Verfahren angewendet wird. Als Beispiel betrachten wir die

Schätzung der Varianz. Als Varianzschätzer verwenden wir

$$\hat{\theta} = \frac{1}{n} \sum_{i=1}^{n} (X_i - \bar{X})^2 \ .$$

Als Jackknife-Schätzer ergibt sich dann der übliche unverzerrte Varianzschätzer

$$J(\hat{\theta}) = \frac{1}{n-1} \sum_{i=1}^{n} (X_i - \bar{X})^2 \ ,$$

(Efron & Tibshirani, 1993, S. 151).

Allgemein ist

$$\frac{n-1}{n} \sum_{i=1}^{n} \left(\hat{\theta}_{-i} - \hat{\theta}_{(.)} \right)$$

ein Schätzer für die Varianz von $\hat{\theta}$, wobei $\hat{\theta}_{(.)}$ das arithmetische Mittel von $\hat{\theta}_{-1}, \ldots, \hat{\theta}_{-n}$ sei (Efron, 1982, S. 13).

In einem verallgemeinerten Jackknife-Verfahren werden statt einzelner Beobachtungen ganze Blöcke von Beobachtungen eliminiert (Efron, 1982, S. 7). Zum Abschluss sei erwähnt, dass das Jackknife-Verfahren auch genutzt werden kann, um statistische Tests durchzuführen (Rodgers, 1999). Da eine derartige Anwendung in der statistischen Praxis jedoch nicht üblich ist, werden Jackknife-Tests in diesem Buch nicht besprochen.

A   Anhang

In diesem Anhang werden zunächst in den ersten beiden Kapiteln Grundbegriffe zu Skalenniveaus und statistischen Tests aufgeführt. Dies soll lediglich der Auffrischung von bereits erworbenem Wissen dienen. Für zusätzliche Details wird auf einführende Bücher wie zum Beispiel Hartung et al. (2009) verwiesen. Im dritten Kapitel dieses Anhangs werden Möglichkeiten genannt, wie nichtparametrische Tests in R durchgeführt werden können.

A.1   Skalenniveaus

Das niedrigste Skalenniveau ist das nominale. Ein Merkmal heißt nominal, wenn die verschiedenen Ausprägungen unterschieden werden können, sich aber nicht ordnen lassen. Beispiele hierfür sind Geschlecht, Nationalität oder Blutgruppe.

Ordinale Merkmale sind wie nominale qualitativ und kategoriell. Das heis"t, das Merkmal lässt sich nicht zahlenmäßig erfassen, stattdessen können die Ausprägungen nur benannt werden. Bei einem ordinalen Merkmal lassen sich die Merkmalsausprägungen aber ordnen. Es kann also eine Rangfolge angegeben werden. Der Abstand zwischen den Merkmalsausprägungen ist allerdings nicht interpretierbar. Beispiele für ordinale Merkmale sind Güteklassen oder Schulnoten.

Ein Merkmal heißt quantitativ oder metrisch, wenn es sich z. B. durch Messen, Wiegen oder Zählen zahlenmäßig erfassen lässt. Nun können die Ausprägungen nicht nur geordnet werden, sondern die Abstände sind interpretierbar, d. h. Differenzen können gebildet werden. Quantitative Merkmale können unterteilt werden in diskrete und stetige Merkmale. Stetige Merkmale wie zum Beispiel das Körpergewicht können im Gegensatz zu diskreten Merkmalen beliebige Zahlenwerte (aus einem Intervall) annehmen. Ein Beispiel für ein diskretes Merkmal ist die Kinderzahl. Manche diskrete Merkmale besitzen nur zwei verschiedene Ausprägungen (z. B. das Geschlecht), in diesem Fall spricht man von einem dichotomen Merkmal.

Metrische Merkmale lassen sich zusätzlich unterteilen in intervallskaliert und verhältnisskaliert. Bei der Intervallskala entsprechen Abstände gleichen Unterschieden in der Merkmalsausprägung. Quotienten lassen sich aber im Gegensatz zu Differenzen nicht sinnvoll interpretieren, da es keinen absoluten Nullpunkt gibt. Ein Beispiel ist die Temperatur in Grad Celsius. Eine Verhältnisskala liegt dagegen bei definierten Differenzen und absolutem Nullpunkt vor. Ein Beispiel ist die bereits genannte Körpergröße.

Höher skalierbare Merkmale lassen sich auch niedrigeren Skalenniveaus zuordnen. Zum Beispiel kann die stetige und verhältnisskalierte Körpergröße in eine Ordinalskala mit den drei Ausprägungen klein, mittel und groß kategorisiert werden. Solch eine Kategorisierung wird auch – wie in Kapitel 5 – als „binning" bezeichnet.

A.2   Statistische Tests

Mit einem statistischen Test kann eine Entscheidung zwischen zwei Behauptungen getroffen werden, die als Hypothesen bezeichnet werden. Es gibt eine sogenannte Nullhypothese H_0 und eine Alternative (Alternativhypothese) H_1. Der Schnitt dieser beiden Hypothesen ist leer. Mit einem statistischen Test entscheidet man sich für die Beibehaltung oder für die Ablehnung der Nullhypothese. Daher sind vier Kombinationen möglich:

	Entscheidung für	
Wahr ist	Nullhypothese	Alternative
Nullhypothese	korrekt	Fehler 1. Art
Alternative	Fehler 2. Art	korrekt

Zwei dieser vier Kombinationen sind falsche Entscheidungen. Wenn die Nullhypothese abgelehnt wird, obwohl sie wahr ist, spricht man von einem Fehler 1. Art. Ein Fehler 2. Art tritt ein, wenn die Nullhypothese nicht abgelehnt wird, obwohl sie nicht wahr ist. Es ist im Allgemeinen nicht möglich, die Wahrscheinlichkeiten für beide Fehler gleichzeitig zu minimieren. Verkleinert man die Wahrscheinlichkeit für den einen Fehler, vergrößert sich die Wahrscheinlichkeit für den anderen. Daher wird üblicherweise die Wahrscheinlichkeit für einen Fehler 1. Art auf α beschränkt. Unter dieser Einschränkung kann dann für das jeweilige Testproblem ein Test gesucht werden, der die Wahrscheinlichkeit für den Fehler 2. Art minimiert.

Die oben genannte Grenze α ist das Signifikanzniveau des Tests. Sobald eine Teststatistik ausgewählt ist, kann ein Ablehnungsbereich angegeben werden. Liegt der Wert der Teststatistik im Ablehnungsbereich, kann die Nullhypothese verworfen werden. Daher sollte der Ablehnungsbereich Werte enthalten, die gegen die Nullhypothese sprechen, also Werte, die weit vom unter der Nullhypothese erwarteten Wert der Teststatistik abweichen.

Um das Signifikanzniveau α einzuhalten, darf die bedingte Wahrscheinlichkeit dafür, unter Annahme der Gültigkeit der Nullhypothese einen Wert der Teststatistik im Ablehnungsbereich zu erhalten, nicht größer als α sein. Bei einer stetig verteilten Teststatistik kann erreicht werden, dass diese bedingte Wahrscheinlichkeit genau α beträgt. Dies ist bei einer diskreten Teststatistik aber im allgemeinen nicht möglich. Die maximale bedingte Wahrscheinlichkeit dafür, unter Annahme der Gültigkeit der Nullhypothese diese dennoch zu verwerfen, wird als tatsächliches Niveau oder *Size* bezeichnet. Das vorgegebene Signifikanzniveau α ist das nominale Niveau. Ist das tatsächliche Niveau kleiner als α, so ist der Test konservativ, ist es größer, nennt man den Test antikonservativ oder liberal.

Das nominale Niveau ist vor der Durchführung des Tests festzulegen. Ein üblicher Wert ist $\alpha = 0.05$. Diese Wahl ist zwar willkürlich, aber sehr weit verbreitet. Bei einseitigen Tests wird α manchmal auf 0.025 gesetzt.

Im Gegensatz zu α hat man keine Kontrolle über die Wahrscheinlichkeit für einen Fehler 2. Art. Daher ist bei Nicht-Ablehnung der Nullhypothese keine abgesicherte Aussage möglich. Im Zweifel entscheidet der Test für die Nullhypothese, die man daher nicht nachweisen kann. Nachweisen kann man dagegen die Alternative, denn bei einer Ablehnung der Nullhypothese ist der mögliche Fehler durch α beschränkt. Wird die Nullhypothese verworfen, spricht man von einem signifikanten Ergebnis.

Die Wahrscheinlichkeit, eine falsche Nullhypothese zu verwerfen, bezeichnet man als Güte des Tests, andere Bezeichnungen sind Trennschärfe, Macht oder *Power*. Die Güte ist nicht konstant, sondern abhängig von der betrachteten Stelle der Alternative. Zusätzlich ist die Güte unter anderem abhängig vom Niveau und der Fallzahl.

Statistische Programmpakete geben ein Testergebnis in aller Regel in Form eines p-Wertes an. Sei T eine Teststatistik, die o. B. d. A. unter der Alternative zu größeren Werten neige. Die Nullhypothese kann abgelehnt werden, sofern für die Realisation $t(x)$

$$t(x) \geq c_\alpha$$

gilt, wobei c_α die Untergrenze des Ablehnungsbereichs bezeichne. Der p-Wert ist dann definiert durch $P_0(T \geq t(x)|\mathrm{H}_0)$, das ist die Wahrscheinlichkeit unter der Annahme, dass die Nullhypotese H_0 gilt, eine mindestens so große (d. h. so stark gegen H_0 sprechende) Teststatistik zu erhalten wie die mit den beobachteten Daten x berechnete. Die Nullhypothese kann dann abgelehnt werden, sofern der p-Wert $\leq \alpha$ ist. Bei einem p-Wert $> \alpha$ kann H_0 nicht verworfen werden. Der p-Wert ist daher das kleinste Niveau, zu dem der Test gerade noch signifikant ist.

A.3 Nichtparametrische Tests in R

In diesem Buch wurde die Durchführung der beschriebenen Tests anhand von SAS-Programmen gezeigt. Neben SAS gibt es eine Reihe weiterer Softwaresysteme. Eine Vielzahl von Permutationstests kann mit StatXact (Cytel Software Corporation, Cambridge, Massachusetts) berechnet werden. Hier soll nun kurz auf Möglichkeiten hingewiesen werden, wie Tests mit R ausgeführt werden können. Allgemeine Hinweise zu R finden sich zum Beispiel bei Everitt & Hothorn (2006) und Duller (2008). Bei Duller (2008) finden sich auch R-Programme für eine Vielzahl von nichtparametrischen Testverfahren.

Für Standardtests gibt es Funktionen in R, z. B. `wilcox.test()` für die beiden Wilcoxon-Tests, also den WMW-Test (siehe Kapitel 2.2) und den Vorzeichen-Rangtest (siehe Kapitel 8.2). Weitere Beispiele sind die Funktionen `ansari.test()` für den Ansari-Bradley-Test (siehe Kapitel 3.1), `chisq.test()` für den χ^2-Test (siehe Kapitel 5), `friedman.test()` für den Friedman-Test (siehe Kapitel 9.3), `kruskal.test()` für den Kruskal-Wallis-Test (siehe Kapitel 9.1), `ks.test()` für den (Kolmogorov-)Smirnow-Test (siehe Kapitel 4) oder `mcnemar.test()` für den McNemar-Test (siehe Kapitel 8.5). Diese Funktionen können jedoch zum Teil nur einen asymptotischen Test durchführen. So kann die Funktion `wilcox.test()` nur dann einen exakten WMW-Test berechnen, wenn keine Bindungen vorliegen. Ein exakter WMW-Test ist mit der Funktion `wilcox.exact()` möglich. Um diese Funktion nutzen zu können, muss aber zuvor das Zusatzpaket `exactRankTests` nachgeladen werden. Dieses Zusatzpaket nutzt den Shift-Algorithmus von Streitberg & Röhmel (1987), Details finden sich u. a. bei Hothorn & Hornig (2002).

Permutationstests sind bedingte Tests. Das Zusatzpaket `coin` (Abkürzung für *conditional inference*) ist ein sehr flexibles Werkzeug, mit dem eine Vielzahl von Permutationstests durchgeführt werden kann. Details zu diesem Paket finden sich unter anderem bei Everitt & Hothorn (2006, Kapitel 3) sowie Hothorn et al. (2006).

Good (2005) gibt Programme an, mit denen Bootstrap-Tests und approximative Permutationstests in R durchgeführt werden können. Wilcox (2003) gibt für die von ihm besprochenen Tests R-Programme an. Darunter sind Programme für den Brunner-Munzel-Test sowie auch für Bootstrap- und Permutationstests. Ein Beispielprogramm für einen exakten Permutationstest findet sich – wie bereits in Kapitel 3.2 erwähnt – unter www.biostat.uni-hannover.de/staff/neuhaus/BMpermutation_test.txt (Neuhäuser & Ruxton, 2009b).

Literaturverzeichnis

Agresti A (2003): Dealing with discreteness: making 'exact' confidence intervals for proportions, differences of proportions, and odds ratios more exact. *Statistical Methods in Medical Research* 12, 3–21.

Akritas MG & Arnold SF (1994): Fully nonparametric hypotheses for factorial designs I: Multivariate repeated measures designs. *Journal of the American Statistical Association* 89, 336–343.

Anderson MJ (2001): Permutation tests for univariate or multivariate analysis of variance and regression. *Canadian Journal of Fisheries and Aquatic Sciences* 58, 626–639.

Armitage P (1955): Tests for linear trends in proportions and frequencies. *Biometrics* 11, 375–386.

Baer B & Schmid-Hempel P (1999): Experimental variation in polyandry affects parasite loads and fitness in a bumble-bee. *Nature* 397, 151–154.

Bauer DF (1972): Constructing confidence sets using rank statistics. *Journal of the American Statistical Association* 67, 687–690.

Bauer P, Brannath W & Posch M (2001): Flexible two-stage designs: an overview. *Methods of Information in Medicine* 40, 117–121.

Bauer P & Köhne K (1994): Evaluation of experiments with adaptive interim analyses. *Biometrics* 50, 1029–1041.

Baumgartner W, Weiß P & Schindler H (1998): A nonparametric test for the general two-sample problem. *Biometrics* 54, 1129–1135.

Behnen K & Neuhaus G (1989): *Rank tests with estimated scores and their applications.* Teubner, Stuttgart.

Bender R, Lange S & Ziegler A (2007): Wichtige Signifikanztests. *Deutsche Medizinische Wochenschrift* 132, e24-e25.

Berger VW (2000): Pros and cons of permutation tests in clinical trials. *Statistics in Medicine* 19, 1319–1328.

Berger VW (2001): The p-value interval as an inferential tool. *The Statistician* 50, 79–85.

Berger VW & Ivanova A (2002): The bias of linear rank tests when testing for stochastic order in ordered categorical data. *Journal of Statistical Planning and Inference* 107, 237–247.

Berger VW, Matthews JR & Grosch EN (2008): On improving research methodology in clinical trials. *Statistical Methods in Medical Research* 17, 231–242.

Berger VW & Zhou Y (2005): Kolmogorov-Smirnov tests. In: Everitt BS & Howell DC (Hrsg.): *The encyclopedia of statistics in behavioral science*, vol. 2. Wiley, Hoboken, S. 1023–1026.

Bergmann R, Ludbrook & Spooren WPJM (2000): Different outcomes of the Wilcoxon-Mann-Whitney test from different statistics packages. *American Statistician* 54, 72–77.

Berry JJ (1995a): A simulation-based approach to some nonparametric statistics problems. *Observations* 5, 19–26.

Berry JJ (1995b): Obtaining exact significance levels for various nonparametric two-independent-samples problems. *Observations* 5, 40–52.

Berry KJ, Mielke PW & Mielke HW (2002): The Fisher-Pitman permutation test: an attractive alternative to the F test. *Psychological Reports* 90, 495–502.

Bickel PJ & van Zwet WR (1978): Asymptotic expansions for the power of distribution free tests in the two-sample problem. *Annals of Statistics* 6, 937–1004.

Blair RC & Higgins JJ (1981): A note on the asymptotic relative efficiency of the Wilcoxon rank-sum test relative to the independent means t test under mixtures of two normal distributions. *British Journal of Mathematical and Statistical Psychology* 34, 124–128.

Blair RC, Sawilowsky S (1993): Comparison of two tests useful in situations where treatment is expected to increase variability relative to controls. *Statistics in Medicine* 12, 2233–2243.

Blomqvist D, Andersson M, Küpper C, Cuthill IC, Kis J, Lanctot RB, Sandercock BK, Szekely T, Wallander J & Kempenaers B (2002): Genetic similarity between mates and extra-pair parentage in three species of shorebirds. *Nature* 419, 613–615.

Boik RJ (1987): The Fisher-Pitman permutation test: a non-robust alternative to the normal theory F test when variances are heterogeneous. *British Journal of Mathematical and Statistical Psychology* 40, 26–42.

Boneau CA (1960): The effects of violations of assumptions underlying the t test. *Psychological Bulletin* 57, 49–64.

Boos DD & Brownie C (1992): A rank-based mixed model approach to multisite clinical trials. *Biometrics* 48, 61–72.

Boschloo RD (1970): Raised conditional level of significance for the 2x2-table when testing the equality of two probabilities. *Statistica Neerlandica* 24, 1–35.

Box GEP (1953): Non-normality and tests on variances. *Biometrika* 40, 318–335.

Box GEP & Andersen SL (1955): Permutation theory in the derivation of robust criteria and the study of departures from assumption. *Journal of the Royal Statistical Society, Series B* 17, 1–26.

Bradley JV (1968): *Distribution-free statistical tests*. Prentice-Hall, Englewood Cliffs.

Bradley JV (1977) A common situation conducive to bizarre distribution shapes. *American Statistician* 31, 147–150.

Bretz F, Hothorn LA (2001): Testing dose-response relationships with a priori unknown, possibly non-monotone shapes. *Journal of Biopharmaceutical Statistics* 11, 193–207.

Brown MB & Forsythe AB (1974): Robust tests for the equality of variances. *Journal of the American Statistical Association* 69, 364–367.

Brownie C, Boos DD & Hughes-Oliver J (1990): Modifying the t and ANOVA F tests when treatment is expected to increase variability relative to controls. *Biometrics* 46, 259–266.

Brunner E, Dette H, Munk A (1997): Box-type approximations in nonparametric factorial designs. *Journal of the American Statistical Association* 92, 1494–1502.

Brunner E & Munzel U (2000): The nonparametric Behrens-Fisher problem: asymptotic theory and a small sample approximation. *Biometrical Journal* 42, 17–25.

Brunner E & Munzel U (2002): *Nichtparametrische Datenanalyse*. Springer, Berlin.

Buck W (1979): Signed-rank tests in the presence of ties (with extended tables). *Biometrical Journal* 21, 501–526.

Budde M & Bauer P (1989): Multiple test procedures in clinical dose finding studies. *Journal of the American Statistical Association* 84, 792–796.

Büning, H (1991): *Robuste und adaptive Tests*. De Gruyter, Berlin.

Büning, H (1996): Adaptive tests for the c-sample location problem – the case of two-sided alternatives. *Communications in Statistics – Theory and Methods* 25, 1569–1582.

Büning H (1997): Robust analysis of variance. *Journal of Applied Statistics* 24, 319–332.

Büning H (2002): Robustness and power of modified Lepage, Kolmogorov-Smirnov and Cramér-von Mises two-sample tests. *Journal of Applied Statistics* 29, 907–924.

Büning H & Trenkler G (1994): *Nichtparametrische statistische Methoden*. De Gruyter, Berlin (2. Auflage).

Chen JJ, Kodell RL & Pearce BA (1997): Significance levels of randomization trend tests in the event of rare occurrences. *Biometrical Journal* 39, 327–337.

Chen RS & Dunlap WP (1993): SAS procedures for approximate randomization tests. *Behavior Research Methods, Instruments, & Computers* 25, 406–409.

Chen YI (1991): Notes on the Mack-Wolfe and Chen-Wolfe tests for umbrealla alternatives. *Biometrical Journal* 33, 281–290.

Chen YI, Wolfe DA (1990): A study of distribution-free tests for umbrella alternatives. *Biometrical Journal* 32, 47–57.

Coakley CW, Heise MA (1996): Versions of the sign test in the presence of ties. *Biometrics* 52, 1242–1251.

Cohen A & Sackrowitz HB (2003): Methods of reducing loss of efficiency due to discreteness of distributions. *Statistical Methods in Medical Research* 12, 23–36.

Corcoran C, Mehta C & Senchaudhuri P (2000): Power comparisons for tests of trend in dose-response studies. *Statistics in Medicine* 19, 3037–3050.

Cox DR (1958): Some problems connected with statistical inference. *Annals of Mathematical Statistics* 15, 357–372.

Cox DR (1977): The role of significance tests. *Scandinavian Journal of Statistics* 4, 49–70.

Crowley PH (1992): Resampling methods for computer-intensive data analysis in ecology and evolution. *Annual Review of Ecology and Systematics* 23, 405–427.

Cucconi O (1968): Un nuovo test non parametrico per il confronto tra due gruppi campionari. *Giornale degli Economisti* 27, 225–248 [zitiert nach Marozzi, 2008].

Cushman JH, Lawton JH & Manly BFJ (1993): Latitudinal patterns in European ant assemblages: variation in species richness and body size. *Oecologia* 95, 30–37.

Cuzick J (1985): A Wilcoxon-type test for trend. *Statistics in Medicine* 4, 87–90.

Cytel Software Corporation (2007): *StatXact 8: User manual.* Cambridge.

Darwin C (1876): *The effect of cross- and self-fertilization in the vegetable kingdom.* John Murray, London (2. Auflage).

Delaney HD & Vargha A (2002): Comparing several robust tests of stochastic equality with ordinally scaled variables and small to moderate sized samples. *Psychological Methods* 7, 485–503.

Demissie M, Mascialino B, Calza S & Pawitan Y (2008): Unequal group variances in microarray data analyses. *Bioinformatics* 24, 1168–1174.

Deuchler G (1914): Über die Methoden der Korrelationsrechnung in der Pädagogik und Psychologie. *Zeitschrift für pädagogische Psychologie und experimentelle Pädagogik* 15, 114–131 [zitiert nach Kruskal, 1957].

Duller C (2008): *Einführung in die nichtparametrische Statistik mit SAS und R.* Physica-Verlag, Heidelberg.

Duran BS (1976): A survey of nonparametric tests for scale. *Communications in Statistics – Theory and Methods* 5, 1287–1312.

Edgington ES & Onghena P (2007): *Randomization tests.* Chapman & Hall/CRC, Boca Raton (4. Auflage).

Efron B (1982): *The jackknife, the bootstrap and other resampling plans.* Society for Industrial and Applied Mathematics, Philadelphia.

Efron B & Tibshirani RJ (1993): *An introduction to the bootstrap.* Chapman & Hall, New York.

EMEA (2003): *Points to consider on adjustment for baseline covariates.* European Agency for the Evaluation of Medicinal Products (EMEA), London.

Everitt BS & Hothorn T (2006): *A handbook of statistical analyses using R.* Chapman and Hall/CRC, Boca Raton.

Fisher LD & van Belle G (1993): *Biostatistics.* Wiley, New York.

Fisher RA (1936): „The coefficient of racial likeness" and the future of craniometry. *Journal of the Royal Anthropological Institute* 66, 57–63 [Nachdruck in Bennett JH (Hrsg.): Collected papers of R.A. Fisher, Vol. III. Adelaide, 1973, S. 484–490].

Fligner MA & Policello GE (1981): Robust rank procedures for the Behrens-Fisher problem. *Journal of the American Statistical Association* 76, 162–168.

Fong DYT, Kwan CW, Lam KF & Lam KSL (2003): Use of the sign test for the median in the presence of ties. *American Statistician* 57, 237–240.

Francis RICC & Manly BFJ (2001): Bootstrap calibration to improve the reliability of tests to compare sample means and variances. *Environmetrics* 12, 713–729.

Freidlin B & Korn EL (2002): A testing procedure for survival data with few responders. *Statistics in Medicine* 21, 65–78.

Freidlin B, Miao W & Gastwirth JL (2003): On the use of the Shapiro-Wilk test in two-stage adaptive inference for paired data from moderate to very heavy tailed distributions. *Biometrical Journal* 45, 887–900.

Freidlin B, Podgor MV & Gastwirth JL (1999): Efficiency robust tests for survival or ordered categorical data. *Biometrics* 55, 883–886.

Freidlin B, Zheng G, Li Z & Gastwirth JL (2002): Trend tests for case-control studies of genetic markers: Power, sample size and robustness. *Human Heredity* 53, 146–152.

Games PA (1984): Data transformation, power, and skew: a rebuttal to Levine and Dunlap. *Psychological Bulletin* 95, 345–347.

Gastwirth JL (1966): On robust procedures. *Journal of the American Statistical Association* 61, 929–948.

Gastwirth JL (1970): On robust rank tests. In: Puri ML (Hrsg.) *Nonparametric techniques in statistical inference*. Cambridge University Press, Cambridge, S. 89–109.

Gastwirth JL & Freidlin B (2000): On power and efficiency robust linkage tests for affected sibs. *Annals of Human Genetics* 64, 443–453.

Gebhard J (1995): *Optimalitätseigenschaften und Algorithmen für Permutationstests*. Skripten zur Mathematischen Statistik, Nr. 26 (Dissertationsnachdruck), Münster.

Gefeller O & Bregenzer T (1994): Computer programs for exact nonparametric inference. *CABIOS – Computer Applications in the Biosciences* 10, 213–214.

George EO, Mudholkar DS (1990): P-values for two-sided tests. *Biometrical Journal* 32, 747–751.

Gibbons JD (1993): *Nonparametric statistics: an introduction*. Sage, Newbury Park.

Göggelmann W (1993): Die Erfassung von Genmutationen in Bakterien. In: Fahrig R (Hrsg.): *Mutationsforschung und genetische Toxikologie*. Wissenschaftliche Buchgesellschaft, Darmstadt, S. 207–216.

Good PI (2000): *Permutation tests*. Springer, New York (2. Auflage).

Good PI (2001): *Resampling methods: a practical guide to resampling methods*. Birkhäuser, Boston (2. Auflage).

Good PI (2005): *Introduction to statistics through resampling methods and R/S-Plus.* Wiley, Hoboken.

Gould SJ (1996): *Full house: the spread of excellence from Plato to Darwin.* Harmony Books, New York.

Gregoire TG & Driver BL (1987): Analysis of ordinal data to detect population differences. *Psychological Bulletin* 101, 159–165.

Hall P & Wilson SR (1991): Two guidelines for bootstrap hypothesis testing. *Biometrics* 47, 757–762.

Hall P & Yao Q (2003): Inference in ARCH and GARCH models with heavy-tailed errors. *Econometrica* 71, 285–317.

Hand DJ, Daly, F, Lunn, AD, McConway & Ostrowski E (1994): *A handbook of small data sets.* Chapman & Hall, London.

Hartung J, Elpelt B & Klösener KH (2009): *Statistik.* Oldenbourg, München (15. Auflage).

Hartung J, Knapp G & Sinha BK (2008): *Statistical meta-analysis with applications.* Wiley, Hoboken.

Hayes AF (2000): Randomization tests and the equality of variance assumption when comparing group means. *Animal Behaviour* 59, 653–656.

Hettmansperger TP & McKean JW (1998): *Robust nonparametric statistical methods.* Arnold, London.

Hettmansperger TP & Norton RM (1987): Tests for patterned alternatives in k-sample problems. *Journal of the American Statistical Association* 82, 292–299.

Higgins JJ (2004): *An introduction to modern nonparametric statistics.* Brooks/Cole, Pacific Grove.

Hill NJ, Padmanabhan AR & Puri ML (1988): Adaptive nonparametric procedures and applications. *Applied Statistics* 37, 205–218.

Hines WGS & O'Hara Hines RJ (2000): Increased power with modified forms of the Levene (med) test for heterogeneity of variance. *Biometrics* 56, 451–454.

Hodges JL & Lehmann EL (1956): The efficiency of some nonparametric competitors of the *t*-test. *Annals of Mathematical Statistics* 27, 324–335.

Hoeffding W (1952): The large-sample power of tests based on permutations of observations. *Annals of Mathematical Statistics* 23, 169–192.

Hogg, RV (1974): Adaptive robust procedures: a partial review and some suggestions for future applications and theory. *Journal of the American Statistical Association* 69, 909–927.

Hogg RV, Fisher DM & Randles RH (1975): A two-sample adaptive distribution-free test. *Journal of the American Statistical Association* 70, 656–661.

Hollander M & Wolfe DA (1999): *Nonparametric statistical methods.* Wiley, New York (2. Auflage).

Horn M (1990): Zum Test von Wilcoxon, Mann und Whitney: Bedingungen, unter denen und Fragestellungen, für die er anwendbar ist. *Zeitschrift für Versuchstierkunde* 33, 109–114.

Hothorn LA (1990): Biometrische Analyse spezieller Untersuchungen der regulativen Toxikologie. In: Klöcking HP, Güttner J & Wiezorek WD (Hrsg.): *Grundlagen der Statistik für Toxikologen*. Verlag Gesundheit, Berlin, 2. Auflage, S. 130–238.

Hothorn LA & Hauschke D (1998): Principles in statistical testing in randomized toxicological studies. In: Chow SC & Liu JP (Hrsg.): *Designs and analysis of animal studies in pharmaceutical development*. Marcel Dekker, New York, S. 79–133.

Hothorn T & Hornig K (2002): Exact nonparametric inference in R. In: Härdle W & Rönz B (Hrsg.): *Compstat: Proceedings in Computational Statistics, 15th Symposium*. Physica-Verlag, Heidelberg, S. 355–360.

Hothorn T, Hornik K, van de Wiel MA & Zeileis A (2006): A lego system for conditional inference. *American Statistician* 60, 257–263.

Huang Y, Xu H, Calian V & Hsu JC (2006): To permute or not to permute. *Bioinformatics* 22, 2244–2248.

Hunter MA & May RB (1993): Some myths concerning parametric and nonparametric tests. *Canadian Psychology* 34, 384–389.

ICH (1999): ICH harmonized tripartite guideline E9: Statistical principles for clinical trials. *Statistics in Medicine* 18, 1905–1942.

Jansen RC (2001): Quantitative trait loci in inbred lines. In: Balding DJ, Bishop M & Cannings C (Hrsg.): *Handbook of statistical genetics*. Wiley, Chichester, S. 567–597.

Janssen A (1997): Studentized permutation tests for non-i.i.d. hypotheses and the generalized Behrens-Fisher problem. *Statistics & Probability Letters* 36, 9–21.

Janssen A (1998): *Zur Asymptotik nichtparametrischer Tests*. Skripten zur Mathematischen Statistik, Nr. 29, Münster.

Janssen A & Pauls T (2003): How do bootstrap and permutation tests work? *Annals of Statistics* 31, 768–806.

Jonckheere AR (1954): A distribution-free k-sample test against ordered alternatives. *Biometrika* 41, 133–145.

Kasuya E (2001): Mann-Whitney U test when variances are unequal. *Animal Behaviour* 61, 1247–1249.

Keller-McNulty S & Higgins JJ (1987): Effect of tail weight on power and type-I error of robust permutation tests for location. *Communications in Statistics – Simulation and Computation* 16, 17–35.

Kennedy PE (1995): Randomization tests in econometrics. *Journal of Business & Economic Statistics* 13, 85–94.

Keyes TK & Levy MS (1997): Analysis of Levene's test under design imbalance. *Journal of Educational and Behavioral Statistics* 22, 227–236.

Knijnenburg TA, Wessels LFA, Reinders, MJT & Shmulevich I (2009): Fewer permutations, more accurate *P*-values. *Bioinformatics* 25, i161-i168.

Krämer W (1992): *Statistik verstehen: eine Gebrauchsanweisung.* Campus, Frankfurt/ Main.

Kruskal WH (1957): Historical notes on the Wilcoxon unpaired two-sample test. *Journal of the American Statistical Association* 52, 356–360.

Labovitz S (1970): The assignment of numbers to rank order categories. *American Sociological Review* 35, 515–524.

Lachenbruch PA (1976): Analysis of data with clumping at zero. *Biometrische Zeitschrift* 18, 351–356.

Lachenbruch PA (2002): Analysis of data with excess zeros. *Statistical Methods in Medical Research* 11, 297–302.

Lancaster HO (1961): Significance tests in discrete distributions. *Journal of the American Statistical Association* 56, 223–234.

Larocque D & Randles RH (2008): Confidence intervals for a discrete population median. *American Statistician* 62, 32–39.

Le CT (1988): A new rank test against ordered alternatives in *k*-sample problems. *Biometrical Journal* 30, 87–92.

Le CT (1994): Some tests for linear trend of variances. *Communications in Statistics – Theory and Methods* 23, 2269–2282.

Leber PD & Davis CS (1998): Threats to the validity of clinical trials employing enrichment strategies for sample selection. *Controlled Clinical Trials* 19, 178–187.

Lehmacher W (1976): *Asymptotische Eigenschaften linearer Zweistichproben-Rangtests bei beliebigen Verteilungen.* Dissertation, Fachbereich Statistik, Universität Dortmund.

Lehmacher W & Wassmer G (1999): Adaptive sample size calculations in group sequential trials. *Biometrics* 55, 1286–1290.

Lehmann EL (1975): *Nonparametrics: Statistical methods based on ranks.* Holden-Day, San Francisco.

Lehmann EL (1986): *Testing statistical hypotheses.* Chapman & Hall, New York (2. Auflage).

Lehmann EL (2009): Parametric versus nonparametrics: two alternative methodologies. *Journal of Nonparametric Statistics* 21, 397–405.

Lehmann EL & Stein C (1949): On the theory of some non-parametric hypotheses. *Annals of Mathematical Statistics* 20, 28–45.

Lepage Y (1971): A combination of Wilcoxon's and Ansari-Bradley's statistics. *Biometrika* 58, 213–217

Leuchs AK & Neuhäuser M (2010): A SAS/IML algorithm for exact nonparametric paired tests. *eingereichtes Manuskript.*

Levene H (1960): Robust tests for equality of variances. In: Olkin I, Ghurye SG, Hoeffding W, Madow WG & Mann HB (Hrsg.): *Contributions to probability and statistics.* Stanford University Press, Stanford, S. 278–292.

Lin KK & Ali MW (1994): Statistical review and evaluation of animal tumorigenicity studies. In: Buncher CR & Tsay JY (Hrsg.): *Statistics in the pharmaceutical industry.* Dekker, New York, S. 19–57.

Liu X, Nickel R, Beyer K, Wahn U, Ehrlich E, Freidhoff LR, Björksten B, Beaty TH, Huang SK, and the MAS-Study Group (2000): An IL13 coding region variant is associated with a high total serum IgE level and atopic dermatitis in the German multicenter atopy study (MAS-90). *Journal of Allergy and Clinical Immunology* 106, 167–170.

Lock RH (1991): A sequential approximation to a permutation test. *Communications in Statistics – Simulation and Computation* 20, 341–363.

Ludbrook J & Dudley H (1994): Issues in biomedical statistics: statistical inference. *Australian and New Zealand Journal of Surgery* 64, 630–636.

Ludbrook J & Dudley H (1998): Why permutation tests are superior to t and F tests in biomedical research. *American Statistician* 52, 127–132.

Lüdin E (1985): A test procedure based on ranks for the statistical evaluation of toxicological studies. *Archives of Toxicology* 58, 57–58.

Magel RC (1986): A comparison of some nonparametric tests for small sample sizes. *Proceedings of the Modeling and Simulation Conference 17, Part V.* (zitiert nach Mahrer & Magel, 1995)

Mahrer JM & Magel RC (1995): A comparison of tests for the k-sample, non-decreasing alternative. *Statistics in Medicine* 14, 863–871.

Malik HJ (1985): Logistic distribution. In: Kotz, S. and Johnson, N. L. (Hrsg.): *Encyclopedia of statistical sciences, Vol. 5.* Wiley, New York, S. 123–128.

Manly BFJ (1995): Randomization tests to compare means with unequal variation. *Sankhya B* 57, 200–222.

Manly BFJ (2007): *Randomization, bootstrap and Monte Carlo methods in biology.* Chapman & Hall/CRC, London (3. Auflage).

Manly BFJ & Francis RICC (1999): Analysis of variance by randomization when variances are unequal. *Australian and New Zealand Journal of Statistics* 41, 411–429.

Manly BFJ & Francis RICC (2002): Testing for mean and variance differences with samples from distributions that may be non-normal with unequal variances. *Journal of Statistical Computation and Simulation* 72, 633–646.

Mann HB & Whitney DR (1947): On a test of whether one of two random variables is stochastically larger than the other. *Annals of Mathematical Statistics* 18, 50–60.

Marozzi M (2008): The Lepage location-scale test revisited. *Far East Journal of Theoretical Statistics* 24, 137–155.

May RB & Hunter MA (1993): Some advantages of permutation tests. *Canadian Psychology* 34, 401–407.

Mayhew PJ & Pen I (2002): Comparative analysis of sex ratios. In: Hardy ICW (Hrsg.): *Sex ratios: concepts and research methods*. Cambridge University Press, Cambridge, S. 132–156.

McArdle BH & Anderson MJ (2004): Variance heterogeneity, transformations, and models of species abundance: a cautionary tale. *Canadian Journal of Fisheries and Aquatic Science* 61, 1294–1302.

Mehrotra DV, Chan ISF & Berger RL (2003): A cautionary note on exact unconditional inference for a difference between two independent binomial proportions. *Biometrics* 59, 441–450.

Mehta CR & Hilton JF (1993): Exact power of conditional and unconditional tests: Going beyond the 2x2 contingency table. *American Statistician* 47, 91–98.

Mehta CR & Patel N (1983): A network algorithm for performing Fisher's exact test in rxc contingency tables. *Journal of the American Statistical Association* 78, 427–434.

Mehta CR, Patel N & Senchaudhuri P (1992): Exact stratified linear rank tests for ordered categorical and binary data. *Journal of Computational and Graphical Statistics* 1, 21–40.

Micceri T (1989): The unicorn, the normal curve, and other improbable creatures. *Psychological Bulletin* 105, 156–166.

Mielke HW, Gonzales CR, Smith MK & Mielke PW (1999): The urban environment and children's health: soils as an indicator of lead, zinc, and cadmium in New Orleans, Louisiana, U.S.A. *Environmental Research (Section A)* 81, 117–129.

Mielke PW, Johnston JE & Berry KJ (2004): Combining probability values from independent permutation tests: a discrete analog of Fisher's classical method. *Psychological Reports* 95, 449–458.

Mundry R & Fischer J (1998): Use of statistical programs for nonparametric tests of small samples often leads to incorrect P values: examples from Animal Behaviour. *Animal Behaviour* 56, 256–259.

Munzel U & Brunner E (2002): An exact paired rank test. *Biometrical Journal* 44, 584–593.

Murakami H (2006): A K-sample rank test based on a modified Baumgartner statistic and its power comparison. *Journal of the Japanes Society of Computational Statistics* 19, 1–13.

Murakami H (2007): Lepage type statistic based on the modified Baumgartner statistic. *Computational Statistics and Data Analysis* 51, 5061–5067.

Murakami H (2008): A multisample rank test for location-scale parameters. *Communications in Statistics - Simulation and Computation* 37, 1347–1355.

Nanna MJ & Sawilowsky SS (1998): Analysis of Likert scale data in disability and medical rehabilitation research. *Psychological Methods* 3, 55–67.

Neubert K (2006): *Das nichtparametrische Behrens-Fisher-Problem: ein studentisierter Permutationstest und robuste Konfidenzintervalle für den Shift-Effekt.* Dissertation, Universität Göttingen.

Neubert K & Brunner E (2007): A studentized permutation test for the non-parametric Behrens-Fisher problem. *Computational Statistics and Data Analysis* 51, 5192–5204.

Neuhäuser M (2000): An exact two-sample test based on the Baumgartner-Weiß-Schindler statistic and a modification of Lepage's test. *Communications in Statistics – Theory and Methods* 29, 67–78.

Neuhäuser M (2001a): One-sided two-sample and trend tests based on a modified Baumgartner-Weiß-Schindler statistic. *Journal of Nonparametric Statistics* 13, 729–739.

Neuhäuser M (2001b): An adaptive location-scale test. *Biometrical Journal* 43, 809–819.

Neuhäuser M (2001c): An adaptive interim analysis – a useful tool for ecological studies. *Basic and Applied Ecology* 2, 203–207.

Neuhäuser M (2002a): Nonparametric identification of the minimum effective dose. *Drug Information Journal* 36, 881–888.

Neuhäuser M (2002b): The Baumgartner-Weiß-Schindler test in the presence of ties (letter to the editor). *Biometrics* 58, 250.

Neuhäuser M (2002c): Two-sample tests when variances are unequal. *Animal Behaviour* 63, 823–825.

Neuhäuser M (2002d): Exact tests for the analysis of case-control studies of genetic markers. *Human Heredity* 54, 151–156.

Neuhäuser M (2003a): Tests for genetic differentiation. *Biometrical Journal* 45, 974–984.

Neuhäuser M (2003b): *Nichtparametrische Zweistichprobentests bei potentiell ungleichen Varianzen.* Habilitationsschrift, Fachbereich Statistik der Universität Dortmund.

Neuhäuser M (2003c): A note on the exact test based on the Baumgartner-Weiß-Schindler statistic in the presence of ties. *Computational Statistics and Data Analysis* 42, 561–568.

Neuhäuser M (2003d): Further evidence for Emlen's hypothesis from two parrot species. *New Zealand Journal of Zoology* 30, 221–225.

Neuhäuser M (2004): Wilcoxon test after Levene's transformation can have an inflated type I error rate. *Psychological Reports* 94, 1419–1420.

Neuhäuser M (2005a): Exact tests based on the Baumgartner-Weiß-Schindler statistic – a survey. *Statistical Papers* 46, 1–30.

Neuhäuser M (2005b): One-sided nonparametric tests for ordinal data. *Perceptual and Motor Skills* 101, 510–514.

Neuhäuser M (2006): An exact test for trend among binomial proportions based on a modified Baumgartner-Weiß-Schindler statistic. *Journal of Applied Statistics* 33, 79–88.

Neuhäuser M (2007): A comparative study of nonparametric two-sample tests after Levene's transformation. *Journal of Statistical Computation and Simulation* 77, 517–526.

Neuhäuser M, Boes T & Jöckel KH (2005): Two-part permutation tests for DNA methylation and microarray data. *BMC Bioinformatics* 6, 35.

Neuhäuser M, Boes T & Jöckel KH (2007): Pseudo-precision in gene expression values can reduce efficiency. *Methods of Information in Medicine* 46, 538–541.

Neuhäuser M & Bretz F (2001): Nonparametric all-pairs multiple comparisons. *Biometrical Journal* 43, 571–580.

Neuhäuser M, Büning H & Hothorn LA (2004): Maximum test versus adaptive tests for the two-sample location problem. *Journal of Applied Statistics* 31, 215–227.

Neuhäuser M & Hothorn LA (1998): An analogue of Jonckheere's trend test for parametric and dichotomous data. *Biometrical Journal* 40, 11–19.

Neuhäuser M & Hothorn LA (2000): Parametric location-scale and scale trend tests based on Levene's transformation. *Computational Statistics and Data Analysis* 33, 189–200.

Neuhäuser M & Hothorn LA (2006): Maximum tests are adaptive permutation tests. *Journal of Modern Applied Statistical Methods* 5, 317–322.

Neuhäuser M & Jöckel K-H (2006): A bootstrap test for the analysis of microarray experiments with a very small number of replications. *Applied Bioinformatics* 5, 173–179.

Neuhäuser M & Lam FC (2004): Nonparametric approaches to detecting differentially expressed genes in replicated microarray experiments. In: Chen, Y.-P.P. (Hrsg.): *Conferences in Research and Practice in Information Technology*, Vol. 29, S. 139–143 (Proceedings of the 2nd Asia-Pacific Bioinformatics Conference). Australian Computer Society, Adelaide.

Neuhäuser M, Leisler B & Hothorn LA (2003): A trend test for the analysis of multiple paternity. *Journal of Agricultural, Biological and Environmental Statistics* 8, 29–35.

Neuhäuser M, Liu PY & Hothorn LA (1998): Nonparametric tests for trend: Jonckheere's test, a modification and a maximum test. *Biometrical Journal* 40, 899–909.

Neuhäuser M & Manly BFJ (2004): The Fisher-Pitman permutation test when testing for differences in mean and variance. *Psychological Reports* 94, 189–194.

Neuhäuser M & Poulin R (2004): Comparing parasite numbers between samples of hosts. *Journal of Parasitology* 90, 689–691.

Neuhäuser M & Ruxton GD (2009a): Round your numbers in rank tests: exact and asymptotic inference and ties. *Behavioral Ecology and Sociobiology* 64, 297–303.

Neuhäuser M & Ruxton GD (2009b): Distribution-free two-sample comparisons in the case of heterogeneous variances. *Behavioral Ecology and Sociobiology* 63, 617–623.

Neuhäuser M, Schulz A & Czech D (2009): A SAS/IML algorithm for an exact permutation test. *GMS Medizinische Informatik, Biometrie und Epidemiologie* 5, Doc13.

Neuhäuser M, Seidel D, Hothorn LA & Urfer W (2000): Robust trend tests with application to toxicology. *Environmental and Ecological Statistics* 7, 43–56.

Neuhäuser M & Senske R (2004): The Baumgartner-Weiß-Schindler test for the detection of differentially expressed genes in replicated microarray experiments. *Bioinformatics* 20, 3553–3564

Neuhäuser M & Senske R (2009): The analysis of multicentre clinical trials when there is heterogeneity between centres. *Journal of Statistical Computation and Simulation* 79, 1381–1387.

Noether GE (1987): Sample size determination for some common nonparametric tests. *Journal of the American Statistical Association* 82, 645–647.

North BV, Curtis D, Sham PC (2002): A note on the calculation of empirical P values from Monte Carlo procedures. *American Journal of Human Genetics* 71, 439–441.

O'Brien PC (1988): Comparing two samples: extensions to the t, rank-sum and log-rank tests. *Journal of the American Statistical Association* 83, 52–61.

Ogenstad, S (1998): The use of generalized tests in medical research. *Journal of Biopharmaceutical Statistics* 8, 497–508.

O'Neill ME & Mathews K (2000): A weighted least squares approach to Levene's test of homogeneity of variance. *Australian and New Zealand Journal of Statistics* 42, 81–100.

Onghena P & May RB (1995): Pitfalls in computing and interpreting randomization test p values: A commentary on Chen and Dunlap. *Behavior Research Methods, Instruments, & Computers* 27, 408–411.

Opdyke JD (2003): Fast permutation tests that maximize power under conventional Monte Carlo sampling for pairwise and multiple comparisons. *Journal of Modern Applied Statistical Methods* 2, 27–49.

Pan G (2002): Confidence intervals for comparing two scale parameters based on Levene statistics. *Journal of Nonparametric Statistics* 14, 459–476.

Pepe MS, Longton G, Anderson GL & Schummer M (2003): Selecting differentially expressed genes from microarray experiments. *Biometrics* 59, 133–142.

Pettitt AN (1976): A two-sample Anderson-Darling rank statistic. *Biometrika* 63, 161–168.

Piegorsch WW & Bailer AJ (1997): *Statistics for environmental biology and toxicology.* Chapman & Hall, London.

Pigeot I (2000): Basic concepts of multiple tests – A survey. *Statistical Papers* 41, 3–36.

Pitman EJG (1937): Significance tests which may be applied to samples from any populations. *Supplement to the Journal of the Royal Statistical Society* 4, 119–130.

Pratt JW (1959): Remarks on zeros and ties in the Wilcoxon signed rank procedures. Journal of the American Statistical Association 54, 655–667.

Proschan MA & Nason M (2009): Conditioning in 2x2 tables. *Biometrics* 65, 316–322.

Putter J (1955): The treatment of ties in some nonparametric tests. *Annals of Mathematical Statistics* 26, 368–386.

Rabbee N, Coull BA, Mehta C, Patel N & Senchaudhuri P (2003): Power and sample size for ordered categorical data. *Statistical Methods in Medical Research* 12, 73–84.

Rahlfs VW & Zimmermann H (1993): Scores: ordinal data with few categories – how they should be analyzed. *Drug Information Journal* 27, 1227–1240.

Randles RH & Wolfe DA (1979): *Introduction to the theory of nonparametric statistics.* Wiley, New York.

Rasch D & Verdooren R (2004): *Grundlagen der Korrelationsanalyse und der Regressionsanalyse.* Saphir Verlag, Ribbesbüttel.

Rasmussen JL (1986): An evaluation of parametric and non-parametric tests on modified and non-modified data. *British Journal of Mathematical and Statistical Psychology* 39, 213–220.

Reiczigel J, Zakarias I & Rózsa L (2005): A bootstrap test of stochastic equality of two populations. *American Statistician* 59, 156–161.

Reiser B & Guttman I (1986): Statistical inference for $\Pr(Y < X)$: the normal case. *Technometrics* 28, 253–257.

Rice WR (1990): A consensus combined p-value test and the family-wide significance of component tests. *Biometrics* 46, 303–308.

Rice WR & Gaines SD (1989): One-way analysis of variance with unequal variances. *Proceedings of the National Academy of Sciences USA* 86, 8183–8184.

Rodgers JL (1999): The bootstrap, the jackknife, and the randomization test: a sampling taxonomy. *Multivariate Behavioral Research* 34, 441–456.

Romano JP (1989): Bootstrap and randomization tests of some nonparametric hypotheses. *Annals of Statistics* 17, 141–159.

Romano JP (1990): On the behavior of randomization tests without a group invariance assumption. *Journal of the American Statistical Association* 85, 686–692.

Rorden C, Bonilha L, Nichols TE (2007): Rank-order versus mean based statistics for neuroimaging. *NeuroImage* 35, 1531–1537.

Rosner B & Glynn RJ (2009): Power and sample size estimation for the Wilcoxon rank sum test with application to comparisons of C statistics from alternative prediction models. *Biometrics* 65, 188–197.

Rózsa L, Reiczigel J & Majoros G (2000): Quantifying parasites in samples of hosts. *Journal of Parasitology* 86, 228–232.

Ruberg SJ (1995): Dose response studies. II. Analysis and interpretation. *Journal of Biopharmaceutical Statistics* 5, 15–42.

Rüther E, Degner D, Munzel U, Brunner E, Lenhard G, Biehl J, Vögtle-Junkert U (1999): Antidepressant action of sulpiride. Results of a placebo-controlled double-blind trial. *Pharmacopsychiatry* 32, 127–135.

Ryman N & Jorde PE (2001): Statistical power when testing for genetic differentiation. *Molecular Ecology* 10, 2361–2373.

Saino N, Ellegren H & Moller AP (1999): No evidence for adjustment of sex allocation in relation to paternal ornamentation and paternity in barn swallows. *Molecular Ecology* 8, 399–406.

SAS Institute Inc. (2004): SAS/STAT 9.1 User's Guide. SAS Institute Inc., Cary.

Sasieni PD (1997): From genotypes to genes: doubling the sample size. *Biometrics* 53, 1253–1261.

Sawilowsky SS & Blair RC (1992): A more realistic look at the robustness and type II error properties of the *t* test to departures from population normality. *Psychological Bulletin* 111, 352–360.

Schröer G & Trenkler D (1995): Exact and randomization distributions of Kolmogorov-Smirnov tests two or three samples. *Computational Statistics and Data Analysis* 20, 185–202.

Schultz B (1983): On Levene's test and other statistics of variation. *Evolutionary Theory* 6, 197–203.

Schulze-Hagen K, Swatschek I, Dyrcz A & Wink M (1993): Multiple Vaterschaften in Bruten des Seggenrohrsängers *Acrocephalus paludicola*: Erste Ergebnisse des DNA-Fingerprintings. *Journal für Ornithologie* 134, 145–154.

Schumacher E (1999): *Permutationstests*. Im Internet verfügbar unter www.uni-hohenheim.de/inst110/mitarbeiter/Permutationstests.htm.

Sedlmeier P, Renkewitz F (2008): *Forschungsmethoden und Statistik in der Psychologie*. Pearson Studium, München.

Senn S (2007): Drawbacks to noninteger scoring for ordered categorical data. *Biometrics* 63, 296–298.

Sham P (1998): *Statistics in human genetics*. Arnold, London.

Sheu CF (2002): Fitting mixed-effects models for repeated ordinal outcomes with the NLMIXED procedure. *Behavior Research Methods, Instruments, & Computers* 34, 151–157.

Shieh G, Jan SL & Randles RH (2006): On power and sample size determination for the Wilcoxon-Mann-Whitney test. *Journal of Nonparametric Statistics* 18, 33–43.

Shoemaker LH (1995): Tests for differences in dispersion based on quantiles. *American Statistician* 49, 179–182.

Shoemaker LH (2003): Fixing the *F* test for equal variances. *American Statistician* 57, 105–114.

Shoetake T (1981): Population genetical study of natural hybridization between *Papio anubis* and *Papio hamadryas*. *Primates* 22, 285–308.

Siegel S (1956): *Nonparametric statistics for the behavioral sciences*. McGraw-Hill, New York.

Siegmund KD, Laird PW & Laird-Offringa IA (2004): A comparison of cluster analysis methods using DNA methylation data. *Bioinformatics* 20, 1896–1904.

Singer, J (2001): A simple procedure to compute the sample size needed to compare two independent groups when the population variances are unequal. *Statistics in Medicine* 20, 1089–1095.

Slager SL & Schaid DJ (2001): Case-control studies of genetic markers: power and sample size approximations for Armitage's test for trend. *Human Heredity* 52, 149–153.

Sokal RR & Braumann CA (1980): Significance tests for coefficients of variation and variability profiles. *Systematic Zoology* 29, 50–66.

Sokal RR & Rohlf FJ (1995): *Biometry*. W.H. Freeman and Company, New York (3. Auflage).

Sprent P & Smeeton NC (2001): *Applied nonparametric statistical methods*. Chapman & Hall/CRC, Boca Raton.

Steger H & Püschel F (1960): Der Einfluss der Feuchtigkeit auf die Haltbarkeit des Carotins in künstlich getrocknetem Grünfutter. *Die Deutsche Landwirtschaft* 11, 301–303.

Streitberg B & Röhmel J (1987): Exakte Verteilungen für Rang- und Randomisierungstests im allgemeinen c-Stichprobenproblem. *EDV in Medizin und Biologie* 18, 12–19.

Streitberg B & Röhmel J (1990): On tests that are uniformly more powerful than the Wilcoxon-Mann-Whitney test. *Biometrics* 46, 481–484.

Talwar PP & Gentle JE (1977): A robust test for the homogeneity of scales. *Communications in Statistics – Theory and Methods* 6, 363–369.

Thangavelu K, Brunner E (2007): Wilcoxon-Mann-Whitney test for stratified samples and Efron's paradox dice. *Journal of Statistical Planning and Interference* 137, 720–737.

Tanizaki H. (1997): Power comparison of non-parametric tests: small-sample properties from Monte Carlo experiments. *Journal of Applied Statistics* 24, 603–632.

Terpstra TJ (1952): The asymptotic normality and consistency of Kendall's test against trend, when ties are present in one ranking. *Indagationes Mathematicae* 14, 327–333.

ter Braak CJF (1992): Permutation versus bootstrap significance tests in multiple regression and ANOVA. In: Jöckel K-H, Rothe G & Sendler W (Hrsg.): *Bootstraping and related techniques*. Springer-Verlag, S. 79–85.

Thomas F & Poulin R (1997): Using randomization techniques to analyse fluctuating asymmetry data. *Animal Behaviour* 54, 1027–1029.

Tilquin P, van Keilegom I, Coppieters W, le Boulenge E & Baret PV (2003): Non-parametric interval mapping in half-sib designs: use of midranks to account for ties. *Genetical Research* 81, 221–228.

Tryon PV & Hettmansperger TP (1973): A class of non-parametric tests for homogeneity against ordered alternatives. *Annals of Statistics* 1, 1061–1070.

Tukey JW (1993): Tightening the clinical trial. *Controlled Clinical Trials* 14, 266–285.

van den Brink WP & van den Brink SGJ (1989): A comparison of the power of the t test, Wilcoxon's test, and the approximate permutation test for the two-sample location problem. *British Journal of Mathematical and Statistical Psychology* 42, 183–189.

van de Wiel MA & Di Bucchianico A (2001): Fast computation of the exact null distribution of Spearman's ρ and Page's L statistic for samples with and without ties. *Journal of Statistical Planning and Inference* 92, 133–145.

van Elteren PH (1960): On the combination of independent two sample tests of Wilcoxon. *Bulletin de l'Institut International de Statistique* 37, 351–361.

van Valen L (2005): The statistics of variation. In: Hallgrimsson B & Hall BK (Hrsg.): *Variation*. Elsevier, Amsterdam, S. 29–47.

Vickers AJ (2005): Parametric versus non-parametric statistics in the analysis of randomized trials with non-normally distributed data. *BMC Medical Research Methodology* 5, 35.

Wang M, Matern B, Dmoch R, Neurohr B, Linke K & Schreiber A (1997): Erhaltungszuchten als Modelle genetischer Artenschutzprobleme: Das Beispiel dreier Primatenkolonien. In: Schreiber A & Lehmann J (Hrsg.): *Populationsgenetik im Artenschutz*. Landwirtschaftsverlag, Münster, S. 153–169.

Weerahandi S (1995): *Exact statistical methods for data analysis*. Springer, New York.

Welch BL (1937): The significance of the difference between two means when the population variances are unequal. *Biometrika* 29, 350–362.

Weller EA & Ryan LM (1998): Testing for trend with count data. *Biometrics* 54, 762–773.

Westfall PH & Soper KA (1994): Nonstandard uses of proc multtest: permutational Peto tests, permutational and unconditional t and binomial tests. *Proceedings of the 19th Annual SAS Users Group International Conference*. SAS Institute Inc., Cary, S. 986–989.

Westfall PH & Young SS (1993): *Resampling-based multiple testing*. Wiley, New York.

Whitlock MC & Schluter D (2009): *The analysis of biological data*. Roberts, Greenwood Village.

Wilcox RR (2003): *Applying contemporary statistical techniques*. Elsevier Academic Press, San Diego.

Wilcoxon F (1945): Individual comparisons by ranking methods. *Biometrics* 1, 80–83.

Williams DA (1988): Tests for differences between several small proportions. *Applied Statistics* 37, 421–434.

Williams PB & Carnine DW (1981): Relationship between range of examples and of instructions and attention in concept attainment. *Journal of Educational Research* 74, 144–148.

Wilson JB (2007): Priorities in statistics, the sensitive feet of elephants and don't transform data. *Folia Geobotanica* 42, 161–167.

Yezerinac SM, Weatherhead PJ & Boag PT (1995): Extra-pair paternity and the opportunity for sexual selection in a socially monogamous bird (*Dendroica petechia*). *Behavioral Ecology and Sociobiology* 37, 179–188.

Zar JH (2010): *Biostatistical analysis*. Pearson Prentics Hall, Upper Saddle River (5. Auflage).

Zhang J (2006): Powerful two-sample tests based on the likelihood ratio. *Technometrics* 48, 95–103.

Zheng G, Freidlin B & Gastwirth JL (2002): Robust TDT-type candidate-gene association tests. *Annals of Human Genetics* 66, 145–155.

Zhou XH (2005): Nonparametric confidence intervals for the one- and two-sample problems. *Biostatistics* 6, 187–200.

Zimmerman DW (2003): A warning about the large-sample Wilcoxon-Mann-Whitney test. *Understanding Statistics* 2, 267–280.

Zöfel P (1992): *Univariate Varianzanalysen*. G. Fischer, Stuttgart.

www.ingramcontent.com/pod-product-compliance
Lightning Source LLC
Chambersburg PA
CBHW081104220326
41598CB00038B/7218